普通高等教育机械类特色专业系列教材

科学出版社"十三五"普通高等教育本科规划教材

工程材料学

（第二版）

张彦华　主编

科学出版社

北　京

内 容 简 介

本书是根据普通高等教育机械类专业教材建设与教学的基本要求，结合现代工程材料科学与技术的特点和发展趋势，为培养适应21世纪需要的高等机械工程技术人才而编写的。

全书共11章。第1~3章介绍材料科学基础，第4章介绍材料的热处理，第5章介绍金属的塑性变形与再结晶，第6~10章分别介绍钢铁材料、有色金属及其合金、高分子材料、陶瓷材料、复合材料的特点及应用，第11章介绍材料与环境的基本问题。

本书可作为高等院校机械类专业及相关专业的本科生教材，也可供有关科学研究和工程技术人员参考。

图书在版编目（CIP）数据

工程材料学 / 张彦华主编. —2 版. —北京：科学出版社，2019.1

普通高等教育机械类特色专业系列教材

科学出版社"十三五"普通高等教育本科规划教材

ISBN 978-7-03-060282-4

Ⅰ. ①工⋯ Ⅱ. ①张⋯ Ⅲ. ①工程材料－高等学校－教材 Ⅳ. ①TB3

中国版本图书馆 CIP 数据核字(2018)第 298435 号

责任编辑：毛 莹 朱晓颖 / 责任校对：郭瑞芝
责任印制：张 伟 / 封面设计：迷底书装

科 学 出 版 社 出版

北京东黄城根北街 16 号
邮政编码：100717
http://www.sciencep.com

北京厚诚则铭印刷科技有限公司 印刷
科学出版社发行 各地新华书店经销
*

2010 年 1 月第 一 版　　开本：787×1092　1/16
2019 年 1 月第 二 版　　印张：16 1/2
2023 年 7 月第七次印刷　字数：407 000

定价：59.00 元
（如有印装质量问题，我社负责调换）

第二版前言

现代工程是集成应用各种先进技术手段将物质资源转变为人类社会所能够接受的具有使用价值的产品的过程。工程材料是建造工程结构或机械结构所需要的物质系统，没有材料的工程是无法实现的。材料需要通过工程制造来实现其经济和社会价值。产品质量在很大程度上取决于材料质量，而制造过程也对材料的性质产生影响。因此，必须将材料作为产品全寿命周期的关键要素集成到产品设计、制造和使用过程。工程材料学是深入探讨工程与材料相互作用机制所需要的知识体系。

本书是根据机械类专业教学的基本要求，结合现代材料科学与技术的特点和发展趋势，为培养新时代发展所需要的高等机械工程技术人才而编写的。本教材编写的指导思想是以突出现代机械装备对材料的需求为特色，强调材料是机械工程的重要组成部分；以加工过程对材料组织与结构、性质及使用性能的影响，如何根据工程实际需要选择材料等问题为主线。

本书第一版于 2010 年出版。为了使教材更好地满足机械类专业本科教学的需要，作者在科学出版社的支持下，对第一版教材进行了修订。参加第二版教材编写的有北京航空航天大学张彦华(绪论、第 1～4、11 章)、曲文卿(第 5～7 章)，山东大学刘雪梅(第 8～10 章)。全书由张彦华统稿。

编写《工程材料学》对于现代机械工程技术人才培养具有重要意义，是我国高等学校教材将工程与学科进行融合的探索。由于编者对工程材料科学及应用掌握得不够全面，相关知识领域和水平有限，书中内容难免有疏漏和不当，敬请读者批评指正。

编　者

2018 年 8 月

第一版前言

material料是人类社会能够接受的经济地制造有用器件的物质。没有材料，就没有工程，因此，本书命名为《工程材料学》。本书是根据机械工程等专业教学的基本要求，结合现代材料科学与技术的特点和发展趋势，为培养适应 21 世纪需要的高等机械工程技术人才而编写的。

工程材料需要通过成型加工来实现其经济和社会价值。机械类专业的学生必须认识到材料在工程中的重要地位。应该注意的是，孤立地谈论材料是不全面的，工程材料与产品设计、制造和使用必须作为一个整体来考虑，材料必须作为产品全寿命周期的关键要素与机械工程实现有机集成。

本书编写的指导思想是以突出现代机械装备对材料的需求为特色，强调材料是机械工程的重要组成部分，以加工过程对材料组织与结构、性质及使用性能的影响，如何根据工程实际需要选择材料等问题为主线。全书共 11 章。第 1~3 章介绍材料科学基础，第 4 章介绍材料的热处理，第 5 章介绍金属的塑性变形与再结晶，第 6~10 章分别介绍钢铁材料、有色金属及其合金、高分子材料、陶瓷材料、复合材料的特点及应用，第 11 章介绍材料与环境的基本问题。

参加本书编写的人员有北京航空航天大学张彦华(绪论、第 1~4、11 章)，天津大学王立君(第 5~7 章)，山东大学刘雪梅(第 8~10 章)。全书由张彦华统稿。

编写《工程材料学》教材对于现代机械工程高层次人才培养具有重要意义，在我国高等院校教材编写方面正在进行多方面的探索。由于编者对工程材料科学及应用掌握得不够全面，相关知识领域和水平有限，书中难免存在疏漏和不当之处，敬请读者批评指正。

编　者

2009 年 8 月

目　　录

绪　　论

1. 材料在人类社会发展进程中的作用

材料是人类社会所能接受的经济地制造有用器件的物质。历史学家曾用"材料"来划分时代，如石器时代、陶器时代、铜器时代等。材料的概念最早出现在石器时代，那时以天然的石、木、皮材料做器件，后来陆续出现了陶器，随着冶炼技术的发展，人类又进入了铜器时代和铁器时代。

在群居洞穴的猿人旧石器时代，通过简单加工获得石器。随着石器加工制作水平的提高，出现了原始手工业，如制陶和纺织，人们称之为新石器时代。人类在新石器时代晚期就开始使用天然金属。公元前 3800 年，出现人工冶炼的铜器。我国在公元前 3000 年出现锡青铜——甘肃东乡马家窑文化的青铜刀（含 6%～10%Sn）。公元前 2800 年，在美索不达米亚出现锡青铜。商、周时期是我国青铜器的鼎盛时期。青铜时代源于距今 4000～5000 年前。青铜器大大促进了农业和手工业的出现。

自公元前 12 世纪起，铁器在地中海东岸地区使用日益广泛。到公元前 10 世纪，铁工具比青铜工具应用更普遍。公元前 8 世纪～公元前 7 世纪，北非和欧洲相继进入铁器时代。我国冶铁技术在春秋末期有很大的突破，特别是炼制生铁技术日臻完善，并发明了生铁经退火制造韧性铸铁和以生铁制钢的技术，如生铁固体脱碳成钢、炒钢、炼制软铁、灌钢等。在战国燕下都出土的大批具有马氏体组织的钢剑，表明此时钢的淬火等热处理工艺已被广泛应用。我国在春秋战国时期（公元前 770 年～公元前 221 年）开始广泛使用由铁制作的农具、手工工具及各种兵器，大大促进了当时社会的发展。

现代冶金技术的发展自 19 世纪中叶的转炉炼钢和平炉炼钢开始。19 世纪末的电弧炉炼钢和 20 世纪中叶的氧气顶吹转炉炼钢及炉外精炼技术，使钢铁工业实现了现代化。在非铁金属冶金方面，19 世纪 80 年代发电机的发明，使电解法提纯铜的工业方法得以实现，开创了电冶金新领域。同时，用熔盐电解法将氧化铝加入熔融冰晶石，电解得到廉价的铝，使铝成为仅次于铁的第二大金属。20 世纪 40 年代，用镁做还原剂从四氯化钛制得纯钛。真空熔炼加工等技术逐步成熟后，钛及钛合金的广泛应用得以实现。同时，其他非铁金属也陆续实现工业化生产。

工业发展促进了新金属材料的应用。19 世纪末，出现了新型的合金钢，如高速工具钢、高锰钢、镍钢和铬不锈钢，并在 20 世纪发展为门类众多的合金钢体系。与此同时，铝合金、镁合金、铜合金、钛合金、难熔金属及合金等也先后形成工业规模生产。

从现代科技发展史可以看出，每一项重大新技术的产生，往往都依赖于新材料的发展。基于材料对社会发展的作用，人们将信息、能源和材料并列为现代文明和生活的三大支柱。在三大支柱中，材料又是能源和信息的基础。因此，可以说材料是人类物质文明的基础和支柱。

现代飞机集中反映了先进工程材料的发展。图 0-1 为材料在 F22 战斗机上的应用情况。

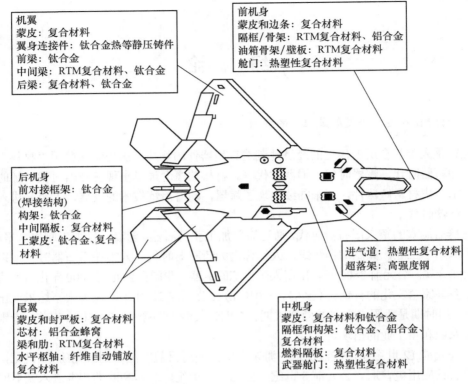

机翼
蒙皮：复合材料
翼身连接件：钛合金热等静压铸件
前梁：钛合金
中间梁：RTM复合材料、钛合金
后梁：复合材料、钛合金

前机身
蒙皮和边条：复合材料
隔框/骨架：RTM复合材料、铝合金
油箱骨架/壁板：RTM复合材料
舱门：热塑性复合材料

后机身
前对接框架：钛合金
(焊接结构)
构架：钛合金
中间隔板：复合材料
上蒙皮：钛合金、复合材料

进气道：热塑性复合材料
超落架：高强度钢

尾翼
蒙皮和封严板：复合材料
芯材：铝合金蜂窝
梁和肋：RTM复合材料
水平枢轴：纤维自动铺放复合材料

中机身
蒙皮：复合材料和钛合金
隔框和构架：钛合金、铝合金、复合材料
燃料隔板：复合材料
武器舱门：热塑性复合材料

图 0-1 F22 战斗机上应用的工程材料

2. 工程材料科学的基本问题

工程材料通常是指工程中实际应用的材料。之所以称为工程材料，是因为没有材料就没有工程，可见材料在工程中的作用。工程材料学是材料在工程应用中所涉及的材料科学问题。工程材料科学与材料科学或材料工程的侧重点有所不同，后两者侧重于材料生产中的材料组织与结构、合成与制备、性质及使用性能之间的关系，前者则更关心产品制造中的加工过程对材料组织与结构、性质及使用性能的影响，以及根据工程实际需要选择材料的问题。因此，工程材料科学的基本问题是研究组织与结构、成型加工、性质及使用性能之间的关系，以此作为选择材料和加工工艺的理论基础。

图 0-2 为成型加工、使用性能、材料性质、成分/组织四个因素之间的相互关系。四个因素中任一因素发生变化就会引起其他因素发生变化。对同一材料，不同成型工艺制造的构件性能将有较大的差异。成型技术研究就是掌握这些因素之间的相互联系，制造符合要求的产品。

材料的成型加工是重要的工程活动。任何产品都是由多种形状的零部件组成的，成型工艺就是根据设计的要求将工程材料加工成具有一定形状和尺寸零部件的过程。成型加工不仅赋予零件

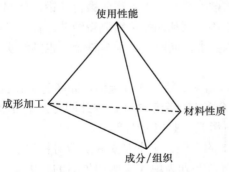

图 0-2 成型加工、使用性能、材料性质、
成分/组织之间的关系

的形状，而且控制着零件的最终使用特性。零部件的材料结构与性能是成型加工的结果，与成型加工前的材料结构与性能不同，最终成型后的零部件或结构必须保证装备在规定的寿命期间完成特定的任务，即所谓的使用性能。例如，现代航空发动机许多零部件在选用高性能材料的同时，还要采用先进的成型加工技术，最终保证零部件的尺寸精度和性能。

产品制造中的成型加工不但赋予材料形状，同时也是使材料增值的经济活动。商用飞机的成本与同等重量银的价值相当，而航天飞机的成本则与同等重量金的价值相当。我国在高端装备制造方面竞争力不足的原因之一就是成型加工等先进制造工艺技术薄弱。机械装备的研制方面也存在同样的问题。尽管不同的装备所采用的成型加工技术有很大的不同，但在成型加工和制造方面提高技术能力和效率上是一致的。为了高效、低成本地研制高性能装备，必须提高成型加工制造能力，不断发展并采用先进成型技术。

3. 工程材料的分类

工程材料是指在机械、船舶、化工、建筑、车辆、仪表、航空航天等工程领域中用于制造工程构件和机械零件的材料。

按材料应用的工程领域可分为机械工程材料、建筑工程材料、航空航天材料、能源材料等。

按材料的使用性能可分为结构材料和功能材料。结构材料主要利用材料的力学性能，用以制造以受力为主的构件或零件，对材料的理化性能也有一定的要求；功能材料主要利用材料的声、光、电、磁、热、化、生化等性能，同时也要兼顾力学性能。在某些情况下，材料的结构性与功能性要同时考虑。

常用的分类方法是按照材料的组成、结合键的特点，将工程材料分为金属材料、陶瓷材料、高分子材料和复合材料四大类。

金属材料是以金属键结合为主的材料，具有良好的导电性、导热性、延展性和金属光泽，是目前用量最大、应用最广泛的工程材料。金属材料分为黑色金属和有色金属两类，铁及铁合金称为黑色金属，即钢铁材料。黑色金属之外的所有金属及其合金称为有色金属。有色金属的种类很多，根据其特性的不同又可分为轻金属、重金属、贵金属、稀有金属等。

陶瓷材料是以共价键和离子键结合为主的材料，其性能特点是熔点高、硬度高、耐腐蚀、脆性大。陶瓷材料分为传统陶瓷、特种陶瓷和金属陶瓷三类。传统陶瓷又称普通陶瓷，是以天然材料（如黏土、石英、长石等）为原料的陶瓷，主要用作建筑材料；特种陶瓷又称精细陶瓷，是以人工合成材料为原料的陶瓷，常用作工程上的耐热、耐蚀、耐磨零件；金属陶瓷是金属与各种化合物粉末的烧结体，主要用作工具、模具。先进高温结构陶瓷具有很强的韧性、可塑性、耐磨性和抗冲击能力，与普通热燃气轮机相比，陶瓷热机的重量可减轻30%，而功率则提高30%，节约燃料50%。

高分子材料是以分子键和共价键结合为主的材料。高分子材料作为结构材料具有塑性、耐蚀性、电绝缘性、减振性好，密度小等特点。工程上使用的高分子材料主要包括塑料、橡胶、合成纤维等，在机械、电气、纺织、汽车、飞机、轮船等制造工业和化学、交通运输、航空航天等工业中被广泛应用。高分子材料还可以代替高强度合金，可大大减轻装备的重量。同时，高分子材料也广泛用于粘接部件。

复合材料是把两种或两种以上不同性质或不同结构的材料以微观或宏观的形式组合在

一起而形成的材料，通过这种组合来达到进一步提高材料性能的目的。复合材料包括金属基复合材料、陶瓷基复合材料和高分子基复合材料。复合材料具有强度高、刚度高、耐疲劳、重量轻等优点。采用纤维增强复合材料后，美国的 AV-8B 垂直起降飞机的重量减轻了 27%，F-18 战斗机的重量减轻了 10%。F-35 上采用了 36% 的复合材料，其中碳纤维/环氧树脂复合材料的重量占 32%，玻璃纤维及碳纤维增强双马树脂基复合材料各占 2%。现代航空发动机燃烧室温度最高的材料就是通过粉末冶金法制备的氧化物颗粒弥散强化的镍基合金复合材料。很多高级游艇、赛艇及体育器械等是由碳纤维复合材料制成的，它们具有重量轻、弹性好、强度高等优点。

4. 机械工程与材料

机械工程是以有关的自然科学和技术科学为理论基础，结合生产实践中的技术经验，研究和解决在开发、设计、制造、安装、运用和修理各种机械中的全部理论和实际问题的应用学科。机械是现代社会进行生产和服务的五大要素（人、资金、能源、材料和机械）之一，并参与能量和材料的生产。

石器时代人类制造和使用的各种石斧、石锤，以及木质、皮质的简单工具是后来出现的机械的先驱。所用材料由天然的石、木、土、皮革等发展到人造材料。最早的人造材料是陶瓷。18 世纪后期，制作机械的主要材料逐渐从木材改为金属，机械制造工业开始形成，并逐渐成为重要产业。机械工程从分散性的、主要依赖匠师个人才智和手艺的技艺发展成为有理论指导的、系统的和独立的工程技术。机械工程是促成 18～19 世纪的工业革命和资本主义机械大生产的主要技术因素。

机械产品的可靠性和先进性，除设计因素外，在很大程度上取决于所选用材料的质量和性能。新型材料的发展是发展新型产品和提高产品质量的物质基础。各种高强度材料的发展，为发展大型结构件和逐步提高材料的使用强度等级、减轻产品自重提供了条件；高性能的高温材料、耐腐蚀材料为开发和利用新能源开辟了新的途径。现代发展起来的新型材料有新型纤维材料、功能性高分子材料、非晶质材料、单晶体材料、精细陶瓷、新合金材料等，对于研制新一代的机械产品有重要意义。例如，碳纤维比玻璃纤维强度和弹性更高，用于制造飞机和汽车等结构件，能显著减轻自重而节约能源。精细陶瓷，如热压氮化硅和部分稳定结晶氧化锆，有足够的强度，比合金材料有更高的耐热性，能大幅度提高热机的效率，是绝热发动机的关键材料。还有不少与能源利用和转换密切有关的功能材料的突破，将会引起机电产品的巨大变革。

一个国家的经济实力在很大程度上依赖于能否研制出高性能的机械装备，而高性能的机械装备需要先进的工程材料。特别是航空航天技术对先进材料的发展起到了助推作用。例如，飞机与发动机所用材料需考虑寿命周期成本、强度重量比、疲劳寿命、断裂韧性、生存力等因素，以保证装备的可靠性、安全性与结构完整性。航天飞行器用材需要考虑比刚度和比强度、低的热膨胀系数及在空间环境中的耐久性。研制先进的亚音速飞机、超音速飞机和穿越大气层飞机需要使用高强度结构和耐热超轻型结构，开发和利用新型合金、金属间化合物、先进非金属材料及复合材料成为必然。研制隐身飞机与坦克等装备更需要发展与应用新材料。因此，先进工程材料的发展与应用水平在保证装备技术优势方面发挥着重要作用。

工程材料的选用是机械装备研制过程的重要组成部分，选材对研制过程具有较大影响。

新型号机械装备的设计阶段就必须根据装备的性能要求,按照各零部件、系统与结构的工作环境要求,确定所选用的材料,这就需要开展材料方面的科学研究与之相互配合,并经全面试验论证与综合分析后才能确定材料。大量的接近使用条件下的材料应用性科研常常会贯穿于整个型号研制过程。机械装备定型生产后还必须根据技术的发展与实际需要不断进行改进与维修。

工程材料的选用是一项理论与实践紧密结合的工程技术工作,机械与制造工程类专业的学生必须认识到材料在工程中的重要地位。应该注意的是,孤立地谈论材料是不全面的,工程材料与产品设计、制造和使用必须作为一个整体来考虑,材料必须作为产品全寿命周期的关键要素与机械工程实现有机集成。

第 1 章　工程材料的结构

工程材料的各种性能与材料的化学和物理组成结构是密切相关的。材料的结构可以通过外界条件加以改变，从而实现对材料性能的控制。要更好地开发和使用材料，必须了解工程材料的结构。

1.1　材料结构及其层次

材料的结构是指材料内部各组成单元之间的相互联系和相互作用方式。根据材料组成单元的空间尺度，材料的结构可分为原子尺度结构、显微结构和宏观结构等层次。材料的结构决定材料的性能，改变材料的结构可以控制材料的性能。

图 1-1 为材料结构的尺度范围。

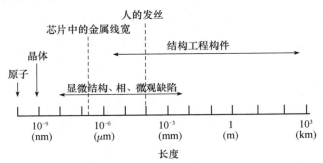

图 1-1　材料结构的尺度范围

原子尺度的结构包括原子的类型、原子间的结合键、原子的排列(或堆垛)方式及原子尺度缺陷，尺度约为 10^{-10}m。原子尺度的结构是决定材料类型和性能的基本要素。原子的类型决定了材料的组成成分及基本类型，原子之间的结合键特性决定了材料的物理、力学和化学方面的性能，原子在空间的排列方式决定着材料的聚集状态(晶体或非晶体)，原子尺度缺陷对材料的强度有很大影响。原子级的结构与材料宏观性能之间的关系是材料科学的基本问题。

材料的显微结构是指在光学显微镜下可分辨出的结构，其尺度范围为 $10^{-8} \sim 10^{-4}$m。结构组成单元是该尺度范围的各个相、颗粒或微观缺陷的集合状态，反映的是在这个尺度范围内材料中所含的相和微观缺陷的种类、数量、形貌及相互之间的关系信息。通过工艺过程可对材料的显微结构进行控制，如凝固过程的控制和钢的热处理工艺。

宏观结构($>10^{-4}$m)是指人们用肉眼或借助放大镜所能观察到的结构范围，结构组成单元是相或颗粒，大的孔洞、裂纹的缺陷。材料的宏观结构同样对其性能有影响。

诺贝尔物理学奖获得者 R.Feyneman 在 20 世纪 60 年代曾经预言：如果我们对物体微小规模上的排列加以某种控制的话，我们就能使物体得到大量的异乎寻常的特性，就会看到材料的性能产生丰富的变化。现在的纳米材料就是如此。纳米材料和普通的金属、陶瓷及其他固体材料都是由同样的原子组成的，只不过这些原子排列成了纳米级的原子团，成为组成这些新材料的结构粒子或结构单元。纳米材料在宏观上显示出许多奇妙的特性，应用纳米技术可操纵数千个分子或原子制造新型材料或微型器件。

　　以下将重点讨论材料的原子尺度结构，其他层次的结构问题在后续的章节中分别论述。

1.2　原子结构与键合

1.2.1　原子的结构

　　原子可以看成由原子核及分布在核周围的电子所组成。原子核内有中子和质子，核的体积很小，却集中了原子的绝大部分质量。电子绕着原子核在一定的轨道上旋转，它们的质量虽可忽略，但电子的分布却是原子结构中最重要的问题。图 1-2 所示为钠原子结构中 K、L 和 M 量子壳层中的电子分布。

　　量子力学的研究发现，电子的旋转轨道不是任意的，它的确切途径也是测不准的。薛定谔方程成功地解决了电子在核外运动状态的变化规律，方程中引入了波函数的概念，以取代经典物理中圆形的闭定轨道，解得的波函数(习惯上又称原子轨道)描述了电子在核外空间各处位置出现的概率，相当于给出了电子运动的"轨道"。这一轨道是由 4 个量子数所确定的，它们分别为主量子数、次量子数、磁量子数及自旋量子数。4 个量子数中最重要的是主量子数 $n(=1,2,3,4,\cdots)$，它是确定电子离核远近和能级高低的主要参数。

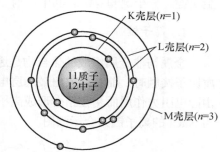

图 1-2　钠原子结构中 K、L 和 M
量子壳层中的电子分布

　　在紧邻原子核的第一壳层，电子的主量子数 $n=1$，而 $n=2,3,4$ 分别代表电子处于第二、三、四壳层。随 n 的增加，电子的能量依次增加。在同一壳层上的电子，又可依据次量子数 l 分成若干个能量水平不同的亚壳层。$l=0，1，2，3，\cdots$，这些亚壳层习惯上以 s、p、d、f 表示。量子轨道并不一定总是球形的，次量子数反映了轨道的形状，s、p、d、f 各轨道在原子核周围的角度分布不同，故又称角量子数或轨道量子数(全名为轨道角动量量子数)。次量子数也影响着轨道的能级，n 相同而 l 不同的轨道，它们的能级也不同，能量水平按 s、p、d、f 顺序依次升高。各壳层上亚壳层的数目随主量子数不同而异。磁量子数以 m 表示，$m=0，\pm1，\pm2，\pm3，\cdots$，它基本上确定了轨道的空间取向，s、p、d、f 各轨道依次有 1、3、5、7 种空间取向。在没有外磁场的情况下，处于同一亚壳层而空间取向不同的电子具有相同的能量，但是在外加磁场下，这些不同空间取向轨道的能量会略有差别。第四个量子数即自旋量子数(全名为自旋角动量量子数)$m_s=+1/2，-1/2$，表示在每个状态下可以存在自旋方向相反的两个电子，这两个电子也只是在磁场下才具有略微不同的能量。于是，在 s、p、d、f 的各个亚壳层中可以容纳的最大电子数分别为 2、6、10、14，各壳层能容纳的电子总数分别为 2、8、18、32，也就是相当于 $2n^2$。

　　原子处于基态时，核外电子排布规律必须遵循以下三条规则。

（1）泡利不相容原理。一个原子轨道最多只能容纳两个电子，且这两个电子的自旋方向必须相反。

（2）能量最低原理。在不违背泡利不相容原理的条件下，电子优先占据能量较低的原子轨道，使整个原子体系的能量最低。

（3）洪特规则。在能量高低相等的轨道上，电子尽可能占据不同的轨道，且电子自旋平行。

1.2.2　材料粒子的键合方式

工程材料是由各种物质组成的，物质都是由粒子（原子、分子或离子）通过一定的键合方式聚集而成的。组成物质的粒子间的相互作用力称为结合键。物质的粒子种类及相互间的键合方式是不同的，形成的键也具有不同的特性。键的特性又决定了材料的物理、力学、化学等方面的性能以及聚集状态和结构。工程材料的物质粒子的结合键主要有离子键、共价键、金属键、分子键和氢键。其中，前三种键称为化学键，后两种键称为物理键。

1. 离子键

金属与非金属组成的化合物是通过离子键而结合的。正电性的金属原子与负电性的非金属原子接触时，前者释放出最外层电子变成正离子，后者获得电子变成负离子，正、负离子由静电引力作用而相互结合形成离子化合物或离子晶体，这种相互作用就称为离子键。图 1-3 为 NaCl 的离子键结合示意图。

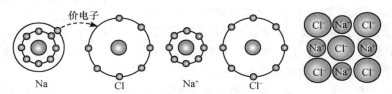

图 1-3　NaCl 的离子键结合示意图

离子键无方向性和饱和性，在各方向上都可以和相反电荷的离子相吸引，一个离子可以同时和几个异号离子相结合。例如，在 NaCl 晶体中，每个 Cl^- 周围都有 6 个 Na^+，每个 Na^+ 周围也有 6 个 Cl^- 等距离排列着。

离子键有很强的结合力，因此，离子晶体的熔点、沸点、强度与硬度高，热膨胀系数小，但脆性大。离子化合物在常温下的电导率很低，典型的离子化合物是无色透明的。大部分盐类、碱类和金属氧化物是离子化合物，部分陶瓷材料（MgO、Al_2O_3、ZrO_2）及钢中的一些非金属夹杂物也以离子键方式结合。

2. 共价键

共价键是由两个或两个以上的原子通过共有最外层电子的方式实现结合，共有的电子通常是成对的。共价键具有方向性和饱和性。共价键的结合力大，共价晶体的强度和硬度高，脆性大，熔点和沸点高。为使电子运动产生电流，必须破坏共价键，破坏共价键需高温、高压，因此，共价键材料具有很好的绝缘性。

元素周期表中同族非金属元素原子通过共价键形成分子或晶体，如两个氢核同时吸引一对电子而形成稳定的氢分子。单质硅、金刚石等属于共价晶体。1 个硅原子与 4 个在其周围的硅原子共享其外壳层能级的电子，使外层能级壳层获得 8 个电子，每个硅原子通过 4 个共价键与 4 个邻近原子结合，构成正四面体，如图 1-4 所示。金刚石是自然界中最坚硬的固体，这种晶体由碳原子直接构成，每个碳原子与其相邻原子共有 4 个原子，形成 4 个共价键，构成正四面体。金刚石中碳原子间的共价键非常牢固，其熔点高达 3750℃。锗、锡、铅等元素也可构成共价晶体。SiC、Si$_3$N$_4$ 等陶瓷和一些聚合物是以共价键形成的化合物，即共价化合物。

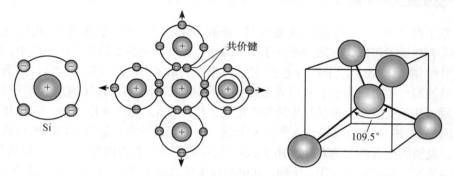

图 1-4　硅原子形成的四面体

3. 金属键

金属原子的外层价电子数较少，电离能也很小，极易失去最外层价电子而成为正离子。脱离原子的自由电子形成所有原子共有的"电子云"，固态金属正是依靠各正离子和自由电子的相互作用使金属原子紧密地结合在一起，这种结合方式称为金属键(图 1-5)。

金属材料都具有金属键，金属键决定了金属的性能。当金属中有电位差时，自由电子就要向着高电位方向移动，形成电流；自由电子定向移动受到正离子的阻碍较小，就表现出良好的导电性。金属中热能传递不仅依靠正离子的振动，而且依靠自由电子的运动，故金属有良好的导热性。

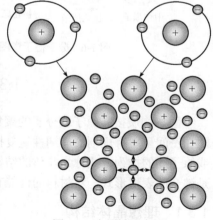

金属之所以有光泽，是由于自由电子容易被可见光激发，跳到离原子核较远的高能级，当它重新跳回原来的低能级时，就把所吸收的可见光的能量以电磁波的形式辐射出来，从而表现出金属的光泽。在正离子的周围充满了自由电子，故各个方向上的结合力相同。固态金

图 1-5　金属键示意图

属各层原子发生相对位移时，金属键的结合力仍可保持，故金属可发生较大的永久变形而不断裂，即具有良好的塑性。

4. 分子键

原子态惰性气体和分子态气体分子在低温下能聚集成液体和固体，其结合过程中没有电

子的得失、共有或公有化，价电子的分布几乎不变，原子或分子之间的结合是依靠分子或原子偶极之间的作用力来实现的。这种结合方式称为分子键，也称为范德瓦耳斯(van der Waals)力。图 1-6 为分子键示意图。当分子的正、负电荷瞬时分离时便形成偶极，偶极之间就存在着范德瓦耳斯力，此种作用力使分子结合成分子晶体(分子键的名称即由此而来)。

分子键是电中性的分子之间的长程作用力，其结合力很弱，由此所形成的固体熔点低，硬度也低，耐热性差，一般不具有导电能力。

5. 氢键及氢键晶体

氢原子在分子中与一个原子 A 键合时，还能形成与另一个原子 B 的附加键，这个键称为氢键。这个 B 原子可以是在同一个分子中的原子，也可以是在别的分子中的原子。若 B 和 A 都是电负性(电负性表示原子获得电子的能力)很强的原子(如 F、O、N 等)，那么氢键也就较强。氢键的产生主要是由于氢与 A 原子间形成共价键时，共有电子对向 A 原子强烈偏移，这样氢原子几乎变成一个半径很小的带正电荷的核，因此，这个氢原子还可以和 B 原子相吸引形成附加键(图 1-7)，所以从这个意义上说，氢键可以看成是带有方向性的很强的范德瓦耳斯力。氢键的结合能大约有 $0.2 \times 10^5 J/mol$，比起离子键、共价键等化学键来说这是很小的，但在许多情况下具有重要作用。例如，铁电晶体磷酸二氢钾(KH_2PO_4)就有氢键的结合，在过居里点时相变过程所产生的自发极化与质子 H^+ 的有序排列密切有关。又如许多含 OH^- 的陶瓷晶体内部的结合、陶瓷表面水蒸气的吸附等都有氢键的作用。因为氢原子和它配对的那个原子比较靠近一些，故一般写成 A—H……B。以氢键结合起来的晶体称为氢键晶体，冰就是这种晶体的例子。

中性原子　　极化原子　　极化原子间相互吸引　　　　　　　　　　　　　　氢键

图 1-6　分子键示意图　　　　　　　　　图 1-7　HF 氢键示意图

1.3　材料的晶体结构

固态物质按其原子或分子的聚集状态可分为晶体和非晶体两大类。晶体中的原子或原子团在空间呈现有规则的周期性重复排列，而非晶体中原子的排列不具有周期性。晶体中原子或原子团的排列方式称为晶体的结构。原子或分子的键合决定了材料的性质，而晶体结构则是键合的表现形式，对材料的性能有较大影响。本节重点讨论材料的晶体结构。

1.3.1　理想晶体结构

1. 晶格

晶体中原子或原子团排列的周期性规律，可以用一些在空间有规律分布的几何点来表示[图 1-8(a)]，沿任一方向上相邻点之间的距离就等于晶体沿该方向的周期。这样的几何点的集合就构成空间点阵(简称点阵)，每个几何点称为点阵的结点或阵点。点阵只表示原子或原子团分布规律的一种几何抽象。

　　可以设想用直线将点阵的各结点连接起来，这样就形成了一个空间网络，这种空间网络称为晶格［图1-8(b)］。显然，在某一空间点阵中，各结点在空间的位置是一定的，而通过结点所作的空间网络则因直线的取向不同可有多种形式。因此，必须强调指出，结点是构成空间点阵的基本要素。

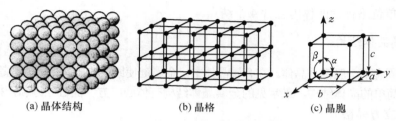

(a) 晶体结构　　　　　　　(b) 晶格　　　　　　　(c) 晶胞

图 1-8　晶体、晶格和晶胞示意图

　　空间点阵具有周期性和重复性，图 1-8(b)所示的晶格可以看成是由最小的单元——平行六面体沿三维方向重复堆积(或平移)而成的。这样的平行六面体称为晶胞，如图 1-8(c)所示。晶胞的大小和形状可用其 3 条棱 a、b、c 的长度和棱边夹角 α、β、γ 来描述，3 条棱边称为晶轴，其长度称为晶格常数。

　　从一切晶体结构中抽象出来的空间点阵可划分为 7 个晶系(三斜、单斜、正交、四方、六角、菱面体、立方)，7 个晶系共有 14 种类型，如图 1-9 所示。这 14 种空间点阵，根据结点在其中分布的情况又可以分为 4 类。

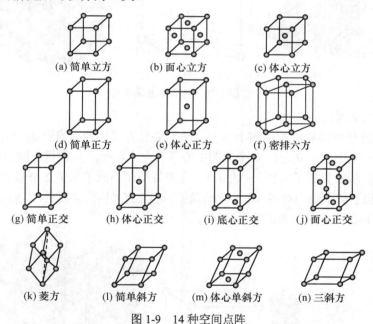

(a) 简单立方　　　　(b) 面心立方　　　　(c) 体心立方

(d) 简单正方　　　　(e) 体心正方　　　　(f) 密排六方

(g) 简单正交　　(h) 体心正交　　(i) 底心正交　　(j) 面心正交

(k) 菱方　　(l) 简单斜方　　(m) 体心单斜方　　(n) 三斜方

图 1-9　14 种空间点阵

　　(1)简单点阵。仅在单位平行六面体的 8 个顶点上有结点，由于顶点上每一个结点分属于邻近的 8 个单位平行六面体，所以每一个简单点阵的单位平行六面体内只含一个结点。

　　(2)体心点阵。除了 8 个顶点外，在单位平行六面体的中心处还有一个结点，这个结点只属于这个单位平行六面体所有，故体心点阵的单位平行六面体内包含两个结点。

（3）底心点阵。除了 8 个顶点外，在六面体的上、下平行面的中心还各有一个结点，这个面上的结点是属于两个相邻单位平行六面体所共有的，所以底心点阵中，每个单位平行六面体内包含 2 个结点。

（4）面心点阵。除了 8 个顶点外，六面体的每一个面中心都各有一个结点，所以底心点阵中，每个单位平行六面体内包含 4 个结点。

2. 金属晶体结构

金属在固态下一般都是晶体。在金属晶体中，金属键使原子的排列尽可能地趋于紧密，构成高度对称的简单的晶体结构。最常见的金属晶体结构有体心立方、面心立方和密排六方 3 种。

1）体心立方晶格

体心立方晶格的晶胞结构如图 1-10 所示。体心立方晶格的晶胞是一个立方体，在立方体的 8 个顶点和中心各排列着一个原子。晶格常数 $a = b = c$，通常用 a 表示。在体心立方晶胞的空间对角线方向，原子互相接触排列，相邻原子的中心距恰好等于原子直径，所以原子半径 $r \approx \sqrt{3}a/4$。在这种晶胞中，每个顶点上的原子为周围 8 个晶胞共有，而体心原子完全属于这个晶胞，所以，每个体心立方晶胞中的原子数 $n = 8 \times 1/8 + 1 = 2$ 个。属于此类结构的金属有 α-Fe（910℃以下纯铁）、V、Nb、Ta、Cr、Mo、W 等。

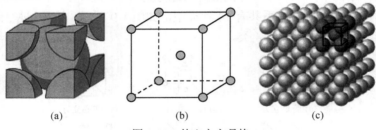

（a）　　　　　　　　　（b）　　　　　　　　　（c）

图 1-10　体心立方晶格

2）面心立方晶格

面心立方晶格的晶胞结构如图 1-11 所示。面心立方晶格的晶胞也是一个立方体，晶胞的 8 个顶点各有一个原子，立方体 6 个面的中心各有一个原子。晶胞每个面的对角线上各原子彼此相互接触，所以其原子半径 $r \approx \sqrt{2}a/4$。又因每个面心原子属于 2 个晶胞所有，故每个面心立方晶胞的原子数 $n = 8 \times 1/8 + 6 \times 1/2 = 4$ 个。属于面心立方晶格的金属有 Al、γ-Fe（812～1394℃）、Ni、Pb、Pd、Pt、贵金属、奥氏体不锈钢等。

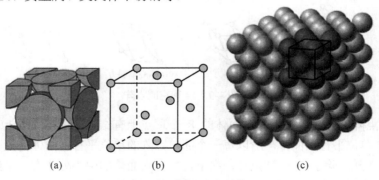

（a）　　　　　　　　　（b）　　　　　　　　　（c）

图 1-11　面心立方晶格

3）密排六方晶格

密排六方晶格的晶胞结构如图 1-12 所示。密排六方晶格的晶胞是一个六方柱体。在晶胞的 12 个角上各有一个原子，上、下底面中心各有一个原子，晶胞内部有 3 个原子。每个角上的原子同属于 6 个晶胞共有。上、下底面中心的原子属 2 个晶胞共有，内部 3 个原子完全属于这个晶胞，所以每个密排六方晶胞的原子数 $n = 12 \times 1/6 + 2 \times 1/2 + 3 = 6$ 个。密排六方晶胞的晶格常数有 a（正六边形的边长）和 c（上、下底面的间距），c/a 称为轴比。

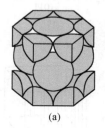 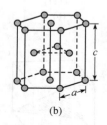 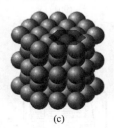

(a)　　　　　　　(b)　　　　　　　(c)

图 1-12　密排六方晶格

属于密排六方晶格的金属有 Be、α-Ti、α-Co、Mg、Zn、Cd 等。

3. 晶向指数与晶面指数

在分析材料结晶、塑性变形和相变时，常常涉及晶体中某些原子在空间排列的方向（晶向）和某些原子构成的空间平面（晶面）。为区分不同的晶向和晶面，需采用一个统一的标号来标定它们，这种标号称为晶向指数与晶面指数。

1）晶向指数确定方法

（1）以晶格中某结点为原点，取点阵常数为三坐标轴的单位长度，建立右旋坐标系，确定欲求晶向上任意两个点的坐标。

（2）"末"点坐标减去"始"点坐标，如果始点放在坐标原点可以简化计算。

（3）将上述 3 个坐标差值化为最小整数 u、v、w，加上一个方括号即为所求的晶向指数 $[uvw]$，如有某一数为负值，则将负号标注在该数字的上方。

图 1-13 为体心立方晶格中几个主要的晶向指数。

2）晶面指数确定方法

（1）建立如前所述的参考坐标系，但原点应位于待定晶面之外，以避免出现零截距。

（2）求出待定晶面在三轴的截距，如果该晶面与某轴平行，则截距为无穷大。

（3）取各截距的倒数并按比例化为 3 个最简整数 h、k、l，加圆括号，即得到晶面指数 (hkl)，如有某一数为负值，则将负号标注在该数字的上方。

图 1-14 为体心立方晶格中几个主要的晶面指数。

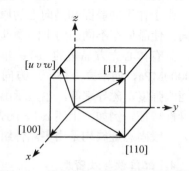

图 1-13　体心立方晶格中几个晶向指数

某一晶向指数或晶面指数并不只代表某一具体晶向或晶面，而是代表一组相互平行的晶向或晶面，即所有相互平行的晶向或晶面具有相同的晶向指数或晶面指数。晶向指数或晶面指数可以是负数，如 $[11\bar{1}]$ 或 $(11\bar{1})$。

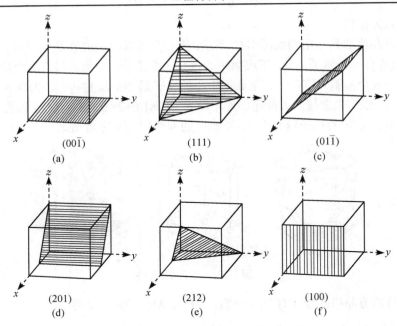

图 1-14　体心立方晶格中几个晶面指数

同一直线有相反的两个方向，其晶向指数的数字和顺序完全相同，只是符号相反，它相当于用−1 乘晶向指数中的 3 个数字，如［123］与［$\overline{1}\,\overline{2}\,\overline{3}$］方向相反。当两个晶面指数的数字和顺序完全相同而符号相反时，则这两个晶面相互平行，它相当于用−1 乘以某一晶面指数中的各个数字。

在立方晶系中，由于原子排列具有高度的对称性，故存在许多原子排列相同但不平行的对称晶面(或晶向)，这些晶面(或晶向)归结为同一晶面(或晶向)族，分别用 $\{uvw\}$ 和 $<hkl>$ 表示。例如，［100］、［010］、［001］以及方向与之相反的［$\overline{1}$00］、［0$\overline{1}$0］、［00$\overline{1}$］共 6 个晶向上的原子排列完全相同，只是空间位向不同，属于同一晶向族<100>。属于{111}晶面族的晶面为(111)、($\overline{1}$11)、(1$\overline{1}$1)和(11$\overline{1}$)。

由于在不同晶面和晶向上的原子排列方式和紧密程度不同，从而导致原子之间的结合力不同，使晶体在不同晶向上的物理、化学和力学性能有所差异，这种现象称为各向异性。例如，具有体心立方晶格的 α-Fe 单晶体，在立方体体对角线方向［111］上，弹性模量 $E = 290000$MPa，而沿立方体一边方向［001］的 $E = 1350000$MPa。同样，沿原子密度最大晶向的屈服强度、磁导率等，也显示出明显的优越性。但在实际金属材料中，通常见不到这种各向异性特征。例如，上述 α-Fe 的弹性模量，不论方向如何，E 均在 210000MPa 左右，这是因为一般固态金属均是由多晶体组成的。

4．配位数与致密度

配位数是每个原子周围最近邻的原子数。显然，配位数越大，原子排列越紧密。体心立方晶胞中，无论是体心的原子，还是角上的原子，周围都有 8 个最近邻的原子，所以其配位数是 8。面心立方晶胞中每个原子周围有 12 个最近邻的原子，所以其配位数是 12。密排六方晶胞每个原子周围有 12 个最近邻的原子，所以其配位数是 12。

　　致密度是晶胞中原子所占的体积分数。体心立方结构的致密度为 0.68，面心立方与密排六方结构致密度为 0.74。

　　以上分析表明，面心立方与密排六方的配位数与致密度均高于体心立方，故称为最紧密排列。

1.3.2　实际晶体结构

1. 单晶体与多晶体

　　晶格位向完全一致的晶体称为单晶体。单晶材料具有独特的化学、光学和电学性能，在半导体、磁性材料、高温合金材料等方面得到广泛的应用。

　　工业上使用的金属材料除专门制备外都是多晶体。如图 1-15 所示，多晶体是由许多位向不同、外形不规则的小晶体构成的，这些小晶体称为晶粒，晶粒内部的晶格取向相同，晶粒与晶粒间的界面称为晶界。

　　多晶体的晶粒大小取决于制备及处理方法。晶粒大小对材料性能有较大影响，在常温下，晶粒越小，材料的强度、塑性、韧性就越好。

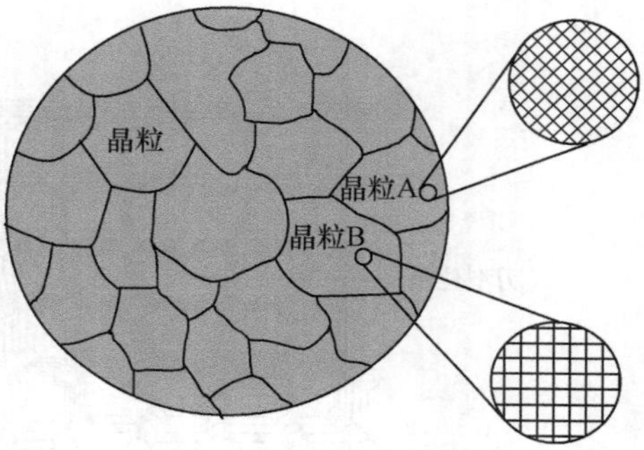

图 1-15　多晶体示意图

2. 晶体缺陷

　　实际晶体结构中往往存在缺陷，缺陷是一种局部原子排列的破坏。晶体缺陷不仅会影响晶体的物理和化学性质，而且还会影响发生在晶体中的过程，如扩散、烧结、化学反应性等。按缺陷的几何形状，晶体缺陷主要有点缺陷、线缺陷、面缺陷及体缺陷。

1）点缺陷

　　点缺陷是一种在三维方向上尺寸都很小（远小于晶体或晶粒的线度）的缺陷，又称零维缺陷，典型代表有空位、间隙原子和置换原子，如图 1-16 所示。最常见空位是正常的晶格结点上未被原子占据。间隙原子是处在晶格间隙中的原子。置换原子是指占据正常的晶格结点上的异类原子。

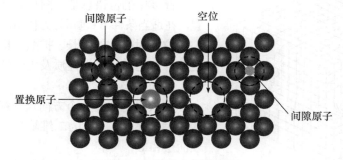

图 1-16　空位与间隙原子

　　空位和间隙原子的形成是由于原子在以各自的平衡位置为中心不停地做热振动的结果。各个原子在不同的瞬间，其振动能量不相同，当某些原子振动的能量高到足以克服周围原子对它的束缚作用时，就可能离开原来的平衡位置，跳到晶格间隙处，形成间隙原子，原来的位置上则形成空位。空位和间隙原子的数目随温度的升高而增加。冷变形或高能粒子的轰击也可以产生点缺陷。

在点缺陷附近，由于原子间作用力的平衡被破坏，使周围的其他原子离开原来的平衡位置，这种现象称为晶格畸变。晶格畸变使金属的强度、硬度增加。

2) 线缺陷

线缺陷是指在两个方向尺寸很小、一个方向尺寸较大(与晶体或晶粒线度相比)的缺陷，又称为一维缺陷。位错是典型的线缺陷。

位错是指晶体中某处一列或若干列原子发生了有规律的错排现象。位错最基本的类型有刃型位错(图 1-17)和螺型位错(图 1-18)。

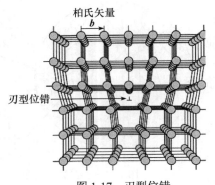

图 1-17 刃型位错

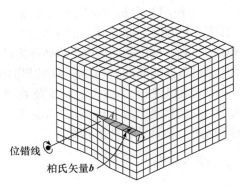

图 1-18 螺型位错

刃型位错的某一原子面在晶体内部中断，这个原子平面中断处的边缘就是一个刃型位错，就像刀刃一样将晶体上半部分切开，如同沿切口强行楔入半原子面，将刃口处的原子列称为刃型位错线。

螺型位错是由于剪切力的作用，使晶体相邻原子面发生一个原子间距的相对滑移，两层相邻原子发生了错排现象。

实际晶体中的位错通常都是混合位错(图 1-19)，混合位错可分解为刃型位错分量与螺型位错分量。

晶体中的位错总是力图从高能位置转移到低能位置，在适当条件下(包括外力作用)，位错会发生运动。

位错对晶体的生长、扩散、相变、塑性变形、断裂等许多物理、化学性质及力学性质都有很大影响。

3) 面缺陷

面缺陷是指在一个方向尺寸很小、另两个方向尺寸较大的缺陷，又称为二维缺陷，如晶粒间界、晶体表面层错等。

晶界是位向不同的晶粒间的过渡区。因受相邻晶粒内原子排列位向不同的影响，晶界处及其附近原子

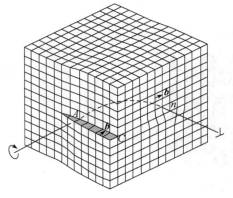

图 1-19 混合位错

的排列是不规则的(图 1-20)，因而引起晶格畸变。

4) 体缺陷

如果缺陷在三维方向上尺度都较大，那么这种缺陷就称为体缺陷，又称为三维缺陷，如沉淀相、空洞等。

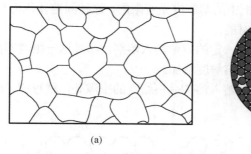
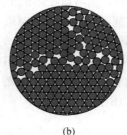

(a)　　　　　　　　　　　　　(b)

图 1-20　晶界

1.3.3　合金的晶体结构

合金是两种或两种以上的金属元素，或金属元素与非金属元素组成的具有金属性质的物质。例如，工业上广泛应用的碳素钢和铸铁主要是由铁和碳组成的合金，黄铜是由铜和锌组成的合金，硬铝是由铝、铜、镁组成的合金。与组成它的纯金属相比，合金不仅具有较高的力学性能和某些特殊的物理、化学性能，而且价格低廉。此外，还可调节其组成的比例，获得一系列性能不同的合金，以满足不同性能要求。

组成合金最基本的、独立的单元称为组元，组元可以是元素或稳定的化合物。由两个组元组成的合金称为二元合金，由三个组元组成的合金称为三元合金，由三个以上组元组成的合金称为多元合金。

合金中晶体结构和化学成分相同，与其他部分有明显分界的均匀区域称为相。只由一种相组成的合金为单相合金，由两种或两种以上相组成的合金为多相合金。用金相观察方法，在金属及合金内部看到的组成相的大小、方向、形状、分布及相间结合状态称为组织。合金的性能取决于它的组织，而组织的性能又取决于其组成相的性质。为了了解合金的组织和性能，首先必须研究固态合金的相结构。

合金的基本相结构可分为金属固溶体和金属化合物两大类。

1. 金属固溶体

合金在固态下由组元间相互溶解而形成的相称为固溶体，即在某一组元的晶格中包含其他组元的原子，前一组元称为溶剂，其他组元为溶质。固溶体是不同组元以原子尺度均匀混合而成的单相晶态物质。均匀混合与非均匀混合(或机械混合)不同，前者为单相，非均匀混合为两相或多相。固溶体可以在晶体生长过程中生成，也可以从溶液或熔体中析晶时形成，还可以通过烧结过程由原子扩散而形成。根据溶质原子在溶剂晶格中占据的位置，可将固溶体分为置换固溶体和间隙固溶体。

由溶质原子代替一部分溶剂原子而占据溶剂晶格中某些结点位置形成的固溶体，称为置换固溶体，如图 1-21(a)所示。

形成置换固溶体时，溶质原子在溶剂晶格中的最高含量(溶解度)主要取决于两者的晶格类型、原子直径差及它们在元素周期表中的位置。晶格类型相同，原子直径差越小，在元素周期表中的位置越靠近，则溶解度越大，甚至可以任何比例溶解而成无限固溶体。反之，若不能满足上述条件，则溶质在溶剂中的溶解度是有限的，这种固溶体称为有限固溶体。因此，无限固溶体中溶剂和溶质都是相对的。

有限固溶体则表示溶质只能以一定的限量溶入溶剂，超过这一限度即出现第二相。溶质的溶解度和温度有关，温度升高，溶解度增加。

直径很小的非金属元素的原子溶入溶剂晶格结点的空隙处，就形成了间隙固溶体。间隙固溶体如图 1-21(b)所示。

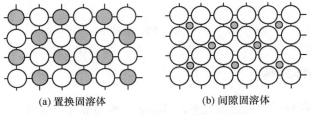

(a) 置换固溶体　　　　　　　(b) 间隙固溶体

图 1-21　固溶体示意图

能否形成间隙固溶体，主要取决于溶质原子和溶剂原子的尺寸。研究表明，只有当溶质元素与溶剂元素的原子直径比小于 0.59 时，间隙固溶体才有可能形成。此外，形成间隙固溶体还与溶剂金属的性质及溶剂晶格间隙的大小和形状有关。

在固溶体中，溶质原子的溶入导致晶格畸变(图 1-22)。溶质原子与溶剂原子的直径差越大，溶入的溶质原子越多，晶格畸变就越严重。晶格畸变使晶体变形的抗力增大，材料的强度、硬度提高，这种现象称为固溶强化。

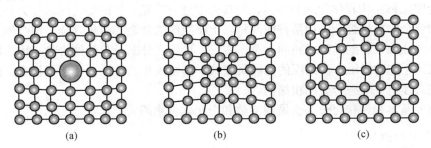

(a)　　　　　　　(b)　　　　　　　(c)

图 1-22　形成固溶体时的晶格畸变

2. 金属化合物

两组元组成的合金中，在形成有限固溶体的情况下，如果溶质含量超过其溶解度时，将会出现新相，若新相的晶体结构不同于任一组元，则新相是组元间形成的化合物，称为金属化合物或金属间化合物。金属化合物中有金属键参与作用，因而具有一定的金属性质。

固溶体中的组元之间不存在确定的物质量比，而形成金属化合物的元素之间要按一定的或大致一定的物质量比化合，可用化学分子式来表示。固溶体的组成可以改变，其性质随之发生变化；大部分化合物的组成和性质是一定的，也有部分金属化合物的成分可在一定范围内变化。

常见的金属化合物有正常价化合物、电子化合物和间隙化合物。

1）正常价化合物

正常价化合物是由元素周期表中位置相距甚远、电化学性质相差很大的两种元素形成的。这类化合物的特征是严格遵守化合价规律，可用化学式表示，如 Mg_2Si、Mg_2Sn 等。正常价化合物具有高的硬度和脆性，能弥散分布于固溶基体中，可对金属起到强化作用。

2）电子化合物

电子化合物是由第 I 族或过渡族元素与第 II～V 族元素形成的金属化合物，它们不遵守原子价规律，而服从电子浓度（组元价电子数与原子数的比值）规律。电子浓度不同，所形成金属化合物的晶体结构也不同。电子化合物的结合键为金属键，熔点一般较高、硬度高、脆性大，是有色金属中的重要强化相。

3）间隙化合物

间隙化合物是由过渡族金属元素与硼、碳、氮、氢等原子直径较小的非金属元素形成的化合物。若非金属原子与金属原子半径之比小于 0.59，则形成具有简单晶体结构的间隙相；若非金属原子与金属原子的半径比大于 0.59，则形成具有复杂结构的间隙化合物。

间隙相与间隙固溶体不同，后者保持金属的晶格，而前者的晶格则不同于组成它的任何一个组元的晶格。此外，尽管间隙相和间隙固溶体中直径小的原子均位于晶格的间隙处，但在间隙相中，直径小的原子呈现有规律的分布；而在间隙固溶体中，直径小的原子（溶质原子）则是随机分布于晶格的间隙位置。

间隙化合物和间隙相都有高的熔点和硬度，但塑性较低。它们是硬质合金、合金工具钢中的重要组成相。

铁碳合金中的渗碳体（Fe_3C）是重要的强化相，Fe_3C是间隙化合物，其晶体结构如图 1-23 所示。

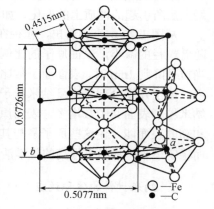

图 1-23　Fe_3C 的晶体结构

1.4　纳米材料的结构

1.4.1　纳米材料的基本概念

纳米是一个长度单位，简写为 nm。$1nm = 10^{-9}m$，即 1m 的十亿分之一，1μm 的千分之一，相当于 10 个氢原子连起来的长度，大约是一根头发直径的万分之一。纳米材料是指晶粒尺寸为纳米级（1～100nm）的超细材料，它的微粒尺寸大于原子簇，小于通常的微粒。在纳米材料中，纳米晶粒和由此而产生的高浓度晶界是它的两个重要特征；界面原子占极大比例，而且原子排列互不相同，界面周围的晶格结构互不相关，从而构成与晶态、非晶态均不同的一种新的结构状态。

1984 年，德国萨尔兰大学的 Gleiter 和美国阿贡实验室的 Siegel 相继成功地制得了纯物

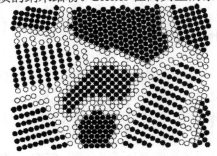

图 1-24　纳米材料的晶界

质的纳米细粉。Gleiter 在高真空的条件下将粒径为 6nm 的 Fe 粒子原位加压成型，烧结得到纳米微晶块体，从而使纳米材料进入了一个新的阶段。1990 年 7 月，在美国召开的第一届国际纳米科学技术会议上，正式宣布纳米材料科学为材料科学的一个新分支。

纳米晶粒中的原子排列已不能处理成无限长程有序，通常大晶体的连续能带分裂成接近分子轨道的能级。高浓度晶界及晶界原子(图 1-24)的特殊结构导致材料的力学性能、磁性、介电性、超导性、光学乃至热力学性能的改变。这一现象称为纳米效应。

1.4.2　纳米效应

1. 纳米材料的表面效应

纳米材料的表面效应是指纳米粒子的表面原子数与总原子数之比随粒径的变小而急剧增大后所引起的性质上的变化，如图 1-25 所示。

从图 1-25 中可以看出，粒径在 10nm 以下，随着粒径的减小，表面原子的比例将迅速增加。当粒径降到 1nm 时，表面原子数比例达到 90%以上，原子几乎全部集中到纳米粒子的表面。由于纳米粒子表面原子数增多，表面原子配位数不足和高的表面能，使这些原子易与其他原子相结合而稳定下来，故具有很高的化学活性。

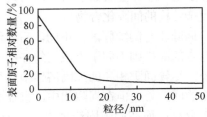

图 1-25　表面原子相对数量与粒子直径的关系

2. 纳米材料的体积效应

在一定条件下，当材料粒子的尺寸变小时，会引起材料物理、化学性质发生突变，这种现象称为体积效应。当颗粒尺寸与传导电子的波长相当或更小时，金属微粒均失去原有的光泽而呈黑色(光的吸收特性变化)；磁性超微颗粒在尺寸小到一定范围时，会失去铁磁性，而表现出顺磁性或超顺磁性；非铁磁性也可转化为铁磁性。随着纳米粒子的直径减小，能级间隔增大，电子移动困难，电阻率增大，从而使能隙变宽，金属导体将变为绝缘体。

3. 纳米材料的量子尺寸效应

纳米材料的量子尺寸效应指纳米粒子尺寸下降到某一定值时，费米能级附近的电子能级由连续能级变为分立能级的现象。这一效应可使纳米粒子具有高的光学非线性、特异催化性、光催化性质等。例如，光吸收显著增加，超导相向正常相转变，金属熔点降低，增强微波吸收等。利用纳米材料的量子尺寸效应可制造具有一定频宽的微波吸收纳米材料，用于电磁波屏蔽、隐身飞机等。

4. 界面相关效应

与单晶材料相比，由于纳米结构材料中有大量的界面，纳米结构材料具有反常高的扩散率，它对蠕变、超塑性等力学性能有显著影响；可以在较低的温度下对材料进行有效掺杂，并可使不混溶金属形成新的合金相，出现超强度、超硬度、超塑性等。

纳米材料的发展对武器装备的研制具有重要的影响。纳米含能材料（如纳米推进剂、纳米炸药）、纳米隐身材料、军用纳米电磁材料以及纳米传感器材料将是重点开展研究的领域。利用纳米材料可望制造出轻质、高强度、热稳定的材料，用于飞机、火箭、空间站，可大大降低成本。美国国家航空航天局希望航天器采用纳米材料后，发射费用可以从每磅 1 万美元降低到 200 美元，并可制造出成本只有 6 万美元、大小如一辆汽车的航天器。

1.5　材料的同素异构与同分异构

1.5.1　晶体的同素异构

自然界中有许多元素具有同素异构特性，即同种元素具有多种晶格形式。当温度等外界条件改变时，晶格类型可以发生转变。同种晶体材料中，不同类型晶体结构之间的转变称为同素异构转变。

在金属材料中，铁的同素异构转变比较典型。铁在结晶后继续冷却至室温的过程中，先后发生两次晶格转变，可表示为

$$\delta\text{-Fe} \xrightarrow{1394℃} \gamma\text{-Fe} \xrightarrow{912℃} \alpha\text{-Fe}$$
$$(\text{体心立方}) \qquad (\text{面心立方}) \qquad (\text{体心立方})$$

这种相变是在固态下进行的，也称为固态相变。在高压下（150kPa），铁还可具有密排六方结构的 ε-Fe。铁的同素异构转变是钢铁能够进行热处理的内因和根据，也是钢铁材料性能多种多样、用途广泛的主要原因之一。

一些陶瓷材料，如二氧化硅、氧化铝和氧化钛等化合物，也具有同素异构转变，也称为多形性转变。晶格结构变化将伴随材料密度增加或减少，体积也就随之膨胀或缩小。体积变化如果不均匀，就会产生较大的内应力，从而可能导致材料在转变温度下发生开裂。例如，四方系的氧化锆（冷却）在 1000℃ 时多形转变为单斜系氧化锆，其体积膨胀可使材料破裂。

化学成分相同的物质，以不同的晶体结构存在，其性能可能会产生很大的差异。例如，碳可分别以石墨和金刚石的晶体结构存在，其性质显著不同。金刚石是四面体三维共价网络结构 ［图 1-26(a)］，具有异常高的强度。石墨是六边形二维层状结构 ［图 1-26(b)］，层间力比较弱，容易断开，具有良好的润滑性。

1984 年发现的 C_{60} 是继金刚石和石墨之后碳元素的第 3 个同素异构晶体。C_{60} 是由 12 个五边形碳环和 20 个六边形碳环组成的具有高度对称的足球式笼架空心结构，有 60 个顶角，60 个碳原子各占一角 ［图 1-26(c)］。此类碳结构称为富勒烯，又称为巴基球或足球烯。C_{60} 的物理性质相对稳定，熔点大于 700℃。

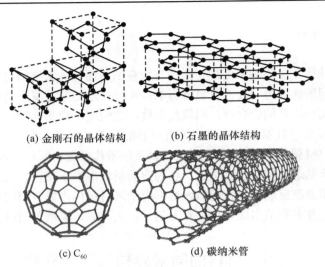

(a) 金刚石的晶体结构　　　　(b) 石墨的晶体结构

(c) C_{60}　　　　　　　　(d) 碳纳米管

图 1-26　碳的同素异构

1991 年发现的碳纳米管［图 1-26(d)］由呈六边形排列的碳原子构成数层到数十层的同轴圆管，层与层之间保持固定的距离，约为 0.34nm，直径一般为 2～20nm。碳纳米管的韧性很高，导电性极强，场发射性能优良，兼具金属性和半导体性，强度比钢高 100 倍，密度只有钢的 1/6。因为性能奇特，它被称为未来的"超级纤维"，碳纳米管有望用于多种高科技领域。例如，应用碳纳米管作为增强剂和导电剂可制造性能优良的汽车防护件，作为催化剂载体可显著提高催化剂的活性和选择性。碳纳米管较强的微波吸收性能，使它可作为吸收剂制备隐身材料、电磁屏蔽材料或暗室吸波材料。

1.5.2　有机化合物及高聚物的同分异构

把化学成分相同而组成原子排列不同的分子结构的现象称为同分异构。有机化合物是以碳、氢、氧等原子为主，通过共价键方式联系起来的一类化合物。一般来说，有机物的结构比单质或无机化合物要复杂得多，所以，它们的同分异构现象十分普遍。

有机物除了由于原子互相连接的方式和次序不同引起的异构体外，还可以由于原子本身在空间的排列方式(构型或构象)不同引起同分异构。

在有机低分子物质中，丙醇和异丙醇、甲醚和乙醇就是结构异构体，它们的化学成分相同，但分子结构不同。

高分子是由低分子聚合而成，所以低分子的有机化合物的同分异构现象也将直接带入高分子聚合物中。同一种高聚物，由于结晶条件不同，可形成几种不同的晶型。例如，聚乙烯的稳定晶型是正交晶型，但在拉伸时，能形成三斜或单斜晶型；又如，聚丙烯在不同温度下结晶时，可形成单斜、六方和菱方 3 种晶型，聚丁烯-1 可形成菱方、四方和正方 3 种晶型。这是高分子表现出来的类似单质的同"素"异构现象。

值得注意的是，无论何种材料，其性能都是由组织结构决定的。所以，同素异构或同分异构都将对材料的性能产生极大的影响，特别是高分子化合物的同分异构，有时甚至改变了物质的种类及属性。因此，合理地利用同素(分)异构现象，对工程而言是非常有意义的。

思 考 题

1.1 讨论物质粒子键合方式与性质的相互关系。

1.2 常见的金属晶体结构有哪几种？它们的原子排列和晶格常数有什么特点？

1.3 单晶体与多晶体有何差别？

1.4 分析纯金属与合金晶体结构的异同。

1.5 什么是位错？位错有哪几种类型？

1.6 分析金属化合物与金属固溶体在结构和性质方面的差异。

1.7 举例说明何谓同素异构现象。

1.8 说明材料的纳米效应。

第 2 章   工程材料的性能

工程材料的性能主要包括使用性能和工艺性能。使用性能是指材料的力学性能、物理性能和化学性能；工艺性能是指加工过程所反映出来的性能。在机械装备研制中，根据使用性能要求进行选材是特别重要的。例如，航空航天结构要求材料具有轻质、高强度、高模量、高韧性、耐高温、耐低温、抗氧化、耐腐蚀等性能，同时还要易于成型加工。

2.1   工程材料的力学性能

机械装备或结构在使用过程中往往承受强大载荷的作用，因此，材料必须具有足够的承载能力，才能保证结构或部件不发生破坏。材料在载荷作用下所表现出来的性能，称为力学性能。力学性能包括弹性、刚度、强度(有拉伸、压缩、弯曲、剪切、蠕变、疲劳等)、塑性(伸长率、断面收缩率)、韧性、硬度、耐磨性等。

2.1.1   应力与应变

1. 基本概念

材料在外力(或载荷)作用下发生几何形状和尺寸的变化称为变形，图 2-1 所示分别为拉伸、压缩和剪切变形。材料内各部分间因变形而引起相互作用力。设图 2-1 所示材料的原始横截面积为 S_0，承受的外力为 P，定义：

$$\sigma = \frac{P}{S_0}$$

为正应力(以下简称应力)，单位：MPa。拉伸时产生的应力为正，压缩时产生的应力为负。

$$\tau = \frac{F}{S_0}$$

为剪切应力，单位：MPa。

设图 2-1(a)、(b)所示材料的原始长度为 l_0，变形后的长度为 l，长度改变为 Δl，定义：

$$\varepsilon = \frac{\Delta l}{l_0} = \frac{l - l_0}{l_0}$$

为正应变(以下简称应变)。规定伸长的应变为正，压缩的应变为负。剪切变形时引起的应变称为切应变或角应变［图 2-1(c)］，定义为 $\gamma = \tan\theta$。

伴随材料在载荷方向上的变形(纵向应变)，与载荷垂直方向上同时发生变形而产生横向应变。在弹性范围内，横向应变与纵向应变的比值的绝对值称为泊松比，通常用 ν 表示，大多数材料的 ν 值为 0.25～0.35。

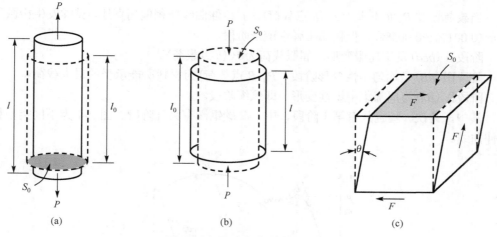

图 2-1　拉伸、压缩和剪切变形

2. 材料的应力与应变关系

1) 拉伸试验

拉伸试验是应用最广泛的材料力学性能试验方法。采用拉伸试验可以测定材料的弹性、强度、塑性、应变硬化等力学性能指标。拉伸试验在专用的材料拉伸试验机上进行（图 2-2），常用拉伸试件的形状如图 2-3 所示。试验时缓慢施加拉伸载荷，拉伸试验机的数据采集和处理系统记录和绘制试件所受的载荷 P 和伸长量 Δl 之间的关系曲线（拉伸曲线），如图 2-3 所示。在载荷的作用下，材料内部产生应力。将载荷除以试件的原始截面积即得应力 σ，伸长量除以原始标距长度即得应变 ε，这样就可以得到应力-应变曲线（σ-ε 曲线）。

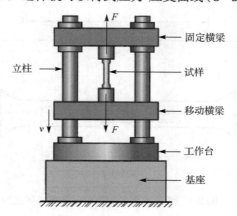

图 2-2　材料拉伸试验机

材料在载荷作用下的形状和尺寸变化称为变形。材料受载荷作用一般经历弹性变形、塑性变形和断裂 3 个阶段。

图 2-3 为低碳钢缓慢加载单向静载拉伸曲线，曲线分为四个阶段。

阶段 Ⅰ（Oab）为弹性变形阶段，Oa 为直线阶段，当载荷不超过 P_p（a 点载荷）时，拉伸曲线为一直线，即载荷与伸长量成正比，此时试样只产生弹性变形，外力去掉后，试样恢复原状。

当载荷超过 P_p 而不大于 P_e（b 点载荷）时，拉伸曲线便稍偏离直线，试样发生极微量塑性变形（0.001%～0.005%），但仍属于弹性变形阶段。

阶段 II（bcd）发生屈服变形，屈服载荷为 P_s（c 点载荷）。

阶段 III（dB）是均匀塑性变形阶段，P_b（B 点载荷）为材料所能承受的最大载荷。

阶段 IV（Bk）为局部集中塑性变形，即颈缩阶段。

其中，铸铁、陶瓷只有第 I 阶段，中、高碳钢没有第 II 阶段。图 2-4 为不同类型材料的拉伸曲线。

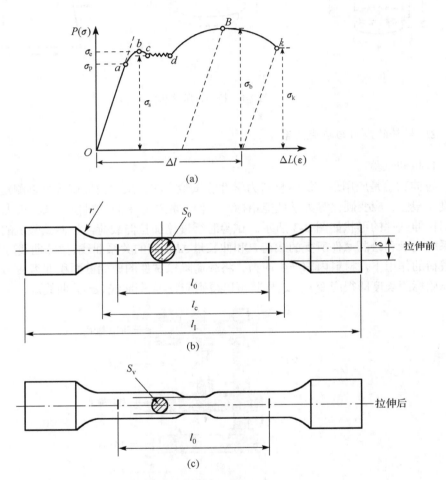

图 2-3　低碳钢缓慢加载单向静载拉伸曲线

由于材料具有不同的化学成分和微观组织，在相同的试验条件下，也会显示出不同的应力-应变响应。图 2-4 列举了几种典型的应力-应变曲线。工程实践中，常按材料在拉伸断裂前是否发生塑性变形，将材料分为脆性材料和塑性材料两大类。脆性材料在拉伸断裂前不产生塑性变形。塑性材料在拉伸断裂前不仅产生均匀的伸长，而且发生颈缩现象，且塑性变形量大，这种材料可认为是高塑性材料。若在拉伸断裂前只发生均匀伸长，且塑性变形量较小，这种材料可认为是低塑性材料。

2) 压缩试验

制造中许多工艺，如锻造、轧制和挤压，是工件在压缩力作用下完成的。压缩试验中是试样受到压缩载荷作用，所提供的信息有助于在这些工艺中估计所需的应力和动力。压缩试验通常是在两个润滑良好的平面模(板)之间压缩实心圆柱形试样。由于试样与压模之间的摩擦，试样圆柱侧面外凸，称为鼓形(图 2-5)。在压缩试验时，为防止试样受压缩载荷作用时失稳，试样的高度与直径的比值取 1.5～2.0，试样端面摩擦和试样形状都会影响试验结果，试样太长，会出现弯曲失稳。

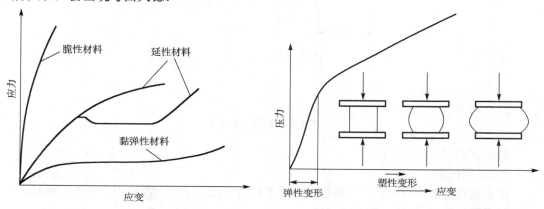

图 2-4　不同类型材料的拉伸曲线　　　　　图 2-5　压缩试验与压缩曲线

压缩试验时，为减少上、下压头与试样端面之间摩擦阻力的影响，试样端面必须光滑平整，并涂润滑油或石墨粉等，使之润滑，或采用特殊设计的压头，使端面的摩擦力减到最小。

压缩试验时，材料抵抗外力变形和破坏的情况也可用压力和变形的关系曲线表示，称为压缩曲线，如图 2-5 所示。对于塑性材料只能压缩变形，不能压缩破坏，由压缩曲线可以求出压缩强度指标和塑性指标；对于脆性材料，一般只求压缩强度极限(抗压强度)和压缩塑性指标。

2.1.2　弹性与塑性

根据外力去除后材料的变形能否恢复，可分为弹性变形和塑性变形。弹性和塑性是材料的重要力学性能。结构件设计时要保证其在正常工况下处于弹性状态，希望材料具有高的弹性极限和屈服强度，同时也要有足够的塑性以防止发生脆性断裂。而成形加工时则需要利用材料的塑性变形来实现，这样就要求材料具有良好的塑性且塑性变形抗力低。因此，需要深入研究和掌握材料的弹性和塑性特点及影响因素。

1. 材料的弹性

1) 弹性变形的物理本质

弹性变形的物理本质可从原子间结合力的角度进行分析。如图 2-6 所示，原子处于平衡位置时，其原子间距为 r_0，位能处于最低位置，相互作用力为零，这是最稳定的状态。当原子受力后将偏离其平衡位置，原子间距增大时将产生引力；原子间距减小时将产生斥力。这样，外力去除后，原子都会恢复其原来的平衡位置，所产生的变形便完全消失，这就是弹性变形。

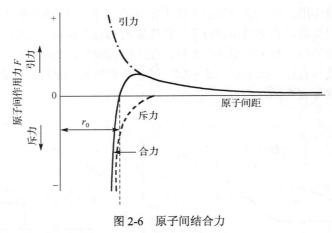

图 2-6　原子间结合力

2) 比例极限与弹性极限

(1) 比例极限。

比例极限是金属弹性变形时应变与应力严格成正比关系的上限应力，即在拉伸曲线上开始偏离直线时(图 2-3 中 a 点)的应力为

$$\sigma_p = \frac{P_e}{S_0} \qquad (\text{N/mm 或 MPa})$$

式中，S_0 为试样原截面面积(mm^2)。

(2) 弹性极限。

在弹性变形阶段，b 点为弹性变形的最大值，所对应的应力称为弹性极限，即

$$\sigma_e = \frac{P_e}{S_0} \qquad (\text{N/mm 或 MPa})$$

当应力超过弹性极限时，金属便开始发生塑性变形。工程上通常规定，以产生 0.005%、0.01% 和 0.05% 的残留变形时的应力作为条件弹性极限，分别表示为 $\sigma_{0.005}$、$\sigma_{0.01}$ 和 $\sigma_{0.05}$。

弹性极限与比例极限实际上都是表征材料对弹性变形的抗力。对一些弹性元件如精密弹簧等，弹性极限是主要的性能指标。

3) 弹性与刚度

材料受载荷作用时立即引起变形，当载荷去除，变形立即消失并恢复至原来状态的性能，称为弹性。弹性变形是指去除载荷后，形状和尺寸能恢复至原来的变形。在弹性变形范围内，施加载荷与其所引起变形量成正比关系，其比例常数 $E = \sigma / \varepsilon$，称为弹性模量。

弹性模量代表着使原子离开平衡位置的难易程度，是表征晶体中原子间结合力强弱的物理量。弹性模量与 $F\text{-}r$ 曲线在 $r=r_0$ 处的斜率($\mathrm{d}F/\mathrm{d}r$)成正比，如图 2-7 所示。金刚石一类的共价键晶体由于其原子间结合力很大，故其弹性模量很高；金属和离子晶体的键合力则相对较低；而分子键的固体如塑料、橡胶等的键合力更弱，故其弹性模量更低，通常比金属材料的低几个数量级。

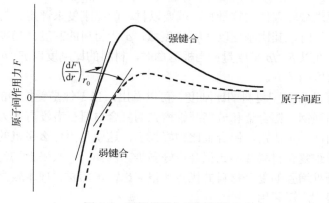

图 2-7　弹性模量与原子间结合力

弹性模量 E 表示材料抵抗弹性变形的能力，又称为刚度。弹性模量越大，表示材料中原子间结合越牢固，也说明材料熔点越高。温度升高，原子间结合力减弱，弹性模量降低（图 2-8）。

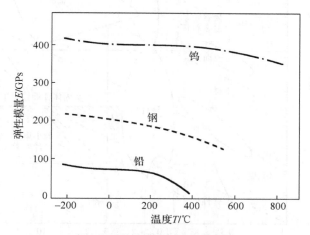

图 2-8　弹性模量与温度的关系

材料的弹性模量主要取决于结合键和原子间的结合力，而材料的成分和组织对它的影响不大，所以说它是一个对组织不敏感的性能指标。改变材料的成分和组织会对材料的强度（如屈服强度、抗拉强度）有显著影响，但对材料的刚度影响不大。陶瓷材料通过离子键和共价键结合，具有很高的弹性模量。金属的弹性模量适中，但由于各种金属原子结合力的不同，也会有很大的差别，如铁（钢）的弹性模量为 210GPa，是铝（铝合金）的 3 倍。聚合物材料则具有高弹性，即弹性模量低，在较小的应力下，就可以发生很大的变形，除去外力后，形变可迅速恢复。

机械结构在使用过程中往往不允许出现较大的变形，结构如果不具有足够的刚度，就不能保证正常工作。不同类型的材料，其弹性模量可能差别很大，因而在给定载荷下，产生的弹性变形也就会相差悬殊。零件的刚度与材料的刚度不同，它除了取决于材料的刚度外，还与零件的截面尺寸与形状，以及载荷作用的方式有关。

如果材料的刚度不够，只有增加截面尺寸或改变截面形状以提高零件的刚度。当既要提高材料刚度，又要求减轻零件的重量时，就要以材料的比刚度来评定。材料的比刚度依载荷形式而定，杆件拉伸时，其比刚度以 E/ρ 来度量，ρ 为材料的密度；当零件或构件以梁的形式出现时，其比刚度以 $E^{1/2}/\rho$ 来度量；当板弯曲时，材料的比刚度以 $E^{1/3}/\rho$ 度量。图 2-9 为材料的弹性模量与密度的关系。

　　表 2-1 列出了几种典型材料的比刚度。可以看出，当零件是受拉伸的杆件时，如以 E/ρ 作为选材判据，高强钢、铝合金和玻璃纤维增强的复合材料三者没有多大差别；但如果是悬臂梁，最大刚度由 $E^{1/2}/\rho$ 决定，铝合金比钢好很多，这就是为什么飞机的主框架选用铝合金的道理，而玻璃纤维复合材料并不比铝合金好多少。例如，一大平板均匀受载时，最大刚度由 $E^{1/3}/\rho$ 决定，纤维增强的复合材料的优点就很突出，虽然材料成本较高，但在战斗机或直升机的尾翼上仍得到广泛采用。

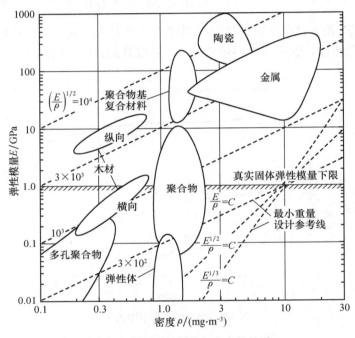

图 2-9　材料弹性模量与密度的关系

表 2-1　几种材料的比刚度

材料	密度 $\rho/(\text{mg} \cdot \text{m}^{-3})$	弹性模量 E/GPa	屈服强度 σ_s/MPa	断裂韧性 $K_{IC}/(\text{MPa} \cdot \text{m}^{1/2})$	E/ρ	$E^{1/2}/\rho$	$E^{1/3}/\rho$	σ_s/ρ
复合材料：58%单向碳纤维在环氧树脂中	1.5	189	1050	32～45	126	9	3.8	700
复合材料：50%单向玻璃纤维在聚酯中	2.0	48	1240	42～60	24	3.5	1.8	620
高强度钢	7.8	207	1000	100	27	1.8	0.76	128
铝合金	2.8	71	500	28	29	3.0	1.5	179

　　上述介绍的材料弹性问题是与时间无关的，即变形（产生和消失）与载荷（施加和卸除）是同步的，属于这种情况的材料有金属、陶瓷。然而有的材料受载时引起变形，同时变形随

时间而变化，即变形(产生和消失)与载荷(施加和卸除)是不同步的。它表现出既有固体的弹性，又有液体的黏性，是两者组合的一种力学行为，称为黏弹性，属于这一情况的材料有高聚物。

　　高聚物的黏弹性特性是由其内部大分子链状结构决定的。当其受载后，材料内部调整分子链结构和热运动情况，同时温度和时间对黏弹性起着重要作用。高聚物黏弹性行为表现为静态黏弹性和动态黏弹性。图 2-10 为高聚物的变形与断裂过程。高聚物在载荷作用下，其非晶态层先发生变形［图 2-10(b)］，然后是晶态部分变形［图 2-10(c)、(d)］，直至最后分离破坏［图 2-10(e)］。

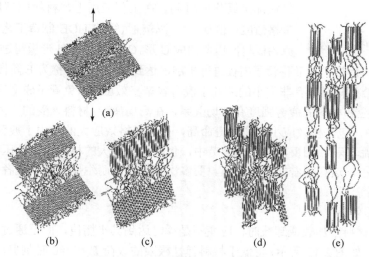

图 2-10　高聚物的变形与破坏过程

　　静态黏弹性的主要特征是应力松弛。应力松弛是材料受载后产生变形，当变形量一定时，应力随时间延长而减小的现象。例如，衣服上的松紧带中的橡皮筋在使用一段时间后，就会由紧变松，即变形量一定时，紧固力减小；又如连接管接头的法兰垫片(用硬橡胶制作)，安装时拧紧螺栓产生一定的变形量，保证管接头与垫片的密封，防止漏气或漏水，但使用一段时间后，由于压紧力减小，管接头和垫片之间产生缝隙，导致漏气漏水。

　　动态黏弹性是指在交变载荷作用下，变形与载荷不同步，即变形落后于交变载荷的变化而出现的滞后现象。一旦有滞后现象存在，每一次加载的循环过程中就消耗功，这种现象称为内耗。高聚物材料受载后要通过分子链段运动，产生与外加载荷相应的变形，由于分子间内摩擦力阻碍，分子链段运动产生的变形总是滞后于施加载荷的变化。高聚物的滞后和内耗现象对振动过程起阻尼作用，在工程上常作为高阻尼材料，利用其内耗大、吸收振动波能力强的特点制作减振件。

　　4) 弹性的不完整性

　　实际工程材料弹性变形时，可能出现加载线与卸载线不重合、应变的发展跟不上应力的变化等有别于理想弹性变形特点的现象，称之为弹性的不完整性。弹性不完整性的现象包括包辛格效应、弹性后效、弹性滞后和循环韧性等。

（1）包辛格效应。

包辛格效应是指材料先经过变形，然后在反向加载时弹性极限或屈服强度降低的现象。特别是弹性极限在反向加载时几乎下降到零，这说明在反向加载时塑性变形立即开始了。

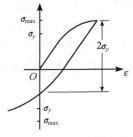

图 2-11 表示材料在单向拉伸时的起始屈服应力为 σ_y，同样材料的压缩屈服强度也大致和拉伸值相同。但是，如果材料经过预拉伸至 σ_{max} 卸载，然后再反向压缩，则发现压缩屈服强度降低现象。

包辛格效应在理论上和实际上都有其重要意义。在理论上，由于它是金属变形时长程内应力的度量，包辛格效应可用来研究材料加工硬化的机制。在工程应用上，材料成型加工需要考虑包辛格效应。例如，大型输油气管的 UOE 制造工艺为：U 阶段是将

图 2-11　材料的包辛格效应

原始板材冲压弯曲成 U 形，O 阶段是将 U 形板材进行径向压缩成 O 形，再进行对缝焊接，最后将管子内径进行扩展，达到给定尺寸，称为 E 阶段。按 UOE 工艺制造的管子，希望材料具有非常小的或几乎没有包辛格效应，以免管子成型后造成强度损失。

包辛格效应和材料的疲劳强度有密切关系，在高周疲劳（材料承受的应力或应变幅较小，断裂周次高）中，包辛格效应小的疲劳寿命高，而包辛格效应大的，由于疲劳软化也较严重，对高周疲劳寿命不利。相反，在低周疲劳中，包辛格效应大的材料，在拉压循环一周时回线所包围的面积小，这意味着能量损耗小，要多次循环才能萌生疲劳裂纹或者使裂纹扩展，因而疲劳寿命较高。

（2）弹性后效。

实际晶体材料在加载或卸载时，应变不是瞬时达到其平衡值，而是通过一种弛豫过程来完成其变化的。如图 2-12 所示，将低于材料弹性极限的载荷 P 在 $t=0$ 时刻瞬时施加到试样上，试样立即产生 a 点的应变，随后保持载荷不变，而应变随时间延长而逐渐增大，最后达到平衡值（如 b 点）。若卸去载荷，则应变瞬时恢复一部分（至 d 点），剩余的应变随时间的延长而逐渐消失。这种在弹性极限范围内，应变滞后于外加应力，并和时间有关的现象称为弹性后效或滞弹性。随时间延长而产生的附加弹性应变称为滞弹性应变。

对于多晶体金属晶体材料，弹性后效与晶粒中应变不均一性有关。材料成分和组织不均匀，弹性后效增大。温度升高，弹性后效速率加快。应力状态对弹性后效有强烈影响，切应力分量越大，弹性后效越明显。

弹性后效现象在仪表和精密机械制造业极为重要。一些重要的传感元件如长期承受载荷的测力弹簧、薄膜

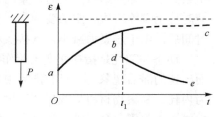

图 2-12　弹性后效示意图

传感件所用的材料，就应该考虑弹性后效问题，否则，测量结果就会出现误差。经过校直的工件，放置一段时间后又会变弯，也是弹性后效引起的结果。消除弹性后效也是采用长期回火的办法使第二类内应力尽量消除并使组织结构稳定化。

（3）弹性滞后。

由于弹性后效产生应变落后于应力，导致应力-应变曲线的加载线与卸载线不重合而形成一封闭回线，称之为弹性滞后（图 2-13）。弹性滞后表明加载时消耗于材料的变形功大于卸载

时材料恢复所释放的变形功，多余的部分被材料内部所消耗，称之为内耗，其大小即用弹性滞后环面积度量。

内耗反映了材料在循环应力作用下，以不可逆方式吸收能量而不破坏的能力。对于自由振动的物体，由于内耗而损失振动能，引起振幅的衰减，即内耗大的材料的消振能力强。对于承受交变应力而易振动的构件,常希望材料有良好的消振性能，汽轮机叶片常用 1Cr13 钢制造，除了这种钢耐热强度高的原因外，还因为它有较高的内耗，消震性能好。但另一方面，有些零件又希望材料的内耗越小越好，尽量选择低内耗的材料。如仪表上传感元件材料的内耗越小，传感灵敏度越高；乐器所用金属材料的内耗越小，则音色越美。

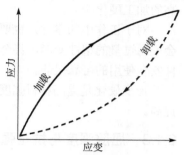

图 2-13　弹性滞后与内耗

2. 材料的塑性与加工硬化

1) 塑性

材料在载荷作用下产生塑性变形而不被破坏的能力，称为塑性。材料塑性好坏可通过拉伸试验来测定。材料的塑性指标一般用伸长率和断面收缩率来评定。

（1）伸长率。

试样断裂时的相对伸长称为伸长率，用符号 δ 表示。

$$\delta = \frac{\Delta l}{l_0} = \frac{l_k - l_0}{l_0} \times 100\%$$

式中，l_k 为试样拉断后最终标距长度。

（2）断面收缩率。

试样断裂时的相对收缩称为断面收缩率，用符号 ϕ 表示。

$$\phi = \frac{\Delta S}{S_0} = \frac{S_0 - S_k}{S_0} \times 100\%$$

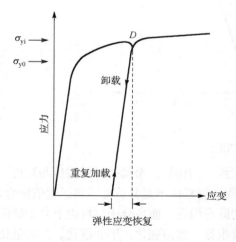

图 2-14　形变硬化现象

工程上通常根据材料断裂时的塑性变形大小来确定材料类型。将 $\delta \geqslant 5\%$ 的材料称为塑性材料，$\delta < 5\%$ 的材料称为脆性材料。良好的塑性可使材料顺利地实现成型。零件材料具有一定塑性时，可提高承载能力，不会因过载而突然破坏，它可通过材料引起塑性变形，导致材料强度增加而抵抗突然断裂。

2) 加工硬化

在外载的作用下，材料进入塑性变形阶段，要使塑性变形持续进行，就需要不断提高载荷（图 2-14）。也就是说，材料因塑性变形而强化了，这种现象称为加工硬化或形变硬化。

金属的加工硬化能力对冷加工成型工艺是很重要的，要是金属没有加工硬化能力，任何冷加工成型的工艺都是无法进行的。对于深冲的薄板，之所以广泛采用低碳钢，就是因为低碳钢有较高的加工硬化能力。

对于工作中的零件，也要求材料有一定的加工硬化能力，否则，在偶然过载的情况下，会产生过量的塑性变形，甚至有局部的不均匀变形或断裂。因此，材料的加工硬化能力是零件安全使用的可靠保证。

形变硬化是提高材料强度的重要手段。不锈钢的屈服强度不高，如用冷变形可以成倍地提高。

2.1.3　屈服强度与抗拉强度

材料在载荷作用下抵抗变形和破坏的能力称为强度。材料因受载方式和变形形式不同，可将强度分为屈服强度、抗拉强度、抗压强度、剪切强度等。不同材料抵抗载荷作用和变形方式的能力是不同的。因此，可以有不同的强度指标，并且不同材料的强度差别很大。

1. 屈服强度 σ_s 和条件屈服强度 $\sigma_{0.2}$

在拉伸曲线上屈服点所对应的应力称为屈服强度 σ_s。它表示材料抵抗微量塑性变形的能力，是设计和选材的主要依据之一。σ_s 越大，其抵抗塑性变形的能力越强，越不容易发生塑性变形。

当材料的塑性变形不明显时，在拉伸试验时不易测出，工程上通常将试样产生 0.2% 残留变形时的应力作为条件屈服极限 $\sigma_{0.2}$，如图 2-15 所示。

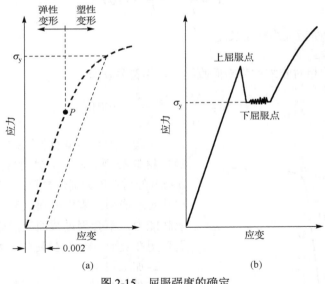

图 2-15　屈服强度的确定

影响材料屈服强度的内在因素主要有结合键、组织、结构等。金属的屈服强度与陶瓷、高分子材料比较，可看出结合键的影响是根本性的。陶瓷材料由于是共价键或离子键的结合，决定了陶瓷有很高的屈服强度，同时也决定了陶瓷的固有脆性。而高分子材料由于分子链间的键结合力弱，分子链容易彼此滑过，所以屈服强度很低。固溶强化、形变强化、沉淀强化和弥散强化、晶界和亚晶强化是工业合金中提高材料屈服强度的最常用手段。

　　温度、应变速率、应力状态是影响材料屈服强度的外在因素有。随着温度的降低与应变速率的增高，材料的屈服强度也升高（图 2-16），尤其是体心立方金属对温度和应变速率特别敏感，这导致了钢的低温脆化。应力状态不同，屈服强度值也不同。通常给出的材料屈服强度一般是指在单向拉伸时的屈服强度。材料在三向应力状态下的屈服强度会提高。

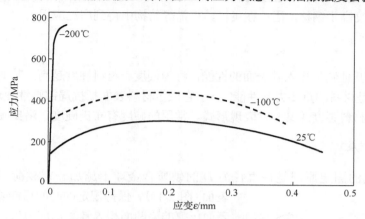

图 2-16　温度对低碳钢应力应变曲线的影响

2. 抗拉强度

　　材料在常温和载荷作用下发生断裂前的最大应力称为抗拉强度[图 2-3（a）]，用符号 σ_b 表示，$\sigma_b = P_b / S_0$（N/mm 或 MPa），它表示材料抵抗断裂的能力。σ_b 越大，材料抵抗断裂的能力越强。对于脆性材料，如灰口铸铁，$\sigma_b = \sigma_s$。纤维增强复合材料的抗拉强度与载荷方向有关（图 2-17）。

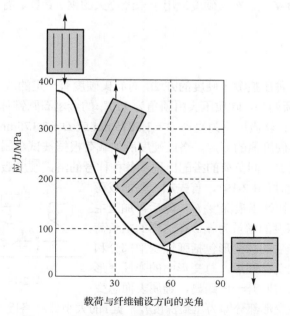

图 2-17　复合材料的抗拉强度与载荷方向的关系

σ_b 和 σ_s 是材料在常温下的强度指标。零件工作时若所受应力不大于 σ_s，就不会发生塑性变形；不大于 σ_b，则不会引起断裂。

选择材料要在保证强度的条件下最大限度地减少质量，以提高有效载荷。比强度(强度与密度之比)是度量材料承载能力的一个重要指标，比强度越高，同一零件的自重越小。铝、钛合金的比强度高于钢材，因而在飞机、火箭等结构中得到广泛应用。

2.1.4　硬度

材料抵抗其他物体压入其表面的性能，称为硬度。材料硬度越高，其他物体压入其表面越困难。硬度是材料的重要力学性能之一，它表示材料表面抵抗局部塑性变形和破坏的能力。因此，硬度是材料强度的又一种表现形式。常用的硬度有布氏硬度、洛氏硬度和维氏硬度。

1. 布氏硬度

布氏硬度的测定原理是在直径为 D 的硬质合金球上施加一定载荷，压入被试金属的表面(图 2-18)，保持规定的时间后卸除负荷，根据金属表面压痕的陷凹面积 S 计算出应力值，以此值作为硬度值大小的计量指标。布氏硬度值的符号以 HBW 标记。

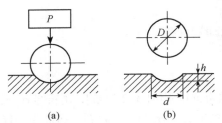

图 2-18　布氏硬度测试原理

$$HBW = \frac{P}{S} = \frac{2P}{\pi D(D - \sqrt{D^2 - d^2})}$$

其中，压痕陷凹面积 $S = \pi h D$，h 为压痕陷凹深度；由此式可知，在 P 和 D 一定时，HBW 的高低取决于 h 的大小，二者成反比。h 大说明金属形变抗力低，故硬度值HBW 小，反之则 HBW 大。布氏硬度适用于未经淬火的钢、铸铁、有色金属或质地轻软的轴承合金。

2. 洛氏硬度

洛氏硬度也是一种压痕测定硬度的方法，对布氏硬度有一定的改进。洛氏硬度的压头(即硬度头)分硬质和软质两种。硬质压头由顶角为 120° 的金刚石圆锥体制成，适于测定淬火钢材等较硬的金属材料；软质压头为直径 $D = 1.5875\text{mm}$ 或 $D = 3.175\text{mm}$ 的钢球，适于退火钢、有色金属等较软材料硬度值的测定。洛氏硬度所加载荷根据被试金属本身硬软不等作不同规定，随不同压头和所加不同负荷的搭配出现了各种称号的洛氏硬度级。

做洛氏硬度试验时(图 2-19)，首先加一预加载荷 P_0，在材料表面得一初始压痕深度 h_0，随后再加上主负荷 P_1，压头压入深度的增量为 h_1。在这样的主负荷作用下，金属表面产生的总变形包括弹性变形部分和塑性变形部分。当主负荷卸后，总变形中的弹性变形部分得到恢复，压头将回升一段距离，金属表面总变

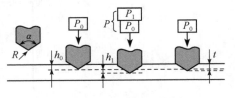

图 2-19　洛氏硬度测试原理

形中残留下来的塑性变形部分即为压痕深度 t，根据 t 的大小计算洛氏硬度值，定义每 0.002mm相当于洛氏 1 度，即

$$HR = K - \frac{t}{0.002}$$

式中，K 为常数，金刚石圆锥压头的 $K = 100$，钢球压头的 $K = 130$。

常用的洛氏硬度有 3 种：HRA、HRB、HRC。其中，A、B、C 分别表示不同的压头类型，最常用的是 HRC，采用的是 120° 金刚石圆锥压头。

洛氏硬度试验避免了布氏硬度试验所存在的缺点。其优点首先是适于各种不同硬质材料的检验，不存在压头变形问题；其次是压痕小，基本不损伤工件表面，且操作简单，数据即刻得出，效率高，适用于大量生产中的成品检验。其缺点是用不同标尺的硬度值是不可比的；此外，粗大组成相(如灰铸铁中的石墨片)或粗大晶粒的材料因压痕小，可能正好落在个别组成相上，使得硬度数据缺乏代表性。

3. 维氏硬度

维氏硬度的测定原理和布氏硬度相同，也是根据单位压痕陷凹面积上承受的名义应力值作为硬度值的计量指标。所不同的是，维氏硬度采用锥面夹角为 136° 的四方角锥体，由金刚石制成(图 2-20)。采用四方角锥体，当负荷改变时压入角不变，因此，负荷可以任意选择，这是维氏硬度试验最主要的特点。

已知载荷 P，测定出压痕两对角线长度后取平均值 d，用下式可计算维氏硬度 HV。

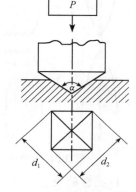

图 2-20　维氏硬度测试原理

$$HV = \frac{2P\sin\frac{136°}{2}}{d^2} = 1.8544\frac{P}{d^2}$$

测定维氏硬度的压力一般可选 5kgf、10kgf、20kgf、30kgf、50kgf、100kgf、120kgf(1kgf = 9.8N)等，小于 10kgf 的压力可以测定显微组织硬度。

与布氏、洛氏硬度试验相比，维氏硬度试验不存在布氏那种负荷和压头直径的规定条件的约束，以及压头变形问题，也不存在洛氏那种硬度值无法统一的问题。而它和洛氏一样可以试验任何软硬的材料，并且能比洛氏更好地测试极薄件(或薄层)的硬度。

硬度值标注时，其硬度值位于硬度符号的前面，如 500HBW、40HRC、300HV 等。

硬度有很大的实用意义。例如，在加工(切削或冲压)零件时，选用加工工具(车刀或模具)的材料硬度就应该比被加工零件的硬度高，这样才能使工具切除零件上多余的材料，工具本身在加工过程中才能保持完整而不被磨损，才能保持原状而不变形。坦克装甲对材料的硬度要求较高。超高硬度装甲钢的硬度可达 HB500～700，装甲钢的硬度增大，可减小炮弹的侵彻深度，提高防护能力。

2.1.5　断裂性能

断裂是材料在外力的作用下的分离过程，是材料失效的主要形式之一。断裂过程包括裂纹萌生、裂纹扩展与最终断裂。断裂的形式分为脆性断裂与韧性断裂。脆性断裂指断裂前无明显变形的断裂；韧性断裂指断裂前有明显塑性变形的断裂。

1. 断裂类型

材料的静拉伸试样断口形貌有 3 种基本类型,如图 2-21 所示。塑性好的材料拉伸断口呈尖刃状 [图 2-21(a)],称为切断;脆性材料断口平齐 [图 2-21(c)],称为正断。根据断裂前发生的宏观塑性变形情况,可将断裂分脆性断裂和韧性断裂,其中图 2-21(a) 所示为韧性断口,图 2-21(c) 所示为脆性断口,图 2-21(b) 所示为混合断口。这 3 种基本类型断口所对应的拉伸曲线如图 2-22 所示。

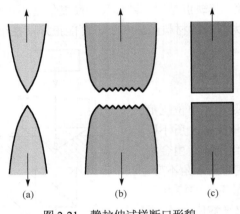

图 2-21　静拉伸试样断口形貌

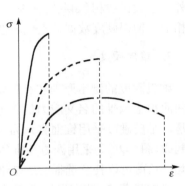

图 2-22　拉伸曲线的类型

1) 脆性断裂

常见的金属材料脆性断裂有解理断裂(或称穿晶断裂)和晶间断裂,其微观机制如图 2-23(a)、(b) 所示。

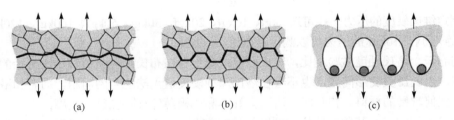

图 2-23　金属断裂微观机制示意图

解理断裂是材料在拉应力的作用下,由于原子间结合键的破坏,沿一定的结晶学平面分离而造成的,这个平面称为解理面。解理断口的宏观形貌是较为平坦的、发亮的结晶状断面,如图 2-24 所示。具有面心立方晶格的金属一般不出现解理断裂。

晶间断裂是裂纹沿晶界扩展的一种脆性断裂。晶间断裂时,裂纹扩展总是沿着消耗能量最小的区域,即原子结合力最弱的区域进行。

2) 韧性断裂

韧性断裂也称延性断裂。韧性断裂过程可以概括为微孔成核、微孔长大[图 2-23(c)]和微孔聚合 3 个阶段。在电子显微镜下,可以观察到韧性断口由许多被称为韧窝的微孔洞组成(图 2-25),韧窝的形状因应力状态而异。

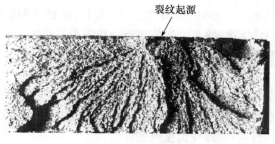

图 2-24　脆性断口

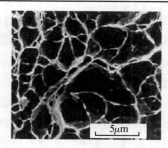

图 2-25　韧性断口

2. 韧性-脆性转变

材料的断裂属于脆性还是韧性，不仅取决于材料的内在因素，还与应力状态、温度、加载速率等因素有关。试验表明，大多数塑性的金属材料随温度的下降，会发生从韧性断裂向脆性断裂过渡，这种断裂类型的转变称为韧性-脆性的转变，所对应的温度称为韧性-脆性转变温度。一般体心立方金属韧性-脆性转变温度高，面心立方金属一般没有这种温度效应。脆性转折温度的高低，还与材料的成分、晶粒大小、组织状态、环境、加载速率等因素有关。韧性-脆性转变温度是选择材料的重要依据。工程实际中需要确定材料的韧性-脆性转变温度，在此温度以上，只要名义应力处于弹性范围，材料就不会发生脆性破坏。

3. 断裂性能评定方法

材料的断裂性能需要采用试验进行评定。常用的试验评定方法主要是冲击试验、断裂力学试验等。

1）冲击韧性试验

材料在使用过程中除受到静载荷（如拉伸、弯曲、扭转、剪切）外，还会受到突然施加载荷，这种突然作用的载荷称为冲击载荷，它易使零件和工具受到破坏。材料抵抗冲击载荷而被破坏的能力，称为冲击韧性（简称韧性），用符号 a_k 表示，单位为 J/cm^2。这是材料在冲击载荷作用下抵抗断裂的一种能力。目前常用一次摆锤冲击弯曲试验法来测定材料承受冲击载荷的能力（图 2-26）。材料的脆性大，则韧性小；反之，材料的韧性大，则脆性小。

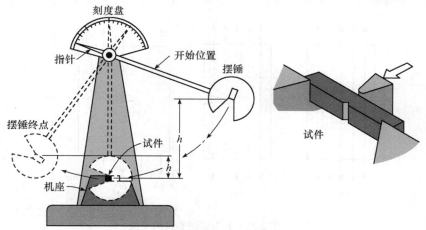

图 2-26　摆锤式冲击试验装置

　　用于结构和零件制造的材料应具有较高的韧性和较低的脆性。各种材料的韧性和脆性大小可用 a_k 值评定。a_k 越大，则表示韧性越大，脆性越小。部分高聚物和陶瓷材料的 a_k 较小，大部分金属材料的 a_k 较大。这说明部分高聚物和陶瓷材料常为脆性材料，金属材料大多数为韧性材料或塑性材料。

　　一些材料的冲击韧性对温度是很敏感的，如低碳钢或低合金高强度钢在室温以上时韧性很好，但温度降低至-40～-20℃时就变为脆性状态，即发生韧性-脆性的转变现象（图 2-27）。通过系列温度冲击试验可得到特定材料的韧性-脆性转变温度范围。

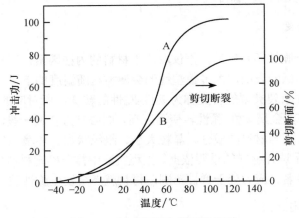

图 2-27　冲击韧性与温度的关系

2) 断裂力学试验

　　前面所述的力学性能，都是假定材料内部是完整、连续的，但实际上，内部不可避免地存在各种缺陷（夹杂、气孔等）。缺陷的存在，使材料内部不连续，这可看成材料的裂纹，在裂纹尖端前沿有应力集中产生，形成一个裂纹尖端应力场（图 2-28）。

　　含裂纹构件的断裂控制参量取决于裂纹尖端区应力-应变场强度的参数，即应力场强度因子。对于单位厚度，无限大平板中有一长度为 $2a$ 的穿透裂纹，外加应力为 σ，应力强度因子为

$$K_I = \sigma\sqrt{\pi a}$$

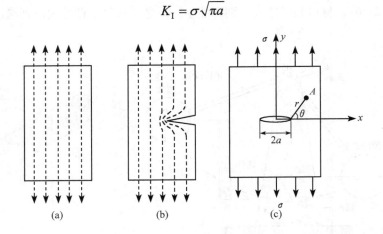

图 2-28　具有穿透裂纹的平板

对于一个有裂纹的试样，在拉伸载荷作用下，当外力逐渐增大，或裂纹长度逐渐扩展时，应力场强度因子也不断增大，当应力场强度因子 K_I 增大到某一值时，就可使裂纹前沿某一区域的内应力大到足以使材料产生分离，从而导致裂纹突然失稳扩展，即发生脆断。这个应力场强度因子的临界值，称为材料的断裂韧度，用 K_{IC} 表示，它表明了材料有裂纹存在时抵抗脆性断裂的能力。

当 $K_I>K_{IC}$ 时，裂纹失稳扩展，发生脆断。

当 $K_I = K_{IC}$ 时，裂纹处于临界状态。

当 $K_I<K_{IC}$ 时，裂纹扩展很慢或不扩展，不发生脆断。

K_{IC} 可通过试验测得，它是评价阻止裂纹失稳扩展能力的力学性能指标，是材料的一种固有特性，与裂纹本身的大小、形状、外加应力等无关，而与材料本身的成分、热处理及加工工艺有关。断裂韧度是强度和韧性的综合体现。

应力强度因子方法只适用于线弹性断裂问题，对于弹塑性断裂问题则需要采用裂纹张开位移（COD）和 J 积分方法进行分析。

2.1.6　蠕变与持久性能

在室温下，材料的力学性能与加载时间无关。但在高温下材料的强度及变形量不但与时间有关，而且与温度有关。蠕变强度与持久强度是衡量材料在高温和载荷长时间作用下的强度与变形性能的重要指标。

1.　蠕变强度

材料在高温和载荷长时间作用下，抵抗缓慢塑性变形（即蠕变）的能力称为蠕变强度。蠕变强度越大，材料抵抗高温发生蠕变的能力越强。

图 2-29 为恒温恒应力条件下材料蠕变应变与时间的关系，称为蠕变曲线。蠕变最初发生的是瞬间弹性变形，随后进入蠕变过程。按照蠕变速率可将蠕变过程分为三个阶段，初始蠕变阶段，稳态蠕变（第二阶段）和加速蠕变直至断裂（第三阶段）。

温度和应力是影响材料蠕变过程的两个最主要参数。在规定温度下，至规定时间的试样总塑性变形（或总应变）或稳态蠕变速率不超过某规定值的最大应力称为蠕变极限或蠕变强度，它是为保证在高温长时间载荷作用下零件不致产生过量塑性变形的抗力指标。

2.　持久强度

材料在高温和载荷长时间作用下抵抗断裂的能力称为持久强度。金属材料的持久强度是在给定温度下达到规定的持续时间而不发生蠕变断裂的最大应力。持久强度越大，抵抗高温发生断裂的能力越强。当零件在高温工作时，所受应力小于蠕变强度时，不会发生蠕变，小于持久强度时则不会断裂。对

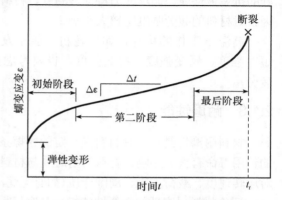

图 2-29　恒应力条件下蠕变应变与时间的关系

于工作在高温环境下的重要承力结构件，例如航空发动机的涡轮盘及叶片，不仅要求材料具有一定的蠕变强度，也要求材料具有一定的持久强度。

材料的持久强度需要通过试验测定，持久强度试验时间通常比蠕变试验要长得多。通过持久强度试验，还可以测定材料的持久塑性。持久塑性用试件断裂后的伸长率和断面收缩率表示。持久塑性指标反映了材料在高温长时间作用下的塑性变化，很多材料经高温长时间作用后会出现塑性降低现象（蠕变脆化），容易发生脆性破坏。因此，要保证高温构件长时间承受载荷的能力，材料必须具有足够的持久强度和持久塑性。

2.1.7　疲劳性能

机械装备上许多结构或零部件在工作过程中承受大小和方向发生周期重复变化的载荷（交变载荷）作用，结构或零部件内部受着周期重复变化的应力（交变应力），如图 2-30（a）所示。在交变应力作用下，往往使材料在远小于强度极限，甚至小于屈服极限的应力下发生疲劳，产生裂纹，最后逐渐发展而突然断裂，即疲劳断裂。在给定条件下，使材料发生破坏所对应的应力循环周期数（或循环次数）称为疲劳寿命。应力与疲劳寿命的关系用 S-N 曲线表示 [图 2-30（b）]。材料经多次重复的交变载荷（或交变应力）的作用而不至于引起疲劳破坏的最大应力，称为疲劳强度或疲劳极限，用符号 σ_{-1} 表示。

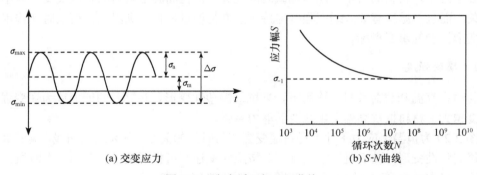

(a) 交变应力　　　　　　　　　　(b) S-N 曲线

图 2-30　应力循环与 S-N 曲线

陶瓷、高分子材料的疲劳抗力很低，金属材料疲劳强度较高，纤维增强复合材料也有较好的抗疲劳性能。循环应力特征、温度、材料成分和组织、夹杂物、表面状态、残余应力等因素对材料的疲劳强度有较大影响。

高温下工作的构件，如汽轮机、航空发动机等，在进行强度设计时，既要考虑高温短时强度、蠕变强度、持久强度，也要考虑高温疲劳性能和热应力引起疲劳破坏（简称热疲劳）。

2.1.8　耐磨性能

材料耐磨性是指某种材料在一定的摩擦条件下抵抗磨损的能力，它对承受摩擦的零部件的使用寿命有很大影响。材料的耐磨性与材料的硬度、摩擦系数、表面光洁度、摩擦时的相对运转速度、载荷大小、周围介质（如有无润滑）等多种因素有关。

评价材料耐磨性的重要性能指标是磨损量，磨损量有失重法和尺寸法两种表示方法。显然，磨损量越小，耐磨性越高。

　　任何机器运转时，相互接触的零件之间都将因相对运动而产生摩擦，而磨损正是由于摩擦产生的结果。磨损将造成表层材料的损耗，零件尺寸发生变化，直接影响零件的使用寿命。例如，汽缸套的磨损超过允许值时，将引起功率不足，耗油量增加，产生噪声和振动等，因而零件不得不更换。可见，磨损是降低机器工作效率、精确度甚至使其报废的一个重要原因，同时也增加了材料的消耗。因此，生产上总是力求提高零件的耐磨性，从而延长其使用寿命。

1. 摩擦及磨损的概念

1) 摩擦

　　两个相互接触的物体或物体与介质之间在外力作用下发生相对运动，或者具有相对运动的趋势时，在接触表面上所产生的阻碍作用称为摩擦。这种阻碍相对运动的阻力称为摩擦力。摩擦力的方向总是沿着接触面的切线方向，跟物体相对运动方向相反，阻碍物体间的相对运动。摩擦力(F)与施加在摩擦面上的法向压力(P)之比称为摩擦系数，用 μ 表示，即 $\mu = F/P$。虽然该式对于极硬材料(如金刚石)和极软材料(如某些塑料)存在着一定的不确切性，但它仍适用于一般工程材料。

　　用于克服摩擦力所做的功一般都是无用功，它将转化为热能，使零件表面层和周围介质的温度升高，导致机器机械效率降低。所以生产中总是力图减小摩擦系数，降低摩擦力，这样既可以保证机械效率，又可以减少零件的磨损。然而，在某些情况下却要求尽可能地增大摩擦力，如车辆的制动器、摩擦离合器等。

　　按照两接触面运动方式的不同，可以将摩擦分为：①滑动摩擦，指的是一个物体在另一个物体上滑动时产生的摩擦，如内燃机活塞在汽缸中的摩擦、车刀与被加工零件之间的摩擦等；②滚动摩擦，指的是物体在力矩作用下，沿接触表面滚动时的摩擦，如滚动轴承的摩擦、齿轮之间的摩擦等。实际上，发生滚动摩擦的零件或多或少地都带有滑动摩擦，呈现出滚动与滑动的复合式摩擦。

2) 磨损及磨损的类型

　　磨损和摩擦是物体相互接触并做相对运动时伴生的两种现象。摩擦是磨损的原因，而磨损是摩擦的必然结果。磨损是多种因素相互影响的复杂过程，而磨损的结果将给摩擦面带来多种形式的损伤和破坏，因而磨损的类型也就相应地有所不同。人们可以从不同角度对磨损进行分类，如按环境和介质可分为流体磨损、湿磨损、干磨损，按表面接触性质可分为金属-流体磨损、金属-金属磨损、金属-磨料磨损。目前比较常用的分类方法则是基于磨损的失效机制进行分类，一般分为五类：黏着磨损、磨料磨损、腐蚀磨损、微动磨损、表面疲劳磨损(接触疲劳)。

　　实际上，上述磨损机制很少单独出现，它们可能同时起作用或交替产生作用。根据磨损条件的变化，可能会出现不同的组合形式，如黏着磨损所脱落下来的颗粒又会作为磨料而成为黏着-磨料复合磨损。但在磨损的各个阶段，其磨损类型的主次是不同的。因此，在解决实际磨损问题时，要分析参与磨损过程各要素的特性，找出有哪几类磨损在起作用，而起主导作用的磨损又是哪一类，进而采取相应的措施，减少磨损。

2. 耐磨性评价

耐磨性是材料抵抗磨损的一个性能指标，可用磨损量来表示。表示磨损量的方法很多，可用摩擦表面的法向尺寸的减少量来表示，称为线磨损量；也可用体积和重量法来表示，分别称为体积磨损量和重量磨损量。由于上述磨损量是摩擦行程或时间的函数，因此，也可用耐磨强度或耐磨率表示其磨损特性，前者指单位行程的磨损量，单位为 μm/m 或 mg/m，后者指单位时间的磨损量，单位为 μm/h 或 mg/h。

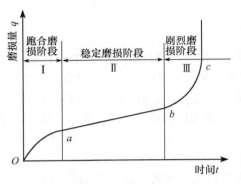

图 2-31 典型的磨损曲线

如果摩擦表面上各处线性减少量均匀时，采用线磨损量是适宜的。当要解释磨损的物理本质时，采用体积或重量损失的磨损量更恰当些。

显然，磨损量越小，耐磨性越高。通常磨损量随摩擦行程的关系曲线一般分为 3 个阶段（图 2-31）。

(1) 跑合磨损阶段（图 2-31 中 *Oa* 段）。开始，摩擦表面具有一定的粗糙度，真实接触面积较小，故磨损速率很大。随着表面逐渐被磨平，真实接触面积增大，磨损速率减慢。

(2) 稳定磨损阶段（图 2-31 中 *ab* 段）。经过跑合阶段，接触表面进一步平滑，磨损已经稳定下来，磨损量很低，磨损速率保持恒定。

(3) 剧烈磨损阶段（图 2-31 中 *b* 点以后）。随着时间或摩擦行程增加，接触表面之间的间隙逐渐扩大，磨损速率急剧增加，摩擦副温度升高，机械效率下降，精度丧失，最后导致了零件完全失效。

3. 磨损试验方法

磨损试验方法可分为零件磨损试验和试件磨损试验两类。前者是以实际零件在机器服役条件下进行试验。这种试验具有真实性和实用性，但其试验结果是结构、材料、工艺等多种因素的综合反映，不易进行单因素考察。后者是将待试材料制成试件，在给定的条件下进行试验。它一般用于研究性试验，可以通过调整试验条件，对磨损的某一因素进行研究，以探讨磨损机制及其影响规律。

磨损量的测量有称重法和尺寸法两类。称重法就是根据试样在试验前后的重量变化，用精密分析天平确定磨损量。它适用于形状规则和尺寸小的试样和在摩擦过程中不发生较大塑性变形的材料。尺寸法是根据表面法向尺寸在试验前后的变化来确定磨损量。为了便于测量，在摩擦表面上选一个测量基准，借助于长度测量仪器、工具显微镜等来度量摩擦表面的尺寸。

对磨损产物——磨屑成分和形态的分析是研究磨损机制和工程磨损预测的重要内容。可采用化学分析和光谱方法，分析磨屑的成分；可从油箱中抽取带有磨屑的润滑油，分析磨屑的金属种类及其含量，从而了解其磨损情况。铁谱分析是磨损微粒和碎片分析的一项新技术，它可以很方便地确定磨屑的形状、尺寸、数量以及材料成分，用以判别表面磨损类型和程度。这一新方法正受到人们的重视。

2.2　工程材料的物理性能

材料受到自然界中光、重力、温度场、电场、磁场等作用所反映的性能，称为物理性能。物理性能是材料承受非外力物理环境作用的重要性质，随着高性能机械装备的发展，材料的物理性能也越来越受到重视。利用材料的特殊物理性能可以将一种性质的能量转换为另一种性质的能量，如光与电、电与磁、电与热等能量之间的转换。具有此类性质的材料称为功能材料。

2.2.1　密度和熔点

1. 密度

单位体积的物质质量称为密度，某种物质的密度与水的密度之比称为该物质的相对密度。按相对密度大小来分，可将金属分为轻金属(相对密度小于3)和重金属(相对密度大于3)。例如，镁、铝、铍及其合金等属于轻金属，铜、铅、锌、铁及其合金属于重金属。高聚物的相对密度较小，一般小于2；氧化物陶瓷的相对密度一般为2~4；而金属陶瓷相对密度一般大于8。

相对密度是选用零件材料的依据之一。例如，飞机、汽车、火箭、卫星等为了减轻自重、节省燃料，常选用相对密度较小的材料；而制造深海潜水器、平衡重锤，为了增加其自重、提高稳定性，常选用相对密度较大的材料。

2. 熔点

不同材料的熔点是不相同的。金属材料按熔点高低分为易熔金属和难熔金属。熔点低于700℃的金属称为易熔金属，如锡、铋、铅及其合金，某些低熔点合金(制作保险丝)可低于150℃；熔点高于700℃的称为难熔金属，如铁、钨、钼、钒及其合金，做灯丝的钨熔点为3370℃。陶瓷(特别是金属陶瓷)的熔点很高，如碳化钽的熔点接近4000℃。玻璃和高聚物不测定熔点，通常只用其软化点来表示。陶瓷材料离子键和共价键结合牢固，决定了陶瓷材料具有高熔点。

固体材料中只有晶体才有确定的熔点，非晶态物质如玻璃，随着温度升高，渐渐软化，因此，并无确定的熔点。多相组成的陶瓷材料，因其中各类晶体的熔点不同，而且尚有玻璃相的存在，因此也无确定的熔点。

熔点是高温材料的一个重要特性，它与材料的一系列高温作业性能有着密切的联系。晶体的熔化过程有着较复杂的本质。

随着温度的升高，晶体中质点的热运动不断加剧，热缺陷浓度随之增大。当温度升到晶体的熔点时，强烈的热运动克服质点间相互作用力的约束，使质点脱离原来的平衡位置，晶体严格的点阵结构遭到破坏，也就是热缺陷增多到晶格已不能保持稳定。这时，宏观上晶体失去了固定的几何外形而熔化。

显然，晶体的熔点与质点间结合力的性质和大小有关。例如，离子晶体和共价晶体中键力较强，熔点很少低于473K，而分子晶体中又几乎没有熔点超过573K的。

2.2.2 电学性能

材料的电学性能是指材料受电场作用而反映出来的各种物理现象，主要包括导电性、介电性能、超导现象和压电性。

1. 导电性

导电性是指材料传导电流的能力。

导电性大小的量度用电导率 σ 表示，电导率为电阻率 ρ 的倒数，即 $1/\rho$，单位为 $\Omega^{-1}\cdot m^{-1}$。根据电导率或电阻率数值的大小，可将材料分成超导体、导体、半导体、绝缘体等，其电阻率分布如下。

超导体：$\rho \rightarrow 0$。

导体：$\rho = 10^{-8} \sim 10^{-5}\Omega\cdot m$。

半导体：$\rho = 10^{-5} \sim 10^{7}\Omega\cdot m$。

绝缘体：$\rho = 10^{7} \sim 10^{22}\Omega\cdot m$。

金属材料导电性比非金属(陶瓷、高聚合物)材料大很多倍。一般金属材料的导电性随温度的升高而降低。陶瓷材料大多数是良好的绝缘体，故可用于制作从低压(1kV 以下)至超高压(110kV 以上)隔电瓷质绝缘器件。

绝大多数高聚合物材料通常都是绝缘体。一般纯的聚合物是不导电的，某些聚合物能够通过掺入特殊杂质并控制其数量而获得导电性，这就是导电聚合物。

导电聚合物具有防静电的特性，因此，它可以用于电磁屏蔽。导电聚合物同时具有掺杂和脱掺杂特性，因此，可以做可充放电的电池、电极材料。导电聚合物能够吸收微波，可以做隐身飞机的涂料。利用导电聚合物可由绝缘体变为半导体再变为导体的特性，可以使巡航导弹在飞行过程中隐形，然后在接近目标后绝缘起爆。

2. 介电性能

电介质或介电体在电场作用下，虽然没有电荷或电流的传输，但材料对电场仍表现出某些相应特性，可用材料的介电性能来描述。介电性的两种主要功能是作为绝缘体和电容极板间的介质。

介电性能用介电常数 K 来表示，是电介质储存电荷的相对能力。介电常数与材料成分、温度、电场频率等因素有关。在强电场中，当电场强度超过某一临界值(称为介电强度)时，电介质就会丧失其绝缘性能，这种现象称为电击穿。电绝缘体必须是介电体，要具有高的电阻率、高的介电强度及较小的介电常数。普通高聚合物材料具有较高的耐电强度，因而广泛应用于约束和保护电流。

介电体的其他性能还有电致伸缩、压电效应和铁电效应等。

3. 超导现象

导体在温度下降到某一值时，电阻会突然消失，这一奇妙的现象称为超导现象。超导现象是 1911 年由荷兰物理学家昂尼斯首先发现的。电阻突然变为零时的温度称为临界温度。具有超导性的物质称为超导体。超导体在超导状态下电阻为零，可输送大电流而不发热、不损耗，具有高载流能力，并可长时间无损耗地储存大量的电能以及产生极强的磁场。

目前发现具有超导电性的金属元素有钛、钒、锆、铌、钼、钽、钨、铼等，非过渡族元素有铋、铝、锡、镉等。但由于实现超导的温度太低，获得低温所消耗的电能远远超过超导所节省的电能，因而阻碍了超导技术的推广。为了实现超导体的大规模应用，关键点是大幅度提高超导体的临界温度。

超导技术在军事上有广泛的应用前景。例如，超导电磁测量装备使极微弱的电磁信号都能被采集、处理和传递，实现高精度的测量和对比。采用超导量子干涉仪的磁异常探测系统，不但可探测敌方的地雷、潜艇，而且还能制成灵敏度极高的磁性水雷。由于超导材料具有高载流能力和零电阻的特点，可长时间无损耗地储存大量电能，需要时，储存的能量可以连续释放出来，因此，在此基础上可制成超导储能系统。超导储能系统容量大，体积却很小，可代替军车、坦克上笨重的油箱和内燃机。

4. 压电性

压电性就是某些晶体材料按所施加的机械应力成比例地产生电荷的能力。为了获得压电性所需要的极性，可以通过暂时施加强电场的方法，使原来各向同性的多晶陶瓷发生"极化"，这种"极化"可以在压电陶瓷中发生，类似于永久磁铁的磁化过程。近年来，压电陶瓷发展较快，在不少场合已经取代了压电单晶，它在电、磁、光、声、热和力等交互效应的功能转换器件中得到了广泛的应用。

对石英晶体在一定方向上施加机械应力时，在其两端表面上会出现数量相等、符号相反的束缚电荷；作用力反向时，表面荷电性质亦反号，而且在一定范围内电荷密度与作用力成正比。反之，石英晶体在一定方向的电场作用下，则会产生外形尺寸的变化，在一定范围内，其形变与电场强度成正比。前者称为正压电效应，后者称为逆压电效应，统称为压电效应。具有压电效应的物体称为压电体。

晶体的压电效应的本质是因为机械作用（应力与应变）引起了晶体介质的"极化"，从而导致介质两端表面上出现符号相反的束缚电荷，其机理可用图 2-32 加以解释。图 2-32(a) 表示压电晶体中质点在某方向上的投影。此时晶体不受外力作用，正电荷重心与负电荷重心重合，整个晶体总电矩为零（这是简化了的假定），因而晶体表面不荷电。但是当沿某一方向对晶体施加机械力时，晶体由于形变导致正、负电荷重心不重合，即电矩发生变化，从而引起晶体表面荷电。图 2-32(b) 为晶体在压缩时荷电的情况。图 2-32(c) 是拉伸时的荷电情况。在后两种情况下，晶体表面电荷符号相反。如果将一块压电晶体置于外电场中，由于电场作用，晶体内部正、负电荷重心产生位移，这一位移又导致晶体发生形变，这个效应即为逆压电效应。

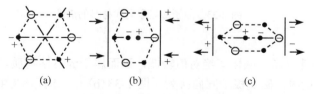

(a)　　　　　　　(b)　　　　　　　(c)

图 2-32　压电效应机理示意图

2.2.3　磁学性能

磁学性能是材料受磁场作用而反映出来的性能。磁性材料在电磁场的作用下，将会产生多种物理效应和信息转换功能。利用这些物理特性可制造出具有各种特殊用途的元器件，在电子、电力、信息、能源、交通、军事、海洋与空间技术中得到广泛的应用。

1. 磁性参数

(1) 饱和磁感应强度：磁性体被磁化到饱和状态时的磁感应强度。在实际应用中，饱和磁感应强度往往是指某一指定磁场(基本上达到磁饱和时的磁场)下的磁感应强度。

(2) 剩余磁感应强度(简称剩磁)：从磁性体的饱和状态，把磁场(包括自退磁场)单调地减小到零时残留的磁感应强度。

(3) 矫顽磁场强度(矫顽力)：是从磁性体的饱和磁化状态，沿饱和磁滞曲线单调改变磁场强度，使磁感应强度 B 减小到零时的磁感应强度。

(4) 居里温度(居里点)：铁磁性材料(或亚磁性材料)由铁磁状态(或亚铁磁状态)转变为顺磁状态的临界温度。在此温度下，材料表现为强顺磁性。

2. 磁性的分类

根据材料的磁化率，可以将材料的磁性大致分为五类，即抗磁性、顺磁性、铁磁性、反铁磁性和亚铁磁性。

1) 抗磁性

某些材料在外磁场的作用下，磁化了的介质感生出的磁偶极子的作用与外磁场方向相反，使得磁化强度为负，这类材料的磁性称为抗磁性。Bi、Cu、Ag、Au 等金属具有抗磁性。

2) 顺磁性

顺磁性物质的主要特征是：不论外加磁场是否存在，原子内部存在永久磁矩。但在无外加磁场时，由于顺磁场的原子做无规则的热运动，宏观表现无磁性 [图 2-33 (a)]。在外加磁场的作用下，每个原子磁矩呈比较规则的取向，物质呈现极弱的磁性。顺磁性物质主要有过渡元素、稀土元素、镧系元素及铝、铂等金属。

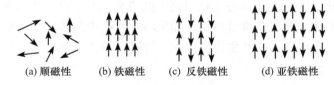

　　(a) 顺磁性　　　　(b) 铁磁性　　　　(c) 反铁磁性　　　　(d) 亚铁磁性

图 2-33　原子磁矩取向和材料的磁性

3) 铁磁性

抗磁性和顺磁性物质的磁化率绝对值较低，因而属于弱磁性物质。铁、钴、镍室温下的磁化率可达 10^3 数量级，磁偶极子同向排列 [图 2-33 (b)]，属于强磁性物质，这类物质的磁性称为铁磁性。但这些金属加热至居里温度时，也会突然失去磁性。铁、钴、镍的居里温度分别为 768℃、350℃、1100℃。

4) 反铁磁性

某些材料在外磁场作用下，尽管每个磁偶极子的强度很高，但相邻的磁偶极子所产生的磁矩反向排列 [图 2-33(c)]，磁化强度大小相等、方向相反、相互抵消。这类材料称为反铁磁性材料，其磁化强度为零。反铁磁性物质大都是非金属化合物。

5) 亚铁磁性

在铁氧体(Fe_3O_4)中 A 位离子与 B 位离子的磁偶极子存在反向平行特性 [图 2-33(d)]，磁偶极子的强度和离子数目也可能不相等，从而导致其磁性不会完全消失，往往保留了剩余磁矩，表现出一定的铁磁性，称之为亚铁磁性或铁氧体磁性。铁氧体磁性材料可以对外加磁场提供相当高的放大作用。

3. 材料的磁学性能

(1) 金属材料的磁学性能。金属材料中仅有三种金属(铁、钴、镍)及其合金具有显著的磁性，称为铁磁性材料。其他金属、陶瓷和高聚物均不呈磁性。铁磁性材料很容易磁化，在不太强的磁场作用下，就可以得到很大的磁化强度。

(2) 无机非金属材料的磁学性能。磁性无机材料具有高电阻、低损耗的优点，在电子、自动控制、计算机、信息存储等方面应用广泛。磁性无机材料一般是含铁及其他元素的复合氧化物，通常称为铁氧体，属于半导体范畴。

(3) 高聚合物材料的磁学性能。大多数高聚合物材料为抗磁性材料。顺磁性仅存在于两类有机物种：一类是含有过渡族金属的，另一类是含有属于定域态或较少离域的未成对电子(不饱和键、自由基等)。例如，由顺磁性离子和有机金属乳化物合成的顺磁聚合物，电荷转移络合物一般也具有顺磁性，在 900~1100℃热解聚丙烯腈具有中等饱和磁化强度的铁磁性。

4. 磁性材料

铁磁性物质和亚铁磁性物质属于强磁性物质，通常将这两类物质统称为磁性材料。常用的磁性材料主要有以下几种。

(1) 铁氧体磁性材料。一般是指氧化铁和其他金属氧化物的复合氧化物，铁氧体磁性材料多具有亚铁磁性，电阻率远比金属高，饱和磁化强度低。

(2) 铁磁性材料。具有铁磁性的材料，如铁、镍、钴及其合金，以及某些稀土元素的合金。在居里温度以下，加外磁场时材料具有较大的磁化强度。

(3) 亚铁磁性材料。具有亚铁磁性的材料，如各种铁氧体。亚铁磁性材料主要应用于变压器铁心、电感器、存储器件等。

(4) 永磁材料。磁体被磁化后去除外磁场仍具有较强的磁性，也称硬磁材料。其特点是矫顽力高和磁能积大，主要有金属永磁材料、铁氧体永磁等。

(5) 软磁材料。容易磁化和退磁的材料。软磁材料与硬磁材料之间的主要区别在于矫顽力的大小。工程中将矫顽力小于 800A/m 的材料称为软磁材料，矫顽力大于数万安培每米的材料称为硬磁材料，介于两者之间的材料称为半硬磁材料。软磁材料主要有铁铝合金、铁钴合金、铁镍合金等。

磁性材料在军事领域同样得到了广泛应用。例如，在水雷上安装磁性传感器，当军舰接近(无须接触目标)时，传感器就可以探测到磁场的变化使水雷爆炸。此外，军舰在地球磁场的长期磁化和机器运转、海浪拍打等内外力作用下，其磁性会不断积累，逐渐变成一个"大磁铁"，这对军舰来说是潜在的致命威胁。为提高舰船的生存和防护能力，保障航行安全，军舰要定期进行消磁处理。

材料在磁场作用下发生长度或体积的变化，这种现象称为磁致伸缩。稀土超磁致伸缩材料具有比铁、镍等大得多的磁致伸缩值，能够实现磁、电能与机械能的高效转换。稀土超磁致伸缩材料可用于声呐、卫星定位系统、阻尼减振、太空望远镜的调节机构、飞机机翼调节器等。

2.2.4　光学性能

光波是指波长在特定范围内的电磁波，因此，光和物质的相互作用取决于该物质电磁性质的基本参数，即电导率、介电常数、磁导率等。材料的光学特性涉及光的吸收、透射、反射、折射等问题，是现代功能材料设计与选用的重要特性之一。

材料的透光性取决于光通过材料后的光能占入射光能的比例的大小，这就需要考虑光在通过材料介质的过程中有哪些光损失。这些损失主要包括吸收、散射。

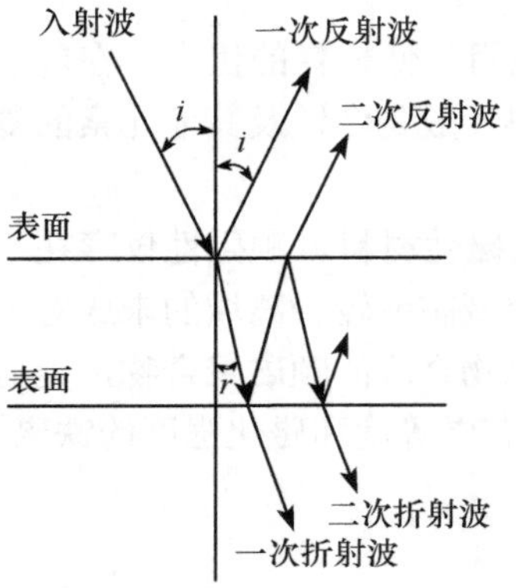

图 2-34　光通过透明介质分界面时的反射和折射

1.　光的折射与反射

当光线由一种介质入射到另一种介质时，光在界面上分成了反射光和折射光，如图 2-34 所示。这种反射和折射，可以连续发生。例如，当光线从空气进入介质时，一部分反射出来了，另一部分折射进入介质。当遇到另一界面时，又有一部分发生反射，另一部分折射进入空气。

1）折射

材料的折射率随介质的介电常数 ε 的增大而增大，这是由于 ε 与介质的极化现象有关。当材料的原子受到外加电场的作用而"极化"时，正电荷沿着电场方向移动，负电荷沿着反电场方向移动，这样正、负电荷的中心产生相对位移。外电场越强，原子正、负电荷中心距离越大。由于电磁辐射和原子的电子体系的相互作用，光波被减速了。

材料的折射率还与其结构有关。对于非晶态(无定型体)和立方晶体材料，当光通过时，光速不因传播方向的改变而变化，材料只有一个折射率。光进入非均质介质时，一般会产生双折射现象。双折射是非均质晶体的特性，这类晶体的所有光学性能都和双折射有关。

有内应力的透明材料，垂直于受拉主应力方向的折射率大，平行于受拉主应力方向的折射率小。

2）反射

由于光的反射作用，透过部分的光强度减弱。光波投射到材料表面的反射率取决于材料的折射率。陶瓷、玻璃等材料的折射率较空气的大，所以反射损失严重。

反射光线具有明确的方向性，一般称之为镜反射。在光学材料中，利用这个性能达到各种应用目的。

当光照射到粗糙不平的材料表面上时，发生漫反射。漫反射的原因是由于材料表面粗糙，局部的入射角参差不一，反射光的方向也各式各样，致使总的反射能量分散在各个方向上，形成漫反射。材料表面越粗糙，镜反射所占的能量分数越小，如图 2-35 所示。

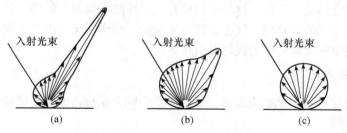

图 2-35　粗糙度增加的镜反射、漫反射能量图

2. 光的吸收

光作为一种能量流，在穿过介质时，介质的价电子受到光能而激发，在电子壳能态间跃迁，或使电子振动能转变为分子运动的能量，即材料将吸收光能转变为热能放出，导致光能的衰减，这种现象称为光的吸收。

设有一块厚度为 x 的平板材料（图 2-36），入射光的强度为 I_0，通过此材料后光强度为 I'。选取其中一薄层，并认为光通过此薄层的吸收损失为 $-\mathrm{d}I$，它正比于在此处的光强度和薄层的厚度为 $\mathrm{d}x$，即

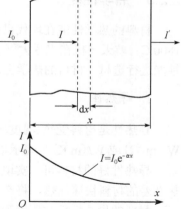

$$-\mathrm{d}I = \alpha I \mathrm{d}x$$

$$\int_{I_0}^{I} \frac{\mathrm{d}I}{I} = -\alpha \int_{0}^{x} \mathrm{d}x$$

$$\ln \frac{I}{I_0} = -\alpha x$$

$$I = I_0 \mathrm{e}^{-\alpha x}$$

图 2-36　光通过材料时的衰减规律

上式表明，光强度随厚度的变化符合指数衰减规律。此式称为朗伯特定律。式中，α 为物质对光的吸收系数，其单位为 cm^{-1}。α 取决于材料的性质和光的波长。α 越大、材料越厚，光就被吸收得越多，因而透过后的光强度就越小。

不同的材料，α 差别很大，空气的 $\alpha \approx 10^{-5}\,\mathrm{cm}^{-1}$，玻璃的 $\alpha = 10^{-2}\,\mathrm{cm}^{-1}$，金属的 α 则达几万到几十万，所以金属实际上是不透明的。

材料吸收光的能量大小一般要因通过材料的光的波长而定。金属对光能吸收很强烈，吸收系数大，不透明。玻璃有良好的透光性，吸收系数很小，一般无色玻璃在可见光区几乎没有吸收，近红外也是透明的。

隐身飞机所使用的隐身材料就是采用具有吸波功能的复合材料、涂料等。吸波材料的机理是使入射电磁波能量在分子水平上产生振荡，转化为热能，有效地衰减雷达回波强度。按吸收机理不同，可分为吸收型、谐振型和衰减型三大类。

3. 光的散射

光波遇到不均匀结构产生次级波，与主波方向不一致，使光偏离原来的方向从而引起散射，从而减弱光束强度。所以，材料中如果有光学性能不均匀的结构，如含有小粒子的不透明介质、光性能不同的晶界相、气孔或其他夹杂物，都会引起一部分光束被散射。因而散射现象也是由介质中密度均匀性的破坏而引起的。

4. 材料的透光性

材料的透光性可用透光率来表示。透光率是个综合指标，即光能通过材料后，剩余光能所占的百分比，即

$$\frac{I}{I_0} = (1-m)^2 e^{-(\alpha+s)x}$$

式中，α 为吸收系数；m 为反射系数；s 为散射系数；x 为材料厚度。透光率随这 4 个因素的增大而减小。一般而言，吸收系数在透光率中不占主导地位，反射系数对透光率影响较大，散射系数对透光率影响最大。

2.2.5 热学性能

材料的热学性能在现代机械装备制造中是非常重要的。先进航空发动机的涡轮温度接近 1800℃；航天飞机在重返大气层时要能承受 1600℃ 或更高的温度。这就需要根据材料的热学性能进行选材。材料的热学性能主要包括导热性、热膨胀性、热容、热稳定性、热防护。

1. 导热性

导热性是材料受热（温度场）作用而反映出来的性能，用热导率表示，符号为 λ，单位为 W/(m·℃) 或 W/(m·K)，表示单位温度梯度下，单位时间内通过单位垂直面积的热量。

导热性好的材料可以实现迅速而均匀地加热，而导热性差的材料只能缓慢加热。一旦导热性差的材料快速加热，将产生变形，甚至开裂。

材料的导热性能与原子和自由电子的能量交换密切相关。金属材料的导热性优于陶瓷和高聚合物。这是因为金属材料的导热性主要通过自由电子运动来实现，而非金属材料（陶瓷和高聚物）中自由电子较少，导热靠原子热振动来完成，故其导热能力差。导热性差的材料可减慢热量的传输过程。

2. 热膨胀性

大多数物质的体积都随温度的升高而增大，这种现象称为热膨胀。热膨胀性用热膨胀系数表示，即体积膨胀系数 β 或线膨胀系数 α，单位为 1/℃。材料的热膨胀性与材料中原子结合情况有关。结合键越强则原子间作用力越大，原子离开平衡位置所需的能量越高，则热膨胀系数越小。结构紧密的晶体的热膨胀系数比结构松散的非晶体玻璃的热膨胀系数大；共价键材料与金属相比，一般具有较低的热膨胀系数；离子键材料与金属相比，具有较高的热膨胀系数；聚合物材料与大多数金属和陶瓷相比有较大的热膨胀系数；塑料的线膨胀系数一般高于金属的 3～4 倍。

由热膨胀系数大的材料制造的零部件或结构，在温度变化时，尺寸和形状变化较大。在装配、热加工和热处理时应考虑材料的热膨胀影响。异种材料组成的复合结构还要考虑热膨胀系数的匹配问题。

3. 热容

将 1mol 材料的温度升高 1K 时所需要的热量称为热容，单位质量的材料温度升高 1K 所需要的能量称为比热容，工程上通常使用比热容。金属热容实质上反映了金属中原子热振动能量状态改变时需要的热量。当金属加热时，金属吸收的热能主要为点阵所吸收，从而增加金属离子的振动能量；另外，金属吸收的热能还为自由电子所吸收，从而增加自由电子的动能。因此，金属中离子热振动对热容作出了主要的贡献，而自由电子的运动对热容作出了次要的贡献。

4. 热稳定性

热稳定性是指材料承受温度的急剧变化而不致破坏的能力，所以又称为抗热振性。由于无机材料在加工和使用过程中，经常会受到环境温度起伏的热冲击，因此，热稳定性是无机材料的一个重要性能。

材料在热冲击循环作用下表面开裂、剥落，并不断发展，最终碎裂或变质等破坏的性能称为抗热冲击损伤性。

热稳定性一般以承受的温度差来表示，但材料不同表示方法也不同。

应用场合的不同，对材料热稳定性的要求各异。例如，对于一般日用瓷器，只要求能承受温度差为 200K 左右的热冲击；而火箭喷嘴就要求瞬时能承受高达 3000～4000K 的热冲击，而且要经受高气流的机械和化学作用。

5. 热防护

根据材料的热学性能对工作在高温环境下的机械装备进行热防护，对保证结构的安全可靠性是非常重要的。热防护是航天器的关键技术之一，如再入防热结构可使航天器在气动加热环境中免遭烧毁和过热。再入防热方式主要有热容吸热防热、辐射防热和烧蚀防热。

(1)热容吸热防热利用防热材料本身热容在升温时的吸热作用作为主要吸、散热的机理。这种方式要求防热材料具有高的热导率、大的比热容和高的熔点，通常采用表面涂镍的铜或铍等金属。这种方式的优点是结构简单，再入时外形不变，可重复使用；缺点是工作热流受材料熔点的限制，质量大，已为其他防热方法所代替。

(2)辐射防热利用防热材料在高温下的表面再辐射作用作为主要散热机理。辐射热流与表面温度的四次方成正比，因此，表面温度越高，防热效果越显著，但工作温度受材料熔点的限制。根据航天器表面不同的辐射平衡温度，一般选用镍铬合金或铌、钼等难熔金属合金板来制作辐射防热的外壳。随着陶瓷复合材料的出现和低密度化，带有表面涂层的轻质泡沫陶瓷块开始在辐射防热方式中得到应用。辐射式防热结构的最大优点是适合于低热流环境下长时间使用，缺点是适应外部加热变化的能力较差。

(3)烧蚀防热利用表面烧蚀材料在烧蚀过程中的热解吸收等一系列物理、化学反应带走大量的热来保护构件。烧蚀防热广泛应用于航天器的高热流部位的热防护，如导弹头部、航天器返回舱外表面、固体火箭发动机的壳体及喷管等。碳-碳复合材料是用得最多的烧蚀材料。碳-碳复合材料是用碳纤维织物作为增强物质，用碳做基体的一种强度极高的材料。当这种复合材料和大气发生强烈摩擦且温度超过 3400℃时会直接变成气体，并且带走大量的热。用这种材料作为火箭头部的保护层，可以保证火箭高速、安全地穿越大气层。

2.3 工程材料的化学性能

任何材料都是在一定的环境条件下使用的，环境作用的结果可能引起材料物理和力学性能的下降。例如，涡轮发动机转子部件在工作中同时承受高速旋转的离心力与燃气冲刷腐蚀的作用，其工作环境非常恶劣，高温腐蚀损伤是造成此类部件失效的主要原因之一。常见的材料与环境的作用有氧化和腐蚀等化学反应，将工程材料抵抗各种化学作用的能力称为化学性能，主要包括抗氧化性与抗腐蚀性。

2.3.1 抗氧化性

材料在高温下抵抗周围介质的氧化作用而不被损坏的能力，称为抗氧化性。金属材料在高温下与氧发生化学反应的程度比常温下剧烈，因此，容易损坏金属。氧化物陶瓷与氧不发生反应，氮化物、硼化物、碳化物陶瓷对氧一旦发生反应，表面氧化物有自保护作用可阻止材料进一步被氧化。

金属的氧化首先是从在金属表面上吸附氧分子开始，此时氧分子分解为原子被金属所吸附，被吸附的氧原子可能在金属晶格内扩散、吸附或溶解。当金属和氧气的亲和力大，且它在晶格内溶解度达到饱和时，将在金属表面上形成化合物(氧化物)的形核并长大。

在钢中加入某些合金元素是改善和提高金属抗高温氧化的重要措施之一。实践证明，在钢与合金中加入铬、铝和硅对提高它们的抗氧化能力有显著的效果，因为钢与合金中的铬、铝和硅在高温氧化时能与氧形成一层完整、致密、具有保护性的氧化膜。因此，铬、铝和硅是耐热钢与高温合金中不可缺少的合金元素。

在金属和合金表面施加涂层也是提高抗高温氧化能力的重要方法。在耐热钢或合金的表面渗铝、渗硅或铬铝、铬硅共渗都有显著的抗氧化效果。耐高温氧化的陶瓷涂层也正在得到应用。

2.3.2 抗腐蚀性

材料抵抗空气、水、酸、碱、盐及各种溶液、润滑油等介质侵蚀的能力称为抗腐蚀性或耐蚀性。不同材料有不同的耐蚀性。例如，钢铁的耐蚀性低于铜和铝，因此，钢铁容易生锈，即被侵蚀，以至于过早损坏。许多设备常因使用耐蚀性差的金属材料制造而被腐蚀，使用寿命缩短。

对金属材料而言，其腐蚀形式主要有两种：一种是化学腐蚀，另一种是电化学腐蚀。化学腐蚀是金属直接与周围介质发生纯化学作用，如钢的氧化反应；电化学腐蚀是金属在酸、碱、盐等电解质溶液中由于原电池的作用而引起的腐蚀。

材料的耐蚀性常用每年腐蚀深度(渗蚀度)表示。

高聚合物材料有高化学稳定性，一般不与各种介质发生化学作用，因此，可用作化工设备中的管道、容器等。有的高聚合物材料如聚四氟乙烯具有极高的化学稳定性，在高温下与浓酸、浓碱、有机溶剂及强氧化剂均不发生反应，是极好的耐蚀材料。

陶瓷材料的耐蚀性优于金属材料，但不如高聚物材料。因为陶瓷和玻璃在某些条件下，也不能避免发生直接的化学腐蚀。例如，普通玻璃表面上的水可与碱金属离子作用而引起腐蚀，产生裂纹。又如，高温下陶瓷可能被熔盐和氧化渣侵蚀，有时还可能被液态金属侵蚀。

材料在高温下的抗氧化性和抗腐蚀性也称为热稳定性。现代航空、宇航、舰艇、电站、机车、火箭等使用的各种涡轮发动机对热端部件材料的热稳定性要求和利用其高强度同样重要。例如，涡轮叶片在工作中要承受很高的温度和机械载荷，要求材料具有高的热稳定性、足够的热强性、良好的热学性能及加工性能。

目前，高温合金是制造现代涡轮发动机热端部件的重要材料。合金中元素形成的氧化物的稳定性是耐热腐蚀的主要因素。合金中的铬、铝等元素能与氧形成良好保护膜，有利于提高合金的耐热腐蚀性能。在合金表面涂覆高温涂层是提高合金抗热腐蚀的重要措施，如燃气轮机镍基高温合金叶片表面沉积耐热涂层，可显著地提高叶片抗热腐蚀的能力。

2.4　工程材料的工艺性能

材料在加工过程中对不同加工特性所反映出来的性能，称为工艺性能。它表示材料制成具有一定形状和良好性能的零件或零件毛坯的可能性及难易程度。材料工艺性能的好坏又直接影响零件的质量和制造成本。

由材料到毛坯最后制成零件，一般需要经过多道加工工序，因此，要求材料具有足够的工艺适应性。

1. 铸造性能

铸造性能是指材料用铸造方法获得优质铸件的性能。它取决于材料的流动性和收缩性。流动性好的材料，充填铸模的能力强，可获得完整而致密的铸件。收缩率小的材料，铸造冷却后，铸件缩孔小，表面无空洞，也不会因收缩不均匀而引起开裂，尺寸比较稳定。

金属材料中铸铁、青铜有较好的铸造性能，可以铸造一些形状复杂的铸件。工程塑料在某些成型工艺(如注射成型)方法中要求流动性好和收缩率小。

2. 塑性加工性能

塑性加工性能是指材料通过塑性加工(锻造、冲压、挤压、轧制等)将原材料(如各种型材)加工成优质零件(毛坯或成品)的性能。它取决于材料本身塑性高低和变形抗力(抵抗变形能力)的大小。

塑性加工的目的是使材料在外力(载荷)作用下产生塑性变形而成型，获得较好的性能。塑性变形抗力小表示材料在不太大的外力作用下就可变形。金属材料中铜、铝、低碳钢具有较好的塑性和较小的变形抗力，因此，容易塑性加工成型，而铸铁、硬质合金不能进行塑性加工成型。热塑性塑料可通过挤压和压塑成型。

3. 热处理性能

热处理性能主要指钢接受淬火的能力，即淬透性。它是用淬硬层深度来表示的。不同钢种，接受淬火的能力不同。合金钢淬透性能比碳钢好，这意味着合金钢的淬硬深度厚，也说明较大零件用合金钢制造后可以获得均匀的淬火组织和均匀的力学性能。

4. 焊接性能

焊接性能是指两种相同或不同的材料通过加热、加压或两者并用将其连接在一起所表现出来的性能。影响焊接性能的因素很多。导热性过高或过低、热膨胀系数大、塑性低或焊接时容易氧化的材料，焊接性能一般较差。焊接性能差的材料焊接后，焊缝强度低，还可能出现变形、开裂现象。选择特殊焊接工艺不仅可以使金属与金属焊接，还可以使金属与陶瓷焊接、陶瓷与陶瓷焊接、塑料与烧结材料焊接。

5. 切削性能

切削性能是指材料用切削刀具进行加工时所表现出来的性能。它取决于刀具使用寿命和被加工零件的表面粗糙度。凡使刀具使用寿命长，加工后表面粗糙度低的材料，其切削性能好；反之，切削性能差。

金属材料的切削性能主要与材料种类、成分、硬度、韧性、导热性等因素有关。一般钢材的理想切削硬度为 HB160～HB230。钢材硬度太低，切削时容易"黏刀"，表面粗糙度高；硬度太高，切削时易磨损刀具。

思 考 题

2.1　材料的屈服强度的含义是什么？影响屈服强度的因素有哪些？

2.2　分析材料的比强度与比刚度在结构设计中的实际意义。

2.3　何谓材料的塑性？塑性用何种指标来评定？

2.4　比较布氏、洛氏、维氏硬度的测量原理及应用范围。

2.5　如何对材料的抗断裂性能进行评定？

2.6　讨论产品研制中如何根据材料的物理性能进行材料选择。

2.7　举例说明材料的热学性能在实际中的应用。

2.8　航空发动机涡轮叶片材料应主要考虑何种性能？

2.9　分析隐身武器是如何选择材料的。

第 3 章　金属材料的凝固与相图

金属由液态转变为固态的过程称为凝固。由于凝固后的固态金属通常是晶体，所以又将这一转变过程称为结晶。凝固也是由液相变为固相的相变过程。一般的金属件成型都要经过熔炼或铸造，都要经历由液态转变为固态的结晶过程。金属在焊接时，焊缝中的金属也要发生结晶。金属结晶后所形成的组织直接影响金属的加工性能和使用性能。了解金属材料的凝固过程，掌握其规律，对控制金属成型质量、提高成型件性能有重要意义。

3.1　纯金属的结晶

3.1.1　金属结晶的基本规律

1. 液态金属的结构

现代液态金属结构理论认为，液体中原子堆积是密集的。从大范围看，原子排列是不规则的，但从局部微小区域来看，原子可以偶然地在某一瞬时出现规则的排列，这种现象称为"近程有序"。近程有序排列的原子集团不断被破坏而消失，同时又会出现新的近程有序排列，这种近程有序结构总是处于此起彼伏的变化中，这种结构不稳定的现象称为结构起伏。大小不一的近程有序排列的此起彼伏（结构起伏）就构成了液态金属的动态图像。这种近程有序的原子集团就是晶胚。在具备一定条件时，大于一定尺寸的晶胚就会成为可以长大的晶核。

2. 纯金属的结晶过程

液态金属的结晶过程是一个形核及核长大的过程。小体积的液态金属的形核、长大过程如图 3-1 所示。当液态金属缓慢地冷却到结晶温度以后，经过一定时间，开始出现第一批晶核。随着时间的推移，已形成的晶核不断长大，同时，在液态中又会不断形成新的晶核并逐渐长大，直到液体全部消失为止。单位时间内，单位体积液体中晶核的生成数量称为形核率。单位时间内晶核生长的线长度称为长大线速度。由晶核长成的小晶体称为晶粒。晶粒之间的界面称为晶粒间界，简称为晶界。

3. 结晶的过冷现象

在纯金属液体缓慢冷却过程中测得的温度-时间关系曲线（冷却曲线）如图 3-2 所示。从冷却曲线可见，纯金属液体在理论结晶温度 T_m 时，不会结晶；只有冷却到显著低于 T_m 后，才开始形核，而后长大并放出大量潜热，使温度回升到略低于 T_m 温度。结晶完成后，由于没有潜热放出，温度继续下降。理论结晶温度 T_m 与实际结晶温度 T_n 之差称为过冷度，即 $\Delta T = T_m - T_n$。

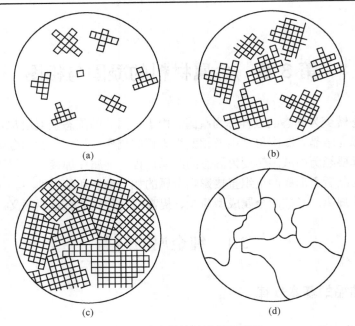

图 3-1　纯金属结晶过程示意图

4. 结晶的热力学条件

　　为什么结晶要在一定的过冷条件下才能进行，这需要用热力学来解释。根据热力学第二定律，在等温、等压条件下，一切自发过程都朝着使系统自由能降低的方向进行。图 3-3 为液、固金属自由能与温度的关系，两条曲线相交于一点，对应的温度为理论结晶温度 T_m，它是液、固态平衡温度。在该温度下，液、固态共存，宏观上既不结晶也不熔化。只有当 $T_n < T_m$ 时，固态的自由能才低于液态的自由能，液态才能转变为固态。因此，欲使液态金属结晶为固态，必须冷却到理论结晶温度以下的某一温度才能进行。这是金属结晶时出现过冷现象的根本原因。过冷度越大，结晶的驱动力也越大，液态金属结晶的倾向也就越大。

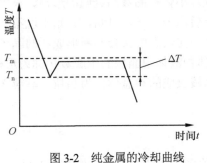

图 3-2　纯金属的冷却曲线

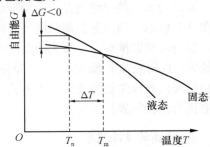

图 3-3　固、液态金属自由能随温度的变化

3.1.2　晶核的形成与长大

1. 晶核的形成

　　金属结晶的形核方式有两种，一种是在液体中直接产生晶核，称为均匀形核或自发形核；

另一种是以已有的模壁或外来杂质作为结晶的核心，称为不均匀形核或非自发形核。

液态金属中原子热运动强烈，因此，原子排列是混乱的，但在接近结晶温度时，液态金属中也会出现一些小范围规则排列的原子集团。当这种原子集团的半径大于某一个临界值 r_c 时，它们继续长大，系统自由能的降低，这些原子集团就会成为结晶核心。r_c 称为晶核的临界半径，它随过冷度的增大而减小。在过冷度较大时，原来不能成为结晶核心的小原子团也可能成为结晶核心。但是实际的液态金属不可能十分纯净，或多或少地总会含有一些杂质。当金属结晶时，核心较容易依附于这些现成的团体表面形成，并以其为基底不断地长大。

1）均匀形核

所谓均匀形核是指晶核是从均匀的单相熔体中产生的，概率处处相同。非均匀形核是指借助于表面、界面、微裂纹、器壁以及各种催化位置等而形成晶核的过程。

当母相中产生临界核胚以后，必须从母相中将原子或分子一个个逐步加到核胚上，使其生长成稳定的晶核。晶核形成时的能量变化和临界晶核晶体熔化后的液态结构从长程来说是无序的，而在短程范围内却存在着不稳定的、接近于有序的原子集团（尤其是温度接近熔点时）。由于液体中原子热运动较为强烈，在其平衡位置停留时间甚短，故这种局部有序排列的原子集团此消彼长，即前述的结构起伏或称相起伏。当温度降到熔点以下时，在液相中时聚时散的短程有序原子集团就可能成为均匀形核的"胚芽"（或称晶胚），其中的原子呈现晶态的规则排列，而其外层原子与液体中不规则排列的原子相接触而构成界面。因此，当过冷液体中出现晶胚时，一方面由于这个区域中原子由液态的聚集状态转变为晶态的排列状态使体系内的自由能降低（$\Delta G_V < 0$），这是相变的驱动力；另一方面，由于晶胚构成新的表面，又会引起表面自由能的增加，这构成相变的阻力。在液-固相变中，晶胚形成时的体积应变能可在液相中完全释放掉，故在凝固中不考虑这项阻力；但在固-固相变中，体积应变能这一项是不可忽略的。

当过冷液中出现一个晶粒时，总的自由能变化 G 应为

$$\Delta G = \Delta G_V V + \sigma S \tag{3-1}$$

式中，ΔG_V 为液、固两相单位体积自由能差，为负值；σ 为比表面能，可用表面张力表示，为正值；V 和 S 分别为晶胚的体积和表面积。设晶胚为球形（图 3-4），其半径为 r，则有

$$\Delta G = \Delta G_V \cdot \frac{4}{3}\pi r^3 + \sigma \cdot 4\pi r^2 \tag{3-2}$$

在一定温度下，ΔG_V 和 σ 是确定值，所以 ΔG 是 r 的函数（图 3-5）。ΔG 在半径为 r_c 时达到最大值。当晶胚的 $r < r_c$ 时，其长大将导致体系自由能的增加，故这种尺寸晶胚不稳定，难以长大，最终熔化而消失；当 $r > r_c$ 时，晶胚的长大使体系自由能降低，这些晶胚就成为稳定的晶核。因此，半径为 r_c 的晶核称为临界晶核，而 r_c 为临界半径。

将式（3-2）对 r 求微分，令其等于零，可求得临界晶核半径，即

$$\frac{\mathrm{d}(\Delta G)}{\mathrm{d}r} = \Delta G_V \cdot 4\pi r^2 + \sigma \cdot 8\pi r = 0 \tag{3-3}$$

则有

$$r_c = -\frac{2\sigma}{\Delta G_V}$$

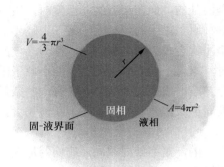

图 3-4　均匀形核示意图

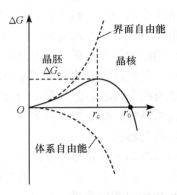

图 3-5　晶核半径与 ΔG 的关系

晶胚形成临界晶核时，体系自由能增加到最大值，这部分能量称为临界晶核形成功，将 r_c 代入式(3-2)可得临界晶核形成功为

$$\Delta G^* = \frac{16\pi\sigma^3}{3(\Delta G_V)^2} \tag{3-4}$$

根据热力学关系有 $\Delta G_V = L_m \Delta T / T_m$，$L_m$ 为熔化潜热，由此可得

$$r_c = \frac{2\sigma T_m}{L_m \Delta T} \tag{3-5}$$

$$\Delta G_V = \frac{1}{3}\left(\frac{16\pi\sigma^3 T_m^2}{L_m^2 \Delta T^2}\right) \tag{3-6}$$

临界晶核半径和形成功由过冷度 ΔT 决定，过冷度越大，临界半径和形成功越小，这说明过冷度增大时，可使较小的晶胚成为晶核，所需的形核功也小，形核的概率增大，晶核的数目增多。液相必须处于一定的过冷条件时方能结晶，而液体中客观存在的结构起伏和能量起伏是促成均匀形核的必要因素。

2)非均匀形核

熔体过冷或液体过饱和后不能立即形核的主要障碍是晶核形成液-固相界面时需要能量。如果晶核依附于已有的界面上(如容器壁、杂质粒子、结构缺陷、气泡等)来形成，则高能量的晶核与液体的界面被低能量的晶核与成核基体之间的界面所取代。显然，这种界面的代换比界面的创立所需要的能量要少。因此，成核基体的存在可降低成核位垒，使非均匀成核能在较小的过冷度下进行。

非均匀形核的临界位垒 ΔG_c^* 在很大程度上取决于接触角 θ 的大小。当新相的晶核与平面形核基体接触时，形成的接触角为 θ，如图 3-6 所示。晶核形成一个

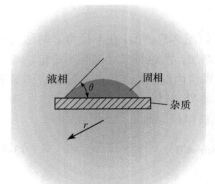

图 3-6　非均匀形核示意图

具有临界大小的球冠粒子，这时临界成核位垒为

$$\Delta G_c^* = \Delta G_c f(\theta) \tag{3-7}$$

式中，ΔG_c^* 为非均匀形核时自由能变化(临界成核位垒)；ΔG_c 为均匀成核时自由能变化。$f(\theta)$ 可由式(3-7)球冠模型的简单几何关系求得

$$f(\theta) = \frac{(2 + \cos\theta)(1 - \cos\theta)}{4} \tag{3-8}$$

由式(3-7)可见，在形核基体上形成晶核时，形核位垒应随着接触角 θ 的减小而下降。若 $\theta = 180°$，则 $\Delta G_c^* = \Delta G_c$；若 $\theta = 0°$，则 $\Delta G_c^* = 0$。由于 $f(\theta) \leqslant 1$，所以非均匀形核比均匀成核的位垒低，析晶过程容易进行；而润湿的非均匀形核又比不润湿的位垒更低，更易形成晶核。因此，在生产实际中，为了在制品中获得晶体，往往选定某种形核基体加入到熔体中去。

基底形状对形核能力也有较大的影响。如图 3-7 所示，促进非均匀形核的能力随基底曲率的方向和大小的不同而异。凹形基底的形核能力比平基底强，而平基底形核能力又比凸形基底强。对凹形基底而言，促进形核的能力随基底曲率增大而增大；对凸形基底而言，促进形核的能力随基底曲率增大而减小。

3) 形核率

将单位体积内的金属液体在单位时间内所形成的晶核数目称为形核率。图 3-8 表示形核率 N 与温度的关系。液体温度高于凝固点时，形核率为零。当温度降低，过冷度增大时，形核率增大，直至达到最大值。若温度继续下降，液相黏度增加，原子或分子的扩散速率下降，导致形核率降低。非均匀形核率的变化规律还与成核基体的密度有关。

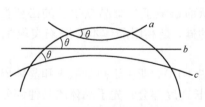

图 3-7　基底形状对形核的影响

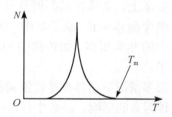

图 3-8　形核率与温度的关系

2. 晶核的长大

在稳定的晶核形成后，母相中的质点按照晶体格子构造不断地堆积到晶核上去，使晶体得以生长。晶核长大的实质就是原子由液体向固体表面转移，这一过程是靠原子的扩散来完成的。

晶体长大后的形貌及其生长速率与固-液界面原子尺度的微观结构有关。有关研究认为，固-液界面微观结构可以分为粗糙界面与光滑界面两大类(图 3-9)。晶体以何种形态生长，主要取决于固-液界面的微观结构。

1) 粗糙界面的晶体生长

当固-液界面在原子尺度内呈粗糙结构时，界面上存在 50% 左右的空虚位置。这些空虚位置构成了晶体生长所必需的台阶，使得液相原子能够连续地往上堆砌，并随机地受到固相中

较临近原子的键合。界面的粗糙使原子的堆砌(结晶)过程变得容易。原子进入固相点阵以后，被原子碰撞而弹回液相中去的概率很小，生长过程不需要很大的过冷度。另外，对于粗糙界面来说，固相与液相之间在结构与键合能方面的差别较小，容易在界面过渡层内得到调节，因此，动力学能障较小，它不需要很大的动力学过冷度来驱动新原子进入晶体，并能得到较大的生长速率。绝大多数金属从熔体中结晶时都属于粗糙界面。

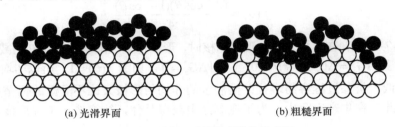

(a) 光滑界面　　　　　　　　　　　　　(b) 粗糙界面

图 3-9　固-液界面的微观结构示意图

2) 光滑界面的晶体生长

晶体在小平面组成的光滑界面上生长时，不像在粗糙界面上生长那样容易，因为光滑界面几乎没有显露给液相原子的键合位置，所以晶体的生长要依靠台阶来实现。

当光滑界面为完整的界面时，晶体只能依靠能量起伏使液态原子首先在界面上形成单原子厚度的二维晶核，然后利用其周围台阶沿着界面横向扩展，直到长满一层后，界面就向液相前进了一个晶面间距。这时，晶体又必须利用二维形核产生的台阶才能开始新一层的生长，周而复始地进行。界面的推移具有不连续性，并具有横向生长的特点。二维形核的热力学能障高，生长所需的动力学能障也较大，生长比较困难。

实际上，晶体在结晶时往往难以避免因原子错排而造成缺陷，如螺型位错与孪晶。这些缺陷为晶体生长(原子堆砌)提供现成的台阶，从而避免了二维晶核生长的必要性。一些合金中的非金属相，如铸铁中的石墨和铝合金中的硅，是利用晶体本身缺陷实现生长的典型例子。

很多情况下晶体都是按照树枝状方式长大的(图 3-10)，即由于热量散失和晶体周围过冷等种种因素的影响，晶核中任何一个凸起部分的生长速度都会领先于晶体的其他部分，而在晶体中形成晶轴。最先形成的晶轴称为一次轴，在它侧面形成的是二次轴，同理，二次晶轴上又会长出三次晶轴等。晶体如此不断生长，分支越来越多，就形成了树枝状晶体。

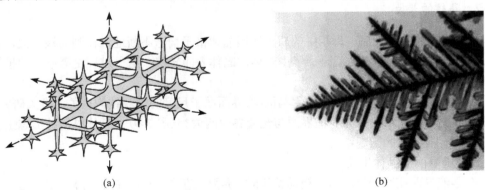

(a)　　　　　　　　　　　　　　　　　(b)

图 3-10　树枝状晶体生长

　　多晶体金属中的每一个晶粒，都是一个晶核按树枝状方式长大形成的。在晶粒形成的过程中，由于各种偶然因素的作用，如液体的流动、晶轴本身的重力作用和彼此间的碰撞等种种原因，会使某些晶轴发生偏斜或折断从而造成晶粒内各部分之间产生微小的位向差，形成嵌镶块、亚晶界、位错等缺陷。

　　晶体生长速率受温度(过冷度)和浓度(过饱和度)等条件所控制，生长速率与过冷度的关系如图 3-11 所示。晶体在熔点时生长速率为零。起初它随着过冷度增加而增加，由于进一步过冷，黏度增加使相界面迁移的频率因子下降，故生长速率下降。曲线之所以出现峰值是由于在高温阶段晶核形成主要由液相变成晶相的速率控制，增大过冷度，对该过程有利，故生长速率增加；在低温阶段，晶核形成过程主要由通过相界面的扩散所控制，低温对扩散不利，故生长速率减慢，这与图 3-8 所示的形率与温度的关系相似，只是其最大值较晶核形核率的最大值所对应的过冷度更小而已。

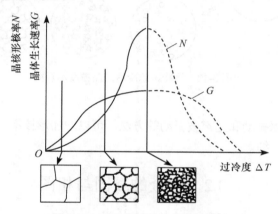

图 3-11　过冷度对晶体生长的影响

3. 晶粒大小及控制

　　晶粒大小对金属材料室温下的力学性能有很大的影响，晶粒越细小，金属的强度越高，同时塑性和韧性也好。所以，细化晶粒通常是提高室温下金属材料力学性能的一个重要途径。

　　在结晶过程中，晶粒大小受到形核率和生长速度这两个因素所控制。例如，形核率大而生长速度慢，则结晶后的晶粒一定小。与之相反，若形核率小而生长速度快，则晶粒一定大。

　　为了获得细晶粒的金属，生产中可以采用以下方法细化铸件的晶粒。

　　1) 增加过冷度

　　加快结晶时的冷却速度，可以增加过冷度，从而有效地细化晶粒。近几十年来，由于超高速急冷技术的发展，结晶冷却速度已达到每秒上百万度。在高度过冷的情况下，可以成功地获得超细化晶粒的金属和非晶态结构的金属。这类金属有着非常良好的力学性能，具有很大的发展前途。

　　但是一般生产中快速冷却的方法只适于形状简单的小型铸件，否则会因冷速过快导致铸件出现裂纹，从而造成废品产生。缓冷、急冷后的晶粒度示意图如图 3-12 所示。

　　2) 变质处理

　　如果向液体金属中加入某些与其结构相近的高熔点杂质，就可以依靠非自发形核的方式使晶粒细化。这种细化晶粒的方法称为变质处理，所加入的物质称为变质剂或形核剂。例如，在铝合金的溶液中加入少量的 Ti 和 B，由于生成的 TiB_2 和 TiAl 化合物在结构与尺寸上与铝相近，因而有效地起到外来核心的作用，从而细化了铝的晶粒。有些加入到液体金属中的高熔点杂质，不是充当人工核心，而是使晶体生长速度减小。例如，Al-Si 合金中加入钠盐，同样也可以达到细化晶粒的目的。

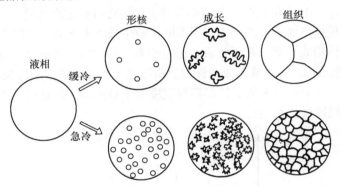

图 3-12　缓冷、急冷后的晶粒度示意图

3）振动

用机械振动、电磁振动和超声波振动等方法，可以增加形核率，同时又可将正在生长的枝晶打碎，促使晶粒变细。

3.2　合金的凝固与相图

合金的凝固过程比纯金属的结晶较为复杂，通常应用合金相图分析合金的结晶过程。相图是用来表示合金系中相的状态和温度及成分关系的图形，也称平衡图或状态图。借助相图，可以确定任一个给定成分的合金，在不同的温度和压力条件下由哪些相组成，以及相的成分和相对含量。同时，相图也是分析合金组织，研究组织变化规律的有效工具。

3.2.1　相平衡与相图

1. 相平衡

相平衡是指各相的化学热力学平衡。化学热力学平衡包括机械平衡、热平衡和化学平衡。当合力为零时，系统处于机械平衡；当温差消失时，系统处于热平衡；当系统中各相的化学势相等，各组元的浓度不再变化时，系统就达到了化学平衡。如果同时达到三种平衡，那么系统就达到了化学热力学平衡。

2. 相平衡条件

对于不含气相的材料系统，相的热力学平衡可由它的吉布斯自由能 G 来决定。当 $dG = 0$ 时，整个系统就将处于热力学平衡状态；若 $dG<0$，则系统将自发地过渡到 $dG = 0$，从而使系统达到平衡状态。

3. 自由度与相律

1）自由度

自由度是指在平衡系统中独立可变的因素，如温度、压力、相的成分、电场、磁场、重力场等。说其独立可变，是因为这些因素在一定范围内任意改变不会改变原系统中共存相的数目和种类。

自由度数是指在平衡系统中那些独立可变的强度变量的最大数目。

2）相律

处于平衡状态下的多相（P 个相）体系，每个组元（共有 C 个组元）在各相中的化学势都必须彼此相等。处于平衡状态的多元系中可能存在的相数将有一定的限制，这种限制可用吉布斯相律表示

$$f = C - P + 2 \tag{3-9}$$

式中，f 为体系的自由度数，它是指不影响体系平衡状态的独立可变参数（如温度、压力、浓度等）的数目；C 为体系的组元数；P 为相数。

对于不含气相的凝聚体系，压力在通常范围的变化对平衡的影响极小，一般可认为是常量。因此，相律可写成下列形式：

$$f = C - P + 1 \tag{3-10}$$

相律给出了平衡状态下体系中存在的相数与组元数及温度、压力之间的关系，对分析和研究相图有重要的指导作用。

4. 相图

物质在温度、压力、成分变化时，其状态可以发生改变。相图就是表示物质的状态和温度、压力、成分之间关系的简明图解，即相图是研究一个多组分（或单组分）多相体系的平衡状态随温度、压力、组分浓度等的变化而改变的规律。利用相图，可以知道在热力学平衡条件下，各种成分的物质在不同温度和压力下的相组成、各种相的成分、相的相对量。因为相图表示的是物质在热力学平衡条件下的情况，所以又称之为平衡相图。由于涉及的材料一般都是凝聚态的，压力的影响极小，所以通常的相图是指在恒压下（一个大气压）物质的状态与温度、成分之间的关系图。

在单元系统中只含有一种纯物质，组元数 $f=1$，影响系统平衡状态的外界因素是温度和压力。根据相律 $f = C - P + n = 1 - C + 2 = 3 - P$，因为自由度数 f 不能为负值，所以 $P \leqslant 3$。这就说明在单元系统中平衡共存相的数目最多不能超过 3 个；另外，在一个系统中相的数目不得少于 1，若取 $P=1$，则 $f=2$，表明如果把温度和压力这两个独立可变的因素确定下来，那么系统的状态也就随之被完全固定下来。因此，用二维平面图形即可描绘单元系统中的相数、温度和压力之间的关系。

许多物质在不同的温度和压力下，晶体结构将会发生变化，这种变化称为同素异晶转变。同素异晶转变前的固相和同素异晶转变后的固相称为同素异晶体，它们之间的转变过程称为晶型转变过程。有晶型变化的单元系统，在相图上将增加点或线。

纯铁的相图如图 3-13 所示。铁有 2 种同素异晶体，其中 γ-Fe 是面心立方晶格，而 α-Fe

和 δ-Fe 都是体心立方晶格，只是存在的温度和压力的范围不同，点阵常数不同。

多元合金相图中还要考虑成分变化。这里主要分析二元和三元合金的相图。

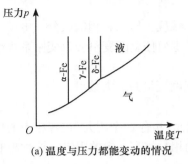

(a) 温度与压力都能变动的情况

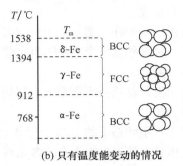

(b) 只有温度能变动的情况

图 3-13　纯铁的相图

3.2.2　二元合金相图与凝固

二元系比单元系多一个组元，它有成分的变化；若同时考虑成分、温度和压力，则二元相图必为三维立体相图。鉴于三维坐标立体图的复杂性和研究中体系处于一个大气压的状态下，因此，二元相图仅考虑体系在成分和温度两个变量下的热力学平衡状态。二元相图的横坐标表示成分，纵坐标表示温度。如果体系由 A、B 两组元组成，横坐标一端为组元 A，而另一端表示组元 B，那么体系中任意两组元不同配比的成分均可在横坐标上找到相应的点。

合金状态图主要是通过试验测定的，且测定合金状态图的方法很多，但应用最多的是热分析法。这种方法是将合金加热熔化后缓慢冷却，绘制其冷却曲线。当合金发生结晶或固态相变时，由于相变潜热放出，抵消或部分抵消外界的冷却散热，在冷却曲线上形成拐点。拐点所对应的温度就是该合金发生某种相变的临界点。

下面以 Cu-Ni 合金相图测定为例，说明热分析法的应用及步骤。

(1) 配制不同成分的合金试样，如 100%Cu，80%Cu+20%Ni，60%Cu+40%Ni，40%Cu+60%Ni，20%Cu+80%Ni 和 100%Ni。

(2) 测定各组试样合金的冷却曲线并确定其相变临界点(表 3-1)。

表 3-1　Cu-Ni 合金的成分和临界点

合金成分(含 Ni 量/%)	0	20	40	60	80	100
结晶开始温度(上临界点/℃)	1083	1175	1260	1340	1410	1455
结晶终了温度(下临界点/℃)	1083	1130	1195	1270	1360	1455

(3) 将各临界点绘在温度-合金成分坐标图上(图 3-14)。

(4) 将图 3-14 中具有相同含义的临界点连接起来，即得到 Cu-Ni 合金相图。

相图中的每个点、每条线、每个区域都有明确的物理含义，A、B 点分别为纯 Cu 和纯 Ni 的熔点。在 $Aa_1a_2a_3a_4B$ 线以上的温度，合金均处于液相状态，所以称 $Aa_1a_2a_3a_4B$ 为液相线，任何成分的液态合金冷却降温到此线所示的温度，就开始结晶析出固相。在 $Ab_1b_2b_3b_4B$ 线以下的温度，合金都处于固相状态，称 $Ab_1b_2b_3b_4B$ 为固相线。当合金加热至固相线温度时，便开始熔化产生液相。液相线与固相线之间的区域为液相、固相平衡共存的两相区。在两相区里合金处于结晶或其他的相变过程中。

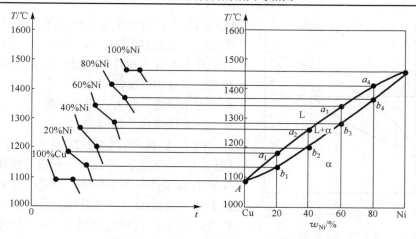

图 3-14　Cu-Ni 合金的冷却曲线及相图

二元合金相图有的比较简单，有的比较复杂，但不论多么复杂的相图都是由各种基本类型相图组合成的。常见的二元合金相图有二元匀晶相图、二元共晶相图、二元包晶相图以及包含有二元共析反应和形成稳定化合物的二元合金相图几种基本类型。

1. 匀晶相图

1) 相图的组成及特征

两组元在液态能够无限互溶，固态也能无限互溶形成单一的均匀固溶体的合金的二元合金系统称为匀晶系。由液相结晶出单相固溶体的过程被称为匀晶转变。匀晶转变可用下式表示：

$$L \longrightarrow \alpha$$

表示匀晶转变的相图称为匀晶相图。这类相图是二元合金相图中最简单的一种，Cu-Ni合金的相图便是典型代表。

由图 3-14 可见，纯组元 Cu 和 Ni 的冷却曲线相似，都有一个水平台，表示其凝固在恒温下进行，凝固温度分别为 1083℃和 1455℃。其他几条二元合金曲线不出现水平台，而为二次转折，温度较高的转折点（临界点）表示凝固的开始温度，而温度较低的转折点对应凝固的终结温度。这说明合金的凝固与纯金属不同，是在一定温度范围内进行的。将这些与临界点对应的温度和成分分别标在二元相图的纵坐标和横坐标上，每个临界点在二元相图中对应一个点，再将凝固的开始温度点和终结温度点分别连接起来，就得到 Cu-Ni 二元相图。

在 Cu-Ni 相图中，A 点温度为纯铜的熔点 $t_A = 1083℃$，B 点温度为纯镍的熔点，$t_B = 1455℃$。液相线是各种成分的 Cu-Ni 合金在冷却过程中开始结晶的温度，或在加热过程中熔化终了的温度；固相线是各种成分的 Cu-Ni 合金在冷却时结晶终了，或在加热时开始熔化的温度。这里的 A、B 就是 Cu-Ni 相图的特性点，液相线和固相线就是 Cu-Ni 相图的特性线。

液相线和固相线把相图分成两个不同的相区。液相线以上为液相区，合金处于液相状态，用 L 表示；固相线以下为固相区，为 Cu 与 Ni 组成的不同成分的固溶体，用 α 表示；液相线和固相线之间是液相和固相共存的区域，是结晶过程正在进行的区域，用 L+α 表示。

在二元相图中有单相区和两相区。根据相律可知，在单相区内，$f = 2 - 1 + 1 = 2$，说明合金在此相区范围内，可独立改变温度和成分而保持原状态。若在两相区内，$f = 1$，这说明温

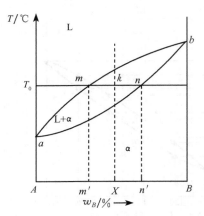

图 3-15　平衡相成分分析示意图

度和成分中只有一个独立变量,即在此相区内任意改变温度,则成分随之而变,不能独立变化;反之亦然。若在合金中有三相共存,则 $f = 0$,说明此时三个平衡相的成分和温度都不变,属恒温转变,故在相图上表示为水平线,称为三相水平线。

2)平衡相成分的确定

欲求 X 成分合金在 T_0 温度时两平衡相的成分(图 3-15),先通过 X 点作一条成分垂线,然后在垂线的 T_0 温度作一条水平线,交固相线于 n 点、液相线于 m 点,此两点在横坐标上的投影 n' 和 m',即为 X 成分合金在 T_0 温度时相互平衡的固相和液相的化学成分。事实上,液相线就是液相成分随温度变化而变化的平衡曲线,固相线是固相成分随温度变化而变化的平衡曲线。

3)杠杆定律

在合金平衡结晶过程中,两相区内除了两相的成分随结晶温度降低而改变外,为保持两相的平衡关系,两相的相对含量也要相应地改变。可根据图 3-16 确定两相相对含量。

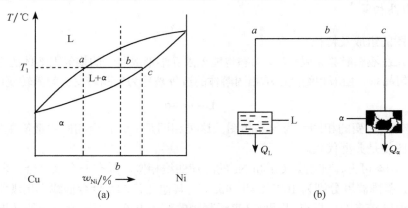

图 3-16　杠杆定律的证明和力学比喻

设一合金含 Ni 量为 b,质量为 $Q_{合金}$;冷却到温度 T_1 时为液、固两相共存,如图 3-16(a)所示,过 T_1 作水平线,分别交液相线与固相线于 a、c 点。L 相中 Ni 含量为 $a\%$,质量为 Q_L;α 相中 Ni 含量为 $c\%$,质量为 Q_α。根据质量守恒定律有

$$Q_{合金} \cdot b = Q_L \cdot a + Q_\alpha \cdot c$$

因为

$$Q_{合金} = Q_L + Q_\alpha$$

所以

$$(Q_L + Q_\alpha) \cdot b = Q_L \cdot a + Q_\alpha \cdot c$$

化简后得

$$Q_L / Q_\alpha = (c - b) / (b - a)$$

或

$$Q_{\mathrm{L}} \cdot ab = Q_{\alpha} \cdot bc$$

若把图 3-16(a) 中的 b 点看作是杠杆的支点，a、c 为杠杆的端点，则上述结果便类似于物理学中的杠杆定律，如图 3-16(b) 所示。因此，计算合金中两相相对含量的方法也称为杠杆定律。

在二元系统中用杠杆定律确定相的相对含量只适用于两相区。在两相区 $f=1$，系统只允许有一个独立的变量，这样就可以确定平衡相的相对含量。假若这个独立的变量是温度，那么随着温度的变化，两个平衡相的成分都将随之改变。平衡相的成分随温度变化而变化的状态点的轨迹就是相成分与温度的平衡曲线。

(1) 合金的平衡结晶。

图 3-17 中合金 I 在平衡结晶过程中，当温度高于 t_1 时，合金 I 呈液相，当液体合金缓慢冷却到 t_1 时，液体中开始有成分为 α_1 的固溶体析出。当温度缓慢冷却到 t_2 时，从液体中析出的固溶体成分应为 α_2，与之相平衡的液相成分应为 L_2。这时，在 t_1 析出的 α_1，也通过扩散由 α_1 转变为 α_2。随着温度的下降，结晶继续进行，当温度冷却到 t_3 时，析出的固溶体成分为 α_3，与之相平衡的液体成分为 L_3；t_2 时的 α_2 及液体 L_2，也通过扩散和对流转变为 α_3 和 L_3。温度冷却到 t_4 时，液体完全消失，结晶即告完成。此时固溶体的成分为 α_4，即合金 I 的成分。此后温度继续下降，固溶体的成分不再改变。

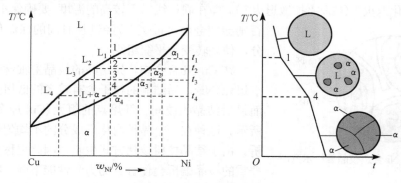

图 3-17　合金 I 的结晶过程

由此可见，固溶体在平衡条件下的结晶过程是在一个温度范围内完成的。在两相共存的相区内，随着温度的降低，两相成分为适应平衡而变比的规律是：固相成分沿固相线变化（$\alpha_1 \rightarrow \alpha_2 \rightarrow \alpha_3 \rightarrow \alpha_4$），液相成分沿液相线变化（$L_1 \rightarrow L_2 \rightarrow L_3 \rightarrow L_4$）。

固溶体的显微组织与纯金属相似，常由呈多面状的晶粒组成。

(2) 合金的非平衡结晶。

根据上述分析，在合金中为了得到成分均匀的固溶体，结晶过程中必须十分缓慢地冷却，以保证原子扩散速度适应于结晶的速度。但是，在生产实际中，往往冷却速度较快，结晶过程中原子扩散来不及充分进行，凝固过程偏离平衡条件，称为非平衡凝固。在非平衡凝固中，液、固两相的成分将偏离平衡相图中的液相线和固相线（图 3-18）。由于固相内组元扩散较液相内组元扩散慢得多，故偏离固相线的程度就大得多。

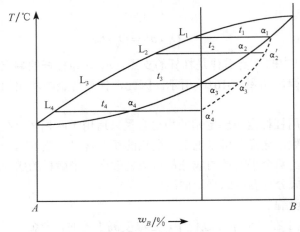

图 3-18　匀晶系合金的不平衡结晶

固相平均成分线和液相平均成分线与固相线和液相线不同，它们和冷却速度有关。冷却速度越快，它们偏离固、液相线越严重；反之，冷却速度越慢，它们越接近固、液相线，表明冷却速度越接近平衡冷却条件。固溶体通常以树枝状生长方式结晶，非平衡凝固导致先结晶的枝干和后结晶的枝间的成分不同，故称为枝晶偏析。由于一个树枝晶是由一个核心结晶形成的，故枝晶偏析属于晶内偏析。枝晶偏析是非平衡凝固的产物，在热力学上是不稳定的，通过"均匀化退火"（或称"扩散退火"），即在固相线以下较高的温度（要确保不能出现液相，否则会使合金"过烧"）经过长时间的保温使原子扩散充分，使之转变为平衡组织。

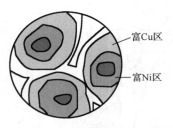

富Cu区

富Ni区

图 3-19　Cu-Ni 合金枝晶偏析示意图

在 Cu-Ni 合金中，先结晶的枝晶主轴含有较多的高熔点组元（Ni），后结晶的枝干含有较多的低熔点组元（Cu），而最后结晶的枝间含低熔点的组元（Cu）最多，如图 3-19 所示。这种在一个晶粒内化学成分的不均匀性称为晶内偏析。由于结晶按树枝状方式生长，因此也称为枝晶偏析。严重的枝晶偏析会使合金的力学性能下降，特别是塑性和韧性显著降低，甚至使合金难以进行压力加工。枝晶偏析也使合金的抗腐蚀性能降低。

合金中的枝晶偏析是一种不平衡的组织状态。如果把这种组织加热到该合金的固相线以下 100~200℃的温度并保温较长时间，使原子充分进行扩散，可达到成分均匀化的目的。这种工艺称为扩散退火。

2. 共晶相图

二组元在液态无限互溶，当冷却到某个温度时，会在该温度下同时结晶出两种成分不同的固相。把液相在恒温下同时结晶出两个固相的转变称为共晶转变，可以表示为

$$L \longrightarrow \alpha + \beta$$

共晶转变的生成物为两个相的机械混合物，称为共晶体。具有共晶转变的合金称为共晶合金。发生共晶转变的二元相图，称为二元共晶相图。Pb-Sn、Pb-Sb、Cu-Ag、Al-Si 等合金系的相图均属于共晶相图，还有许多合金相图中都包含共晶部分。图 3-20 为 Pb-Sn 合金相图。

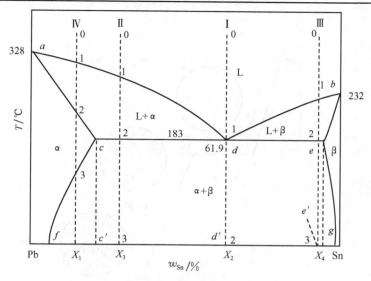

图 3-20　Pb-Sn 合金相图及成分

1）相图分析

相图由 A（Pb）-B（Sn）两种组元组成。adb 线是液相线，$acdeb$ 线是固相线。α 相是以 A 组元为溶剂、B 组元为溶质的固溶体，β 相是以 B 组元为溶剂、A 组元为溶质的固溶体。随着温度的下降，α 相中的 B 组元和 β 相中的 A 组元含量将分别沿 cf 和 eg 减少，所以 cf 为 α 组元在固溶体中的溶解度曲线，eg 为 A 组元在 β 固溶体中的溶解度曲线。α、β 相的溶解度均随温度的降低而减小，过饱和固溶体析出另一相，发生脱溶转变。

相图中有三个单相区，即 L 液相区、α 相区和 β 相区；有三个两相区，即（L+α）、（L+β）和（α+β）。

cde 为共晶线，d 点为共晶点，成分为 d 的液相在 cde 温度发生共晶转变，$L \rightarrow \alpha_c + \beta_e$。成分为 d 点的合金为共晶合金，cd 之间的合金为亚共晶合金，de 之间的合金为过共晶合金。

2）典型合金的平衡结晶过程

（1）共晶合金的结晶过程。

如图 3-20 所示，共晶合金（合金 I）在 d 点温度以上是液相，低于 d 点温度为 α 和 β 两相共存，即合金在 d 点温度发生了共晶转变，$L \rightarrow \alpha + \beta$。转变的产物是两个固相的机械混合组织，称为共晶组织或共晶体。这个转变是在恒温下进行的，所以冷却曲线上出现了平台（图 3-21）。

在图 3-20 中 d 点温度以下降温，共晶组织里 α 相中的 B 组元和 β 相中的 A 组元均呈过饱和状态，会分别析出次生相 α_{II} 和 β_{II}。由于次生相往往同共晶体中的 α 和 β 相毗连，不易分辨，故可忽略。此合金室温时的组织为 α+β（图 3-22）。

（2）亚共晶合金结晶过程。

亚共晶合金（合金 II）从液态缓冷到 1 点时（图 3-20），液相中开始结晶出 α 固溶体，随着温度的降低，α 固溶体数量不断增多，液体量不断减少。同时，α 固溶体的成分与液体的成分分别沿 ac 线和 ad 线变化。当温度降到 2 点（共晶温度）时，α 固溶体的成分为 c 点，剩余液体的成分为 d 点（共晶成分），α 相此时无改变，而剩余液体发生共晶转变。在冷却曲线上也就出现恒温共晶转变的水平台阶（图 3-23），直到液体全部变成共晶体为止。

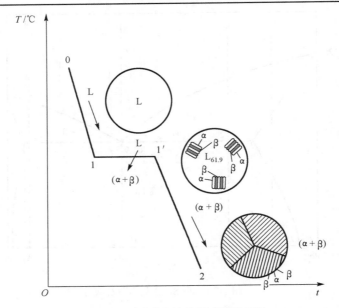

图 3-21　共晶合金的结晶过程示意图

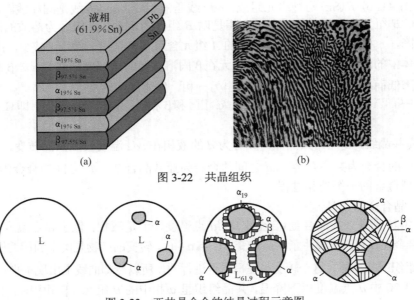

(a)　　　　　　　　　　　　　(b)

图 3-22　共晶组织

图 3-23　亚共晶合金的结晶过程示意图

　　在共晶体转变前，由液体中先结晶出的 α 固溶体称为初生 α 固溶体。共晶转变结束时，合金的组织是初生 $α_c$ 加共晶体($α_c+β_e$)。继续冷却时，初生 α 和共晶体中的 α 及 β 均应按 cf 和 eg 线变化，析出次生相 $β_{II}$ 和 $α_{II}$。其室温组织为初生 $α+β_{II}+(α+β)$。所有亚共晶合金的结晶过程与合金Ⅲ相同，只是共晶体及各相的含量不同而已。

　　(3)过共晶成分的合金(合金Ⅲ)的结晶过程。

　　过共晶合金的平衡结晶过程与亚共晶合金类似，所不同的是初生相不是 α 而是β。其室温组织是初生$β+α_{II}+(α+β)$。

由上述分析可知,亚共晶(或过共晶)合金与共晶合金相比,室温组织中除了共晶体以外,还有初生相存在(图 3-24)。共晶体是比较细密的两相混合物,初生相则相对比较粗大。

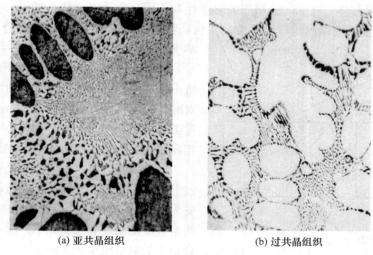

(a) 亚共晶组织   (b) 过共晶组织

图 3-24 亚共晶和过共晶组织

从图 3-20 可以看出,c 点以左合金Ⅳ和 e 点以右的合金结晶过程与匀晶系结晶规律基本相同,只是某些合金在固态下有两次相析出。

为了分析研究组织的方便,常常把合金平衡结晶后的组织直接填写在合金相图上,如图 3-25 所示。这样,相图上所表示的组织与显微镜下所观察到的显微组织能互相对应,便于了解合金系中任一合金在任一温度下的组织状态,以及该合金在结晶过程中的组织变化。

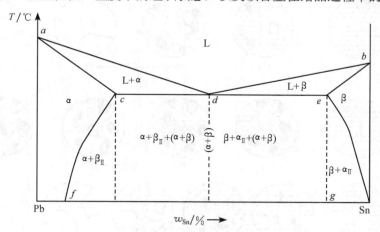

图 3-25 共晶相图中的组织组成物

3. 包晶相图

一个液相与一个固相在恒温下生成另一个固相的转变被称为包晶转变,即 $L+\alpha \rightarrow \beta$。二组元在液态下无限互溶,在固态只生成有限固溶体并发生包晶转变的相图称为包晶相图。图 3-26 为二元包晶相图的一般形式。

包晶相图中有 L、α、β三个单相区，三个两相区，即(L+α)、(L+β)、(α+β)，还有一条三相平衡共存的水平线 cde。在 cde 水平线上发生包晶转变 $L_e+\alpha_c\rightarrow\beta_d$，即 e 点成分的液体和 c 点成分的 α 固溶体，在 cde 线相应的温度相互作用，生成 d 点成分的 β固溶体。c、e 点成分范围内的合金，在结晶过程中都会发生包晶转变。相图中的 cf 和 dg 线分别为 α 和 β的溶解度曲线。

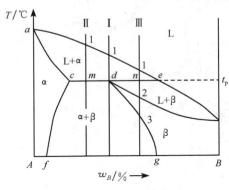

图 3-26　二元包晶相图

如合金 I 缓冷冷至 1 点以下时，液体中有 α析出，温度继续下降，α 量逐渐增加，液体量相对减少，两相成分分别沿 ac 和 ae 线变化。当温度缓冷到稍高于 d 点时，该合金由 e 点成分的液相和 c 点成分的 α 固溶体组成(图 3-27)。

温度降至 d 点时，发生包晶转变 $L_e+\alpha_c\rightarrow\beta_d$。包晶转变结束后，参加转变的液相和固相全部转变为 β固溶体。继续冷却时，由于 A 组元在 B 中的溶解度随温度降低而减小，故不断有 α_{II}析出。合金 I 的室温组织应为 $\beta+\alpha_{II}$。

合金 II 缓冷至 1 点温度时，有 α 相析出。随着温度的下降，α 量逐渐增多，液体呈相对减少趋势，α 相成分沿 ac 变化，液相成分沿 ae 变化。与合金 I 比较，显然合金 II 中 α 相的相对含量较多，故在包晶转变结束后，除形成β相外，尚有 α 相剩余。在随后的冷却过程中，α 相和β相的成分分别沿 cf 和 dg 线变化，析出次生相 β_{II} 和 α_{II}。

合金 III 的结晶过程与合金 II 大体相似，不同的是在包晶转变结束后，尚有部分液相剩余。

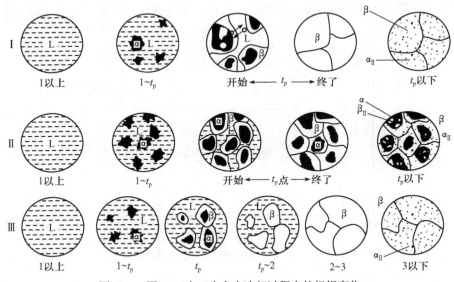

图 3-27　图 3-26 中三合金在冷却过程中的组织变化

4. 其他类型的合金相图

1)含有稳定化合物的二元相图

在一些复杂的二元合金相图中，二组元有时可形成一种或数种稳定化合物(如 A_nB_m)，它们具有严格的成分、固定的熔点，因而在相图上可用一条位于 A_nB_m 的成分点的垂直线来表示（图 3-28 中的 $C—A_nB_m$）。在这类相图中，可把 A_nB_m 视为一个独立组元，将整个相图分成两个简单相图，即对 $A—A_nB_m$ 系和 $A_nB_m—B$ 系的相图分别分析。

2）具有共析转变的二元相图

在二元合金相图中，有时会遇到这样的情况，即在高温时，通过匀晶转变或包晶转变形成固溶体，在冷至某一温度时，固溶体又发生分解而形成两种新的固相，与共晶相图的形式很相似，只不过母相不是液相而是固相，这种相图称为共析相图（图 3-29）。共析转变的产物称为共析体。共析相图中各种成分合金的结晶过程与共晶相图极其相似，但由于共析转变是在固态下进行的，因此与共晶转变有某些不同。

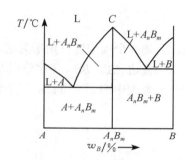

图 3-28　含有稳定化合物的二元相图

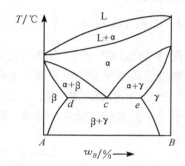

图 3-29　二元共析相图

3.2.3　三元相图的基本知识

在学习了二元系统相图以后，不难理解，二元相图的图形是由系统内两种组分之间相互作用的性质所决定的。三元系统相图内三种组分之间的相互作用，从本质上说，与二元系统相图内组分间的各种作用没有区别，但由于增加了一个组分，情况变得更为复杂，因而其相图图形也要比二元系统复杂得多。

对于三元凝聚系统 $f = C–P+1 = 4–P$，当 $f = 0$，$P = 4$，即三元凝聚系统中可能存在的平衡共存的相数最多为四个。当 $P = 1$，$f = 3$，即系统的最大自由度数为 3。这三个自由度指温度和三个组分中的任意两个的浓度。由于要描述三元系统的状态，需要三个独立变量，其完整的状态图应是一个三坐标的立体图，但这样的立体图不便于应用，实际使用的是它的平面投影图。

1. 三元相图的组成表示方法

三元相图的组成与二元系统一样，可以用质量百分数，也可以用摩尔百分数。由于增加了一个组分，其组成已不能用直线表示。通常是使用一个每条边被均分为 100 等分的等边三角形（浓度三角形）来表示三元系统的组成。图 3-30 是一个浓度三角形。浓度三角形的三个顶点表示三个纯组分 A、B、C 的一元系统；三条边表示三个二元系统 A-B、B-C、C-A

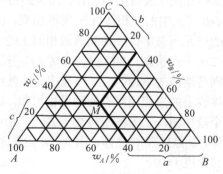

图 3-30　浓度三角形

的组成，其组成表示方法与二元系统相同；而在三角形内的任意一点都表示一个含有 *A*、*B*、*C* 三个组分的三元系统的组成。

设一个三元系统的组成在 *M* 点，该系统中三个组分的含量可以用下面的方法求得：过 *M* 点作 *BC* 边的平行线，在 *AB* 边上得到截距 $a = A\%$；过 *M* 点作 *AC* 边的平行线，在 *BC* 边上得到截距 $b = B\%$；过 *M* 点作 *AB* 边的平行线，在 *AC* 边上得到截距 $c = C\%$。根据等边三角形的几何性质，不难证明：

$$a + b + c = AB = BC = CA = 100\%$$

根据浓度三角形的这种表示组成的方法，不难看出，一个三元组成点越靠近某一角顶，该角顶所代表的组分含量必定越高。

2. **三元立体相图**

图 3-31(a) 是一个最简单三元匀晶系统的立体相图。它是一个以浓度三角形为底，以垂直于浓度三角形平面的纵坐标表示温度的三方棱柱体。三条棱边 *AA'*、*BB'*、*CC'* 分别表示 *A*、*B*、*C* 三个一元系统，*A'*、*B'*、*C'* 是三个组分的熔点，即一元系统中的无变量点；三个侧面分别表示三个简单的二元系统 *A-B*、*B-C*、*C-A* 的状态图。

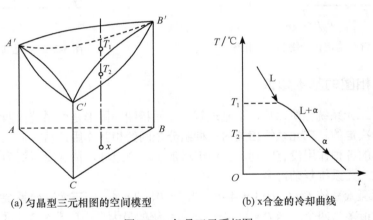

(a) 匀晶型三元相图的空间模型　　(b) x合金的冷却曲线

图 3-31　匀晶三元系相图

图 3-32 为三元共晶相图。E_1、E_2、E_3 为相应的二元共晶点。二元系统中的液相，在三元立体相图中发展为液相面，如 $A'E_1EE_3$ 液相面即是从 *A* 组分在 *A-C* 二元中的液相线 $A'E_1$ 和在 *A-B* 二元中的液相线 $A'E_3$ 发展而来。因而，$A'E_1EE_3$ 液相面本质上是一个饱和曲面，任何富 *A* 的三元高温熔体冷却到该液相面上的温度，即开始析出 *A* 的晶体。所以液相面代表了一种线二相平衡状态。$B'E_2EE_1$、$C'E_3EE_2$ 分别是 *B*、*C* 二组分的液相面。在三个液相面的上部空间则是熔体的单相区。三个液相面彼此相交得到三条空间曲线 E_1E、E_2E 及 E_3E，称为界线。在界线上的液相同时有两种晶相饱和，因此界线代表了系统的三相平衡状态，$f = 4 - P = 1$。三个液相面，三条界线相交于 *E* 点，*E* 点的液相同时对三个组分饱和，冷却时将同时析出 *A* 晶体、*B* 晶体和 *C* 晶体。因此，*E* 点是系统的三元低共熔点。在 *E* 点，系统处于四相平衡状态，自由度 $f = 0$。

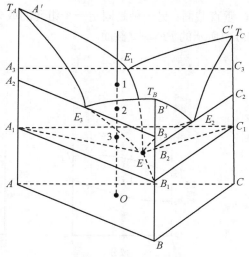

图 3-32　三元共晶相图

3. 等温截面与变温截面

三元系统的立体状态图不便于实际应用，解决的方法是采用等温截面或变温截面来分析。

1）等温截面

等温截面方法是在立体状态图上每隔一定温度间隔作平行于浓度三角形底面的等温截面，这些等温截面与液相面相交，得到许多等温线，然后将其投影到底面并在投影线上标上相应的温度值。如图 3-33（a）所示，截面 EFD 与液相面相交，曲线 L_1L_2 为液相面等温线，而 $\alpha_1\alpha_2$ 为截面 EFD 与固相面相交曲线，称为固相面等温线。在投影图中［图 3-33（b）］，液相面等温线一侧的相区为液相，固相面等温线一侧的相区为单相固溶体，位于液相与固相面等温线之间的相区是液相与固相并存区。不同的温度有不同的等温截面图，其相与固相面等温线的位置也各不相同。

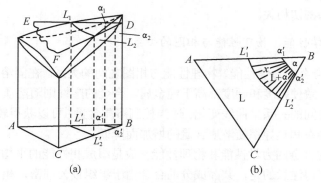

(a)　　　　　　　　　　(b)

图 3-33　匀晶三元相图的等温截面

2）变温截面

变温截面是以垂直于浓度三角形的平面与立体相图相截所得的截面图，如图 3-34 所示。常用的垂直截面有两种：一种是通过浓度三角形的顶点，使其他两顶角的组元成分比例不变，如图 3-34(a)中所示的 BG 垂直截面；另一种是固定一个组元的成分，其他两个组元的成分可以相对变动，如图 3-34(a)中所示的 EF 垂直截面。

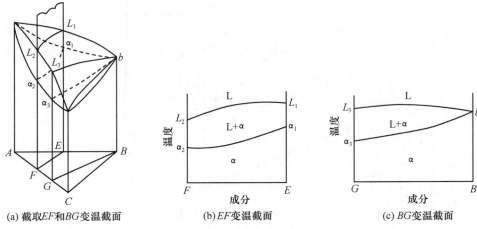

(a) 截取EF和BG变温截面　　　　　(b)EF变温截面　　　　　(c) BG变温截面

图 3-34　匀晶三元相图的变温截面

从变温截面图［图 3-34(a)、(b)］上可以看出合金凝固过程中组织的变化，以及开始凝固温度和凝固终了温度。但必须指出，三元合金相图上的垂直截面与二元合金相图的形状很相似，但是它们之间存在本质上的差别。二元合金相图的液相线与固相线可以用来表示合金在平衡凝固过程中的液相与固相浓度随温度变化的规律，而三元合金相图的垂直截面就不能表示相浓度随温度而变化的关系。因此，在三元合金相图的垂直截面上，不能应用杠杆定律来确定两相的浓度，也不能计算两相的相对含量。

3.2.4　合金的性能与相图的关系

由相图可以看出在一定温度时，合金的成分与其组成相之间的关系，尤其是用组织组成物填写的相图，能更好地反映出任一成分的合金在任一温度时的组织状态。而合金的性能与其成分和组织状态密切相关。

1. 合金的力学性能、物理性能与相图的关系

图 3-35 表示合金的力学性能、物理性能与相图之间的关系。在固溶体中，溶质原子的进入引起晶格畸变，致使强度和硬度都高于纯金属。合金的塑性则随溶质含量的增加而降低。力学性能和成分之间的关系呈曲线变化。适当控制溶质含量，可以获得较高的综合力学性能。固溶体合金的电导率和热导率随溶质含量的增加而降低。

两相混合物的合金的力学性能和物理性能一般是组成相性能的平均值，与合金成分多呈直线关系变化。值得注意的是，共晶成分的合金由于组织较为细密，相界面积增多，其强度和硬度往往高于平均值，如图 3-35 中虚线所示。

2. 合金的工艺性能与相图的关系

合金的某些工艺性能与相图间也有密切的关系。图 3-36 表明了合金的铸造性能与相图的关系。

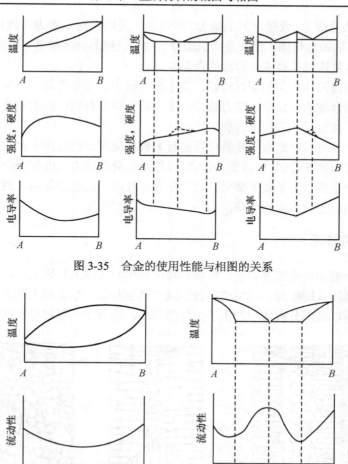

图 3-35　合金的使用性能与相图的关系

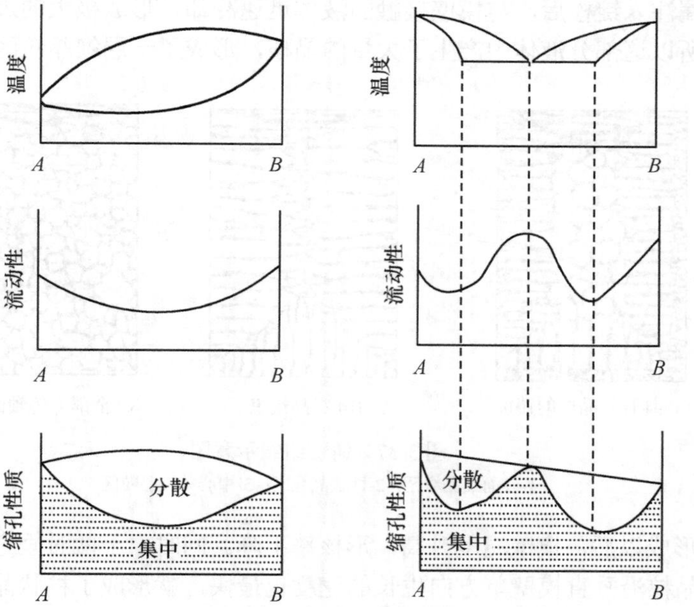

图 3-36　合金的铸造性能与相图的关系

　　合金铸造成型的难易程度称为铸造性能，主要表现为流动性、收缩性及偏析等。合金的铸造性能，首先取决于液相线与固相线之间的间距。间距越大，结晶时固、液两相共存的时间越长，成长起来的大量枝晶会阻碍液体的流动，使合金溶液变得黏稠，从而降低合金的流动性；另外，由于枝晶相互交错，形成许多封闭的微小区域，金属结晶收缩时得不到液体的补充，会造成分散缩孔，使铸件组织疏松。液、固相线间的距离越大，初晶与剩余液体的浓度差也越大，铸件冷却时均匀扩散越困难，因而偏析越严重。液、固相线间的距离越大，先结晶部分与后结晶部分体积收缩不同，容易产生内应力，甚至造成热裂纹。综上所述，合金相图中固相线与液相线间距越大，铸造性能越差。

　　纯金属和共晶成分(或接近共晶成分)的合金，是在恒温或接近恒温的条件下完成结晶的，因而有很好的铸造性能。尤其是共晶成分的合金，结晶温度越低，铸造性能越好。因此，铸造合金应当尽量选用共晶成分附近的合金。

　　相图中单相固溶体合金的塑性较好、变形抗力较小、变形均匀、不易开裂，故压力加工性能好。两相混合物的合金变形能力较差，特别是其中含有硬而脆的相又呈网状分布时，其变形能力更差，甚至无法进行压力加工。

　　根据相图，还可以确定合金是否可以进行某种热处理。当相图中存在固态溶解度变化曲线或具有同素异构转变(如共析转变)时，可以通过热处理的方式改变合金的组织，从而改变其性能。如果合金在固态不发生变化、只能在固相线以下的温度加热，通过扩散退火来消除成分偏析，而不能进行其他热处理。

3.2.5　铸锭的凝固

　　金属铸锭一般由表面细晶粒区、柱状晶粒区和中心等轴晶粒区三个部分组成，如图3-37所示。液体金属注入锭模后，与模壁接触的液体迅速冷却，形成极大的过冷度，模壁又促进非自发形核，所以这部分液体中产生了大量的晶核，形成了一层细晶粒区。

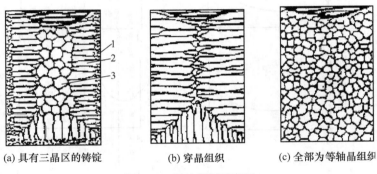

　　　(a) 具有三晶区的铸锭　　　　　　(b) 穿晶组织　　　　　　　(c) 全部为等轴晶组织

图 3-37　铸锭组织示意图

1-表面细晶粒区；2-柱状晶粒区；3-中心等轴晶粒区

　　细晶粒区形成以后，模壁温度升高，形核率下降。同时由于此时垂直模壁方向的散热速度最快，因此晶粒沿垂直模壁单方向生长的速度也最快，就形成了柱状晶粒区。

　　液体金属中未熔的杂质和柱状晶中被冲断的枝晶都会成为最后结晶的核心。此时由于液体必须通过柱状晶粒区和模壁向外散热，散热速度越来越慢，散热的方向性也越来越不明显，因此晶核间各方向的生长速度几乎相等，从而形成了中心等轴晶粒区。

　　控制结晶条件，可以改变三个晶粒区的相对大小和晶粒的大小。甚至可以获得只有一个或两个晶粒区的铸锭组织。

　　如果柱状晶贯穿整个铸锭，称为穿晶组织。柱状晶平行排列使铸锭呈现各向异性，不同方向的柱状晶交界处集中较多的杂质而形成铸锭中的薄弱界面，因此金属铸锭一般不希望得到穿晶组织。但是柱状晶组织致密，性能优良，某些具有良好塑性的高纯度有色金属铸锭希望得到更多的柱状晶组织。

3.3　铁碳合金平衡态的相变

钢与铸铁是现代工业中应用最广泛的合金，由于其他合金元素的加入，钢和铸铁的成分不一、品种很多。尽管如此，其基本组成还是铁和碳两种元素，因此，研究钢和铸铁时，首先要了解简单的铁碳二元合金的组织与性能。

3.3.1　Fe-Fe₃C 相图分析

铁与碳可以形成 Fe_3C、Fe_2C、FeC 等多种稳定化合物。因为含碳量大于 5% 的铁碳合金在工业上没有应用价值，所以在研究铁碳合金时，仅研究 Fe-Fe₃C 部分。图 3-38 为 Fe-Fe₃C 相图。

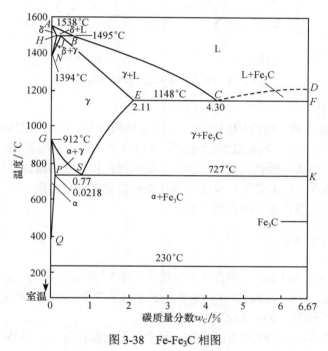

图 3-38　Fe-Fe₃C 相图

铁碳合金中的碳可以有两种存在方式，即渗碳体(Fe_3C)或石墨。在通常情况下，铁碳合金是按 Fe-Fe₃C 系统进行转变，但 Fe_3C 实际上是一个亚稳定相，在一定条件下可以分解为铁的固溶体和石墨。因此，铁碳相图常表示为 Fe-Fe₃C(实线)和 Fe-石墨(虚线)双重相图。在这里我们仅分析 Fe-Fe₃C 相图。

1.　铁碳合金中的组元及相

1)纯铁

纯铁熔点为 1538℃。温度变化时会发生同素异构转变。在 912℃以下为体心立方，称 α铁(α-Fe)；912～1394℃为面心立方，称为γ铁(γ-Fe)；在 1394～1538℃(熔点)为体心立方，被称为δ铁(δ-Fe)。

低温的铁具有铁磁性，在770℃以上铁磁性趋于消失。

2）铁的固溶体

碳溶解于α铁或δ铁中形成的固溶体为铁素体［图3-39（a）］，用α或δ表示（或F表示）。碳在铁素体中的最大溶解度为0.0218%。

碳溶解于γ铁中形成的固溶体称为奥氏体［图3-39（b）］，用γ表示（或A表示）。碳在奥氏体中的最大溶解度为2.11%。

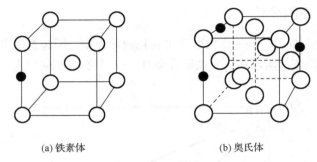

　　　　　（a）铁素体　　　　　　　　　　　（b）奥氏体

图3-39　碳原子溶入铁素体与奥氏体晶格

3）Fe_3C（渗碳体）

Fe_3C具有复杂的斜方结构（图1-23），无同素异构转变。Fe_3C在230℃以下具有铁磁性，在230℃以上铁磁性消失。Fe_3C的硬度很高，塑性几乎为零，是脆硬相。Fe_3C在钢和铸铁中可呈片状、球状、网状、板状，它是碳钢中主要的强化相。它的量、形状、分布对钢的性能影响很大。渗碳体在一定条件下，可能分解形成石墨状态的自由碳，即$Fe_3C \longrightarrow 3Fe+C$（石墨），这种现象在铸铁及石墨钢生产中有重要意义。

2. Fe-Fe_3C相图分析

如图3-38所示，Fe-Fe_3C相图有5个单相区，即L（液相）、δ、γ、α、Fe_3C；7个两相区，即L+δ、L+γ、δ+γ、γ+α、γ+Fe_3C、L+Fe_3C和α+Fe_3C；3个三相区，即L+δ+γ（HJB水平线）、L+γ+Fe_3C（ECF水平线）、α+γ+Fe_3C（PSK水平线）。

ABCD为液相线，AHJECF为固相线。整个相图主要由包晶、共晶、共析3个恒温转变所组成。

（1）HJB——包晶线（1495℃），含碳量在0.09%（H点）～0.53%（B点）的铁碳合金冷却到此线时发生包晶转变：$L_B + δ \longrightarrow γ_J$，转变产物为奥氏体。

（2）ECF——共晶线（1148℃），含碳量在2.11%（E点）～6.69%（Fe_3C）的铁碳合金冷却到此线时发生共晶转变：$L_C \longrightarrow γ_E + Fe_3C$，转变产物为奥氏体与渗碳体的机械混合物，称为莱氏体（L_D）。

（3）PSK——共析线（727℃），又称为A_1线。含碳量大于0.0218%的铁碳合金冷却到此线时发生共析转变：$γ_K \longrightarrow α_P + Fe_3C$，转变产物为铁素体与渗碳体的机械混合物，称为珠光体（P）。

Fe-Fe_3C相图中还有4条重要的固态转变线。

（1）GS 线（A_3 线）是铁碳合金由奥氏体中开始析出铁素体或铁素体全部溶入奥氏体的转变线。

（2）ES 线（A_{cm} 线）是碳在奥氏体中的固溶线。低于此温度，奥氏体中将析出渗碳体，称为二次渗碳体，记作 Fe_3C_{II}，以区别液相中经 CD 线析出的一次渗碳体 Fe_3C_I。

（3）GP 线是碳在铁素体（α）中的固溶度线。在 $\alpha+\gamma$ 两相区，温度变化时，铁素体中的含碳量沿这条线变化。

（4）PQ 线是碳在铁素体（α）中的固溶度线（共析温度以下）。在 727℃时，铁素体含碳量为 0.0218%，在 600℃时仅为 0.008%，因此，温度下降时铁素体中将析出渗碳体，称为三次渗碳体（Fe_3C_{III}）。

770℃是铁素体的磁性转变温度（居里温度），常称为 A_2 温度，230℃水平虚线表示渗碳体的磁性转变温度，常称为 A_0 温度。

3.3.2　铁碳合金在平衡状态下的结晶

通常按有无共晶转变来区分钢和铸铁。含碳量在 0.0218%～2.11%的铁碳合金无共晶转变，有共析转变，称为钢。含碳量大于 2.11%的铁碳合金有共晶反应，称为铸铁。含碳量小于 0.0218%的铁碳合金则称为工业纯铁。

根据组织特征可将铁碳合金分为 7 种：①工业纯铁（0.0218%C）；②共析钢（0.77%C）；③亚共析钢（0.0218%～0.77%C）；④过共析钢（0.77%～2.11%C）；⑤共晶铸铁（4.30%C）；⑥亚共晶铸铁（2.11%～4.30%C）；⑦过共晶铸铁（4.30%～6.69%C）。

按 Fe-Fe₃C 相图结晶的铸铁，称为白口铸铁；按 Fe-石墨相图结晶的铸铁，称为灰口铸铁。本节中涉及的铸铁都是白口铸铁。以下对典型铁碳合金（图 3-40）在平衡状态下的结晶进行分析。与图 3-40 典型铁碳合金结晶相对应的冷却曲线如图 3-41 所示。

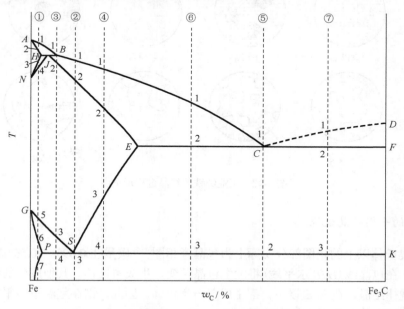

图 3-40　典型铁碳合金在 Fe-Fe₃C 相图中的位置

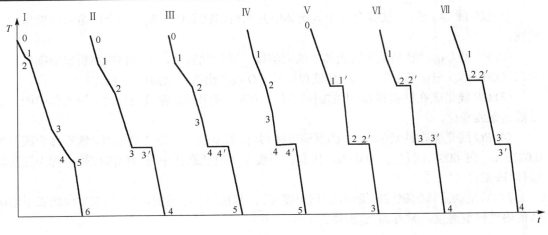

图 3-41

1. 工业纯铁的平衡结晶过程

如图 3-42 所示，工业纯铁（合金①）溶液在 1～2 点温度区间按匀晶转变结晶出 δ 固溶体。δ 固溶体冷却到 3 点时发生固溶体的同素异构转变，δ ——→ γ，γ 不断地在 δ 固溶体的晶界上形核并长大，这一转变在 4 点结束，合金全部呈单相 γ。冷却到 5～6 间又发生同素异构转变 γ ——→ α，α 同样在 γ 的晶界形核并长大，6 点以下全部是铁素体。冷却到 7 点时，碳在铁素体中的溶解量达到饱和，将从铁素体中析出三次渗碳体 Fe_3C_{III}。

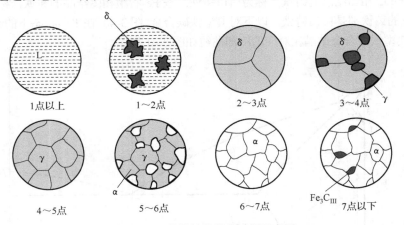

图 3-42　工业纯铁的结晶过程示意图

2. 钢的平衡结晶过程

钢的奥氏体以上的相图部分实际上为包晶类相图。含碳量在 0.09%～0.53% 的钢溶液在平衡结晶中，在包晶线（*HJB* 水平线）将发生包晶转变，生成奥氏体。其他成分的钢溶液将按匀晶转变的规律结晶，在 *NJE* 以下，都生成单一奥氏体。因此，钢在室温下的平衡组织主要取决于奥氏体以下的平衡固态相变过程。

1)共析钢

在图 3-40 中，共析钢(合金②)奥氏体在 S 点温度(727℃)发生共析转变，转变产物为珠光体。从组织上看，共析钢的组织为 100%的珠光体。根据杠杆定理可求出珠光体中铁素体和渗碳体的相对量分别为 $Q_\alpha = 88\%$ 与 $Q_{Fe_3C} = 11.3\%$。

共析钢结晶过程如图 3-43 所示。

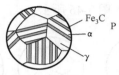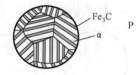

图 3-43　共析钢结晶过程示意图

珠光体一般都是在晶界成核，然后向晶体内推进(图 3-44)。珠光体的形成包含着两个同时进行的过程：一个是通过碳的扩散生成高碳的渗碳体和低碳的铁素体；另一个是晶体点阵的重构，由面心立方的奥氏体转变为体心立方点阵的铁素体和复杂单斜点阵的渗碳体。渗碳体的生长是碳从奥氏体通过铁素体扩散至渗碳体前沿的过程，其中也有铁的扩散。

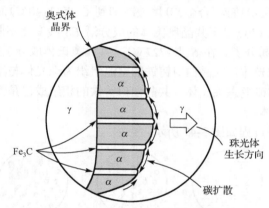

图 3-44　珠光体形成过程示意图

2)亚共析钢

从图 3-40 可以看出，亚共析钢(合金③)奥氏体冷却到 3 点温度开始析出先共析铁素体，随温度下降铁素体不断增多，其含碳量沿 GP 线变化，剩余的奥氏体的成分则沿 GS 线变化。当温度达到 S 点(727℃)时，剩余奥氏体发生共析转变，形成珠光体。在 S 点温度以下，共析铁素体中脱溶出三次渗碳体，但其数量很少，可以忽略。该合金的室温组织为先共析铁素体加珠光体(α+P)。室温下合金的相组成仍是铁素体和渗碳体两相。

由于亚共析钢的含碳量很少，通常用下式估计亚共析钢的含碳量：

$$w_C\% = 0.77Q_P \qquad (珠光体相对含量)$$

亚共析钢结晶过程如图 3-45 所示。

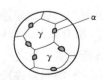

图 3-45　亚共析钢结晶过程示意图

3) 过共析钢

据图 3-40, 过共析钢(合金④)奥氏体冷却到 3 点开始从奥氏体中析出二次渗碳体 Fe_3C_{II}。随着温度的降低, 奥氏体不断析出二次渗碳体, 剩余奥氏体的成分沿 ES 线变化。当温度达到 4 点(727℃)时, 奥氏体在恒温下发生共析转变而形成珠光体, 最后得到的组织是 $P+Fe_3C_{II}$ (网状)。

过共析钢结晶过程如图 3-46 所示。

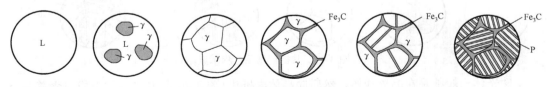

图 3-46　过共析钢结晶过程示意图

3. 白口铸铁的平衡结晶过程

图 3-40 中, 共晶白口铸铁(合金⑤)熔液冷却到 C 点(1148℃)时, 在恒温下发生共晶转变得到莱氏体。冷却到 C 点以下共晶奥氏体的成分沿 ES 线变化不断析出 Fe_3C_{II}, 它通常依附在共晶 Fe_3C 上而不易分辨。在 S 点(727℃), 共晶奥氏体成分正好为 0.77%C, 发生共析转变, 奥氏体转变为珠光体。共晶白口铸铁的室温组织为珠光体与渗碳体的机械混合物, 称这种组织为低温莱氏体或变态莱氏体。共晶白口铸铁的相组成也是铁素体和渗碳体, 其组织则为 100%的低温莱氏体。

共晶白口铁的结晶过程如图 3-47 所示。

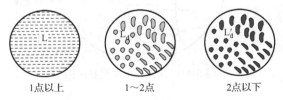

| 1点以上 | 1～2点 | 2点以下 |

图 3-47　共晶白口铁的结晶过程示意图

亚共晶白口铁的结晶过程如图 3-48 所示。

亚共晶白口铸铁(合金⑥)从液态冷却到 1 点温度时, 液相中开始结晶出初晶奥氏体; 在 1 点与 2 点之间, 随着温度下降, 奥氏体量不断增加, 其成分沿固相线 JE 线变化, 而剩余液相量逐渐减少, 其成分沿液相线 BC 线变化; 当冷却到 2 点温度时, 初晶奥氏体的成分变为 2.11%, 液相碳的质量分数正好是共晶成分, 因此剩余液相发生共晶转变而形成莱氏体, 而初晶奥氏体不变; 在 2 点到 3 点间冷却时, 初晶奥氏体与共晶奥氏体中, 均不断析出二次渗碳体 Fe_3C_{II}, 在 3 点的温度时, 这两种奥氏体均发生共析转变而形成珠光体; 从 3 点继续冷却到室温, 组织基本不变。故亚共晶白口铸铁室温平衡组织为初晶奥氏体转变成的珠光体 P、二次渗碳体 Fe_3C_{II} 和低温莱氏体 L'_d。所有亚共晶白口铸铁的结晶过程均相似, 只是合金成分越接近共晶成分, 室温组织中低温莱氏体量越多; 反之, 由初晶奥氏体转变成的珠光体量越多。

过共晶白口铸铁(合金⑦)从液态冷却到 1 点的温度时, 液相开始结晶出一次渗碳体 Fe_3C_I;

在 1 点与 2 点之间，随着温度的下降，一次渗碳体量不断增加，剩余液相量逐渐减少，其成分沿 CD 线改变；当温冷却到 2 点温度时，液相的成分正好是共晶成分，因此剩余的液相发生共晶转变而形成莱氏体；在 2 点与 3 点之间冷却，奥氏体中同样要析出二次渗碳体 Fe_3C_{II}，在 3 点的温度时，奥氏体发生共析转变而形成珠光体。故过共晶白口铸铁在室温平衡组织为一次渗碳体 Fe_3C_I 和低温莱氏体 L_d'。所有过共晶白口铸铁的结晶过程均相似，只是合金成分越接近共晶成分，室温组织中的低温莱氏体量越多；反之，一次渗碳体量越多。

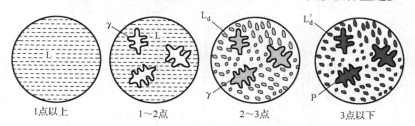

图 3-48　亚共晶白口铁结晶过程示意图

过共晶白口铁的结晶过程如图 3-49 所示。

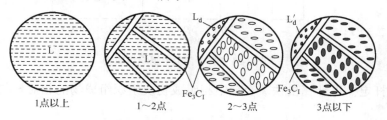

图 3-49　过共晶白口铁结晶过程示意图

图 3-50 给出了典型铁碳合金的金相组织，其组织组成物变化见图 3-51。随含碳量增高，其组织发生如下变化：

$$\alpha+Fe_3C_{III} \longrightarrow \alpha+P \longrightarrow P \longrightarrow P+Fe_3C_{II} \longrightarrow P+Fe_3C_{II}+L_d \longrightarrow L_d \longrightarrow Fe_3C_{III}+L_d$$

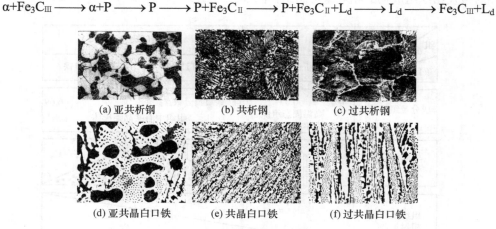

(a) 亚共析钢　　　　　　(b) 共析钢　　　　　　(c) 过共析钢

(d) 亚共晶白口铁　　　　(e) 共晶白口铁　　　　(f) 过共晶白口铁

图 3-50　铁碳合金的金相组织

此外，当含碳量增高时，不仅其组织中的渗碳体的数量增加，而且渗碳体的分布和形态也在发生变化：Fe_3C_{III}（沿铁素体晶界分布的基片）$\longrightarrow$ 共析 Fe_3C（分布在铁素体内的片层状)——→Fe_3C_{II}(沿奥氏体晶界呈网状分布)——→共晶 Fe_3C(为莱氏体的基体)——→Fe_3C_I
(分布在莱氏体上的粗大片状)。

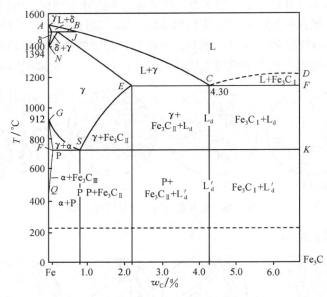

图 3-51　铁碳合金中组织组成物

　　根据杠杆定律可计算出铁碳合金中相组成物及组织组成物的相对量与含碳量之间的
关系。

　　由以上分析可知,铁碳合金不管其成分如何,其室温下的相组成都是铁素体和渗碳体。
但随着成分的不同,合金经历的转变不同,因而相的相对量、形态、分布差异很大,也就是
说,不同成分的铁碳合金的组织有很大的差异。不同成分的铁碳合金的室温组织中,组成相
的相对量及组织组成物的相对量可总结在图 3-52 中。

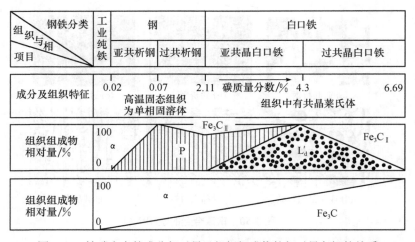

图 3-52　铁碳合金的成分相对量及组织组成物的相对量之间的关系

3.3.3　碳和其他元素对碳钢组织和性能的影响

碳是碳钢的合金元素，碳钢中还不可避免地存在一些其他元素，它们对碳钢的组织和性能也有不可忽视的影响。

1. 含碳量对力学性能的影响

亚共析钢随含碳量的增加，珠光体数量增多，因而强度、硬度上升，而塑性、韧性下降。过共析钢除珠光体外还有二次渗碳体，其性能受到二次渗碳体的影响。当含碳量小于 1.0%时，二次渗碳体一般还不连成网状；当含碳量大于 1.0%以后，二次渗碳体呈连续网状，含碳量越高渗碳体网越厚，钢的脆性越大。

图 3-53 为含碳量对力学性能的影响。

2. 锰的影响

锰在碳钢中的含量一般为 0.25%～0.8%，是作为脱氧去硫的元素加入钢中的，在钢中锰属于有益元素。对镇静钢(冶炼时用强脱氧剂硅和铝脱氧的钢)，锰可以提高硅和铝的脱氧效果。作为脱硫元素，锰和硫形成硫化锰，在相当大程度上消除了硫的有害影响。

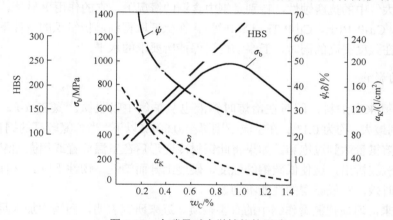

图 3-53　含碳量对力学性能的影响

锰溶于铁素体引起固溶强化，并使钢材在热轧后的冷却过程中得到比较细而且强度高的珠光体，珠光体的含量也有所增加。在 Mn 含量小于 0.8%的情况下，每增加 0.1%Mn，热轧钢强度增加 7.8～12.7MPa，屈服点增加 7.8～9.8MPa，而伸长率减少 0.4%。

3. 硅的影响

硅在碳钢中含量小于 0.50%，也是钢中的有益元素。在沸腾钢(以锰为脱氧剂)中，硅含量很低(小于 0.05%)；在镇静钢中，硅作为脱氧元素，硅增大钢液的流动性。硅除形成夹杂物外还溶于铁素体中，能提高钢的强度而塑性、韧性下降不明显。但硅含量超过 0.8%时，钢的塑性和韧性显著下降。

4. 硫的影响

一般来说，硫是钢中的有害元素，它是炼钢中不能除尽的杂质。硫在固态铁中溶解度极小，它能与铁形成低熔点的共晶体。这种低熔点的共晶体在钢的热加工（锻造、轧制）时容易导致开裂，这种现象称为钢的"热脆"或"红脆"。含硫量高的钢铸件，在铸造应力作用下也易发生热裂。

工业上对钢中的硫要严格限制，规定优质钢中硫不得超过 0.04%，普通碳钢中硫也不得超过 0.055%。

5. 磷的影响

一般来说，磷是有害的杂质元素，它主要来源于炼钢原料。磷在纯铁中有相当大的溶解度。磷能提高钢的强度，但使其塑性和韧性降低，特别是它使钢的脆性转变温度急剧升高，即增大了钢的低温脆性，这是磷对钢的最大危害性。由于磷的有害影响，同时考虑磷有比较大的偏析，对其含量要严格限制。普通碳素钢含磷量不大于 0.045%，优质碳素钢不大于 0.04%，高级优质碳素钢不大于 0.035%。

在含碳量比较低的钢中，磷的危害较小，这种情况下可以利用磷来提高钢的强度。磷还可提高钢在大气中的抗腐蚀性，特别是钢中含铜的情况下，它的作用更显著。磷和其他元素合理配合（如 Cu-P-稀土、Cu-P-Ti、Cu-P 等），在保证取得细晶粒组织的条件下，磷的冷脆得到抑制，故在强度提高的同时，低温韧性仍保持所要求的水平。

6. 氮的影响

钢中的氮来自炉料，同时在冶炼时钢液也从炉气中吸收氮。氮在 α-Fe 中的溶解度在 590℃时达到最大，约为 0.1%，在室温下则降至 0.001%以下。当含氮较高的钢自高温快冷时，铁素体中的溶氮量达到过饱和。如果将此钢材冷变形后在室温放置或稍微加温时，氮将以氮化物的形式沉淀析出，这使低碳钢的强度、硬度上升而塑性、韧性下降。这种现象称为机械时效或应变时效，对低碳钢的性能不利。

长期以来，习惯把氮看作钢中的有害杂质。近来研究表明，向钢中加入足够数量的铝，采用适当的工艺使铝和氮结合成 AlN，可以减弱甚至消除氮引起的应变时效现象。弥散的 AlN 可以阻止钢在加热时奥氏体晶粒的长大，从而获得本质细晶粒钢。另外，在低碳钢中存在钒、铌等元素时，可以形成特殊氮化物 VN、NbN，使铁素体基体强化并细化晶粒，钢的强度和韧性可以显著提高。此外，某些耐热钢也常把氮作为一种合金元素。

7. 氢的影响

在冶炼过程中，锈蚀含水的炉料可将氢带入钢液中，钢液也可从炉气中直接吸收氢。钢材在含氢的还原性保护气体中加热时，酸洗去锈时或电镀时都可使固态钢吸收氢。吸收的氢不断从表面向内部扩散。氢以离子或原子形式溶入液态或固态的钢中，溶入固态的钢中时形成间隙固溶体。钢中的氢虽然量甚微，但对钢的危害很大。氢对钢的危害表现在两个方面：一是氢溶入钢中使钢的塑性和韧性降低，引起所谓"氢脆"；二是当原子态氢析出（变成分子氢)时造成内部裂纹性质的缺陷。白点是这类缺陷中最突出的一种。具有白点的钢材其横向试面经腐蚀后可见丝状裂纹(发纹)。纵向断口则可见表面光滑的银白色的斑点，形状接近圆形或椭圆，直径一般在零点几毫米至几毫米或更大。具有白点的钢一般是不能使用的。

一方面，为了防止氢脆、白点，应采取措施防止氢进入钢中；另一方面，可对零件特别是大件进行去氢退火处理。

8. 氧的影响

氧在钢中的溶解度很小，几乎全部以氧化物形式存在，如 FeO、Fe_2O_3、Fe_3O_4、SiO_2、MnO、Al_2O_3、CaO、MgO 等，而且往往形成复合氧化物或硅酸盐。这些非金属夹杂物的存在会使钢的性能下降，影响程度与夹杂物的大小、数量、分布有关。

3.3.4　Fe-Fe$_3$C 相图的应用

相图表达了合金在不同的温度下各相之间的平衡关系，比较清晰地反映了合金的相变过程和组织转变规律，反映了合金系的成分、外部处理条件与组织、性能之间的关系，因此，它为材料的选用与加工工艺制定提供了可靠依据。

1. 选材料方面的应用

由铁碳合金成分、组织、性能之间的变化规律，可以根据零件的服役条件来选择材料。例如，要求有良好的焊接性能和冲压性能的零部件，应选用组织中铁素体较多、塑性好的低碳钢制造；对于一些要求具有综合力学性能(强度、硬度和塑性、韧性都较高)的构件，如齿轮、传动轴等应选用中碳钢制造；高碳钢主要用来制造弹性零件及要求高硬度、高耐磨性的工具、磨具、量具等；对于形状复杂的箱体、机座等可选用铸造性能好的铸铁来制造。

2. 制定热加工工艺方面的应用

图 3-54 所示为根据 Fe-Fe$_3$C 相图制定热加工工艺。在铸造生产方面，根据 Fe-Fe$_3$C 相图可以确定铸钢和铸铁的浇铸温度。浇注温度一般在液相以上 150℃ 左右。另外，从相图中还可看出接近共晶成分的铁碳合金熔点低、结晶温度间隔小，因此，它们的流动性好，分散缩孔少，可能得到组织致密的铸件。所以，铸造生产中，接近共晶成分的铸铁得到较广泛的应用。

在锻造生产方面，钢处于单相奥氏体时，塑性好，变形抗力小，便于锻造成型。因此，钢材在热轧、锻造时要将钢加热到单相奥氏体区。一般碳钢的始锻温度为 1250～1150℃，而终锻温度在 800℃ 左右。

在焊接方面可根据 Fe-Fe$_3$C 相图分析低碳钢焊接接头的组织变化情况。

各种热处理方法的加热温度的选择也需参考Fe-Fe$_3$C 相图，有关内容将在后续章节中讨论。

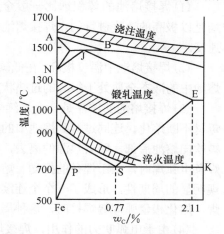

图 3-54　根据 Fe-Fe$_3$C 相图制定热加工工艺

3.4　金属焊接时的结晶与相变

熔化焊时，在热源的作用下，被焊金属——母材发生局部熔化，熔化的金属形成具有一定几何形状的液体金属称为焊接熔池(图 3-55)。焊接熔池液态金属的结晶形态，以及其冷却过程中的组织变化，是决定焊接接头性能的重要因素。一些焊接缺陷如气孔、成分偏析、夹杂、结晶裂纹等也是在结晶过程中产生的。因此，了解和掌握焊接熔池结晶过程的特点、焊缝金属组织转变规律，以及有关缺陷产生的机理和防止措施，对保证焊接质量有着十分重要的意义。

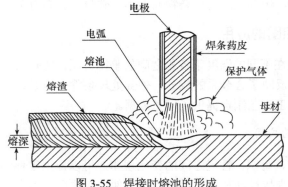

图 3-55　焊接时熔池的形成

3.4.1　焊接熔池结晶的特点

焊接熔池的结晶过程与一般冶金和铸造时液态金属的结晶过程并无本质上的差别，因此，它也服从液相金属凝固理论的一般规律。但是与一般冶金和铸造结晶过程相比，焊接熔池的结晶过程还具有以下特点。

(1)焊接熔池的体积远比一般金属冶炼和铸造时小得多。在焊接熔池中，金属的凝固均是以极高的速度进行的。焊接熔池的冷却速度可达 4~100℃/s，远远超过一般铸锭的冷却速度。

(2)焊接熔池中温度极高，在低碳钢和低合金钢电弧焊时，熔池温度可达(1770±100)℃。熔池中的液态金属处于很高的过热状态，而一般炼钢时，其浇铸温度仅为 1550℃左右。

(3)焊接熔池的结晶是一个连续熔化、连续结晶的动态过程。处于热源移动方向前端的母材不断熔化，连同过渡到熔池中的填充金属(焊条芯或焊丝)熔滴一起在电弧吹力作用下，被吹向熔池后部。随着热源的离去，吹向熔池后部的液态金属开始结晶凝固，形成焊缝。在焊条电弧焊时，由于焊条的摆动、熔滴的过渡及电弧吹力的波动，液态金属吹向熔池后部呈现明显的周期性，形成了一个个连续的焊波，同时在焊缝表面形成了鱼鳞状波纹。但在埋弧焊、熔化极氩弧焊等焊接时，这种周期性的焊波不明显，焊缝表面光滑。

(4)由于电弧吹力的作用，焊接熔池中的液态金属处于强烈湍流状态，焊缝金属成分混合良好。但是，熔池中也易混入杂质，同时母材的熔化对焊缝金属有稀释作用。

(5)焊接熔池是以等速随同热源一起移动的。熔池的形状，也就是液相等温面所界定的区域，在焊接过程中一般保持不变。焊接熔池中的结晶具有强烈方向性，并且与焊接热源的移动速度密切相关。

焊接熔池结晶过程的上述特点，使其在液态金属的形核、晶粒生长和结晶形态等方面均与一般铸造状态有所不同。在焊接熔池结晶时，由于冷却速度快，熔池体积小，一般不存在自发晶核的结晶过程，而主要是以非自发晶核进行的。在焊接熔池中，有两种现成的固相表面：一种是悬浮于液相中的杂质和合金元素质点，另一种是熔池边缘母材熔合区中半熔化状态的母材晶粒。一般情况下，焊缝金属的成分与母材很接近。

由熔合区母材半熔化晶粒外延生长的晶粒，总是沿着温度梯度最陡的方向，即与最大散热方向相反的方向生长(图 3-56)。从宏观上看，其主要以弯曲状的柱状晶生长，但在焊缝中心和上部也往往存在少量等轴晶。

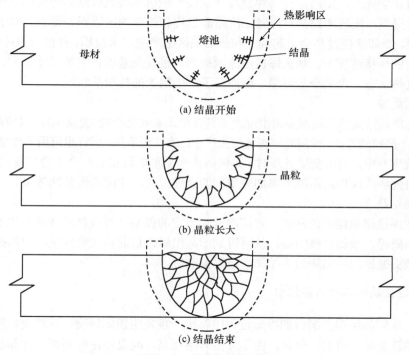

图 3-56　焊缝的结晶过程

3.4.2　焊缝金属的结晶组织

由焊接熔池液态金属凝固后得到的焊缝金相组织称为一次结晶组织。在焊缝继续冷却过程中，一次结晶组织还会继续进行相变，焊缝冷却到室温所得到的最终组织称为二次结晶组织。它与一次结晶组织既有密切关系，又取决于其相变过程特点。因此，焊接接头的性能与一次结晶组织和二次结晶组织均有密切关系。调整改善焊缝金属组织，对于保证焊接质量起着重要作用。

1. 焊缝金属的一次结晶组织

一般情况下，焊缝的一次结晶组织是由焊缝边缘向焊缝中心弯曲生长的粗大柱状晶组织。这种组织的晶粒粗细对焊缝金属的各项性能均有很大影响，尤其影响焊缝的冲击韧性。焊缝晶粒越粗大时，其冲击韧性在各种温度下均低于细晶粒时的冲击韧性，特别是低温塑性更差。对于高强钢来说，焊缝冲击韧性对晶粒粗细的敏感性就更强。

由于焊缝的一次结晶组织对焊缝性能有很大影响，所以，改善和调整焊缝的一次结晶组织十分重要。改善焊缝一次结晶组织的途径主要有如下几种。

1) 调整焊接工艺参数

焊接工艺参数对焊缝一次结晶组织的影响，如前所述，主要是由于它们影响焊接熔池中的温度梯度、熔池的冷却速度、晶粒的生长速度及熔池的尺寸形状。此外，焊接工艺参数对熔池中化学冶金反应的影响，也会使焊缝中化学成分发生改变，进而影响到熔池的结晶形态。

在焊缝化学成分一定时，提高焊缝冷却速度一般可以得到较细的焊缝结晶组织。但是，冷却速度的提高，还应考虑其对焊缝二次结晶过程和热影响区组织的影响。对于易淬火的相变重结晶钢，冷却速度过高会引起焊缝和热影响区中产生淬火组织，甚至导致冷裂纹等缺陷。

在一定的焊接速度下，加大焊接电流或提高焊接线能量均使熔池尺寸加大，熔池处于较高温度的过热状态，焊缝冷却缓慢，因而易于产生粗大的柱状晶组织。

2) 变质处理

变质处理是指向熔池液态金属中过渡少量合金元素或化合物（变质剂），以控制熔池结晶过程，得到细小晶粒的方法。变质处理在铸造生产中已有广泛应用，同样也可用于焊缝金属的改善。

在焊接生产中，采用变质处理时，如何防止变质剂的烧损是一个十分重要的问题。为此，必须重视研究解决向焊接熔池中添加变质剂的合理方式，才能取得预期效果。

3) 振动结晶

如果在焊接熔池结晶的同时，对熔池施加一定的振动，可以打乱枝晶的生长方向，使粗大的柱状晶破碎，增加形核中心，从而得到细晶组织，目前正在研究发展中的振动结晶方法主要有低频机械振动、高频超声振动、电磁振动等。

2. 焊缝金属的二次结晶组织

焊缝一次结晶组织在随后的冷却过程中将进一步发生组织转变，其转变机理与一般热处理过程中的转变是一致的。但是，由于焊接时温度高，高温停留时间短，冷却速度快，溶质元素的扩散迁移受到限制，大多数相变过程是一种非平衡过程。此外，焊缝金属中化学成分的不均匀性也较严重，由此而引起焊缝中各部分的组织（如熔合区和焊缝中心部分）会有很大差异。因而焊缝金属冷却过程中的相变，以及最终得到的组织，与一般金属热处理时相比还有一定程度的差别。

1) 低碳钢焊缝二次结晶组织

由于含碳量低，低碳钢焊缝二次结晶组织主要是铁素体加少量珠光体。铁素体一般都是沿奥氏体晶界析出，勾画出粗大柱状晶轮廓，晶粒比较粗大。在晶粒粗大和过热的焊缝中，还可能出现魏氏体组织。

焊缝化学成分相同时，在不同的冷却速度下，低碳钢焊缝中铁素体和珠光体的比例也有很大差别。冷却速度越大，焊缝中的珠光体越多、越细，同时焊缝的硬度增高。

2) 低合金钢焊缝的二次结晶组织

低合金钢焊缝的二次结晶组织比较复杂和多样化,它随焊缝合金成分和冷却速度的不同而变化。但是,在一般情况下,焊缝金属的含碳量总是低于母材,所以大多数焊缝仍以铁素体和珠光体组织为主。对于合金化程度较高的高强钢和冷却速度很大时,焊缝中也会出现贝氏体和马氏体组织。

3. 改善焊缝二次结晶组织的途径

改善焊缝二次结晶组织,对于提高焊接接头性能起着重要作用。改善焊缝二次结晶组织的方法主要有以下几种。

1) 焊后热处理

根据焊缝及母材的性质采取正火、回火或调质处理等方法,使焊缝组织改变,以满足性能要求。焊后热处理不仅对焊缝组织起到改善作用,同时也能改变热影响区中的组织和性能,以及消除焊接应力。因此,在制定焊后热处理工艺时,要综合考虑各方面的要求,以提高焊接接头的总体性能。

2) 多层焊接

多层焊接实质上是利用后一层焊缝对前一层焊缝进行的热处理作用而使焊缝组织得到改善。为此,在多层焊时,要控制每道焊缝的热循环,使其满足对前一道焊缝的热处理作用。这种方法常用于不适合整体热处理的大型结构和厚大件的焊接生产。

3) 锤击法

在每一道焊缝完成后,立即对焊缝表面进行锤击,可以使焊缝晶粒破碎,并促使后一道焊缝晶粒细化。因此,逐层锤击可以改善焊缝性能。

4) 跟踪回火法

这种方法是在每道焊缝焊完后,立即用气焊火焰对焊缝加热,焊缝表面温度控制为 $900\sim1000\,^{\circ}\mathrm{C}$。这种方法相当于对焊缝进行局部热处理。对于多层焊的焊缝,每层均可受到多次正火、回火处理从而改善焊缝及整个接头的性能。

除上述这些方法之外,焊前预热和焊后保温缓冷,也是生产中常用的方法。焊前预热和焊后缓冷都是通过改变熔池加热速度、温度梯度和冷却速度,对焊缝金属组织起到调整、改善作用。

3.4.3 焊接热影响区的组织和性能

焊接过程中,焊缝两侧母材发生组织性能变化的区域称为热影响区(图 3-57)。热影响区上各点距焊缝的远近不同,所以各点所经历的焊接热循环不同,这样就会出现不同的组织,具有不同的性能,使整个焊接热影响区的组织和性能呈现不均匀性。对于一般常用的低碳钢和某些低合金钢(不易淬火钢),焊接热影响区按组织特征可分为以下四个主要区段。

1. 熔合区

靠近焊缝的母材,当处于固相与液相之间的温度范围时,金属处于半熔化状态,又称为半熔化区。此区的范围很窄,但由于在化学成分上和组织性能上都有较大的不均匀性,所以对焊接接头的强度和韧性都有很大的影响。

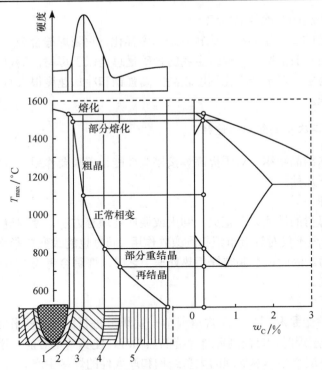

图 3-57　碳钢焊接热影响区显微组织分布特征

1-熔合区；2-过热区；3-正火区；4-不完全重结晶区；5-回火区

2. 过热区

此区的温度范围处在固相线以下 1100℃左右，金属处于过热的状态。奥氏体晶粒发生严重的长大现象，冷却之后便得到粗大的过热组织。过热区金属的韧性很低，因此，焊接刚度较大的结构时，常在过热粗晶区产生脆化裂纹。过热区和熔合区都是焊接接头的薄弱环节。

3. 正火区

金属被加热到相变温度以上而尚未达到过热温度的区域，将发生重结晶，即铁素体和珠光体全部转变为奥氏体，然后在空气中冷却，就会得到均匀而细小的珠光体和铁素体，相当于热处理的正火组织。此区的塑性和韧性都比较好。

4. 不完全重结晶区

在焊接过程中温度处于 A_{c_1} 和 A_{c_3} 定义见第 4 章)之间的金属部分属于不完全重结晶区。此温度范围只有一部分组织发生了相变重结晶过程，成为晶粒细小的铁素体和珠光体；而另一部分始终未能溶入奥氏体，成为粗大的铁素体。此区特点是晶粒大小不一，组织不均匀，其力学性能也不均匀。

对于一些淬硬倾向较小的钢种，除了过热区外，其他各区的组织与低碳钢基本相同；而淬硬倾向较大的钢种，焊接热影响区的组织分布则与母材焊前的热处理状态有关。

不同的金属与合金的焊接热影响区组织和性能应根据其相变特点进行分析。

思 考 题

3.1 何谓凝固？何谓结晶？

3.2 什么是过冷度？液态金属结晶时为什么必须过冷？

3.3 何谓自发形核与非自发形核？它们在结晶条件上有何差别？

3.4 在实际生产中，常采用哪些措施控制晶粒大小？

3.5 什么是合金？什么是相？固态合金中的相是如何分类的？相与显微组织有何区别和联系？

3.6 什么是共晶反应？什么是共析反应？它们各有何特点？

3.7 试分析图 3-20 中合金 I 的平衡结晶过程。

3.8 说明铁素体、奥氏体、渗碳体、珠光体、莱氏体在晶体结构、组织形态及性能方面的特点。

3.9 为什么铸造合金常选用接近共晶成分的合金而塑性成型合金常选用单相固溶体成分合金？

3.10 根据铁碳合金相图，说明主要点、线的含义；写出包晶反应、共晶反应、共析反应；分析含碳量为 0.45%、0.77%、1.2%、3.8%的铁碳合金从液态缓冷至室温时的结晶过程并绘出它们的室温平衡显微组织示意图。

3.11 分析铸锭的三晶区的形成原因，用什么方法可使柱晶区更发达，用什么方法可使中心等轴区扩大？

3.12 说明碳含量对碳钢组织和性能的影响。

3.13 分析低碳钢焊接热影响区的组织和性能。

第 4 章 金属材料的热处理

金属材料的热处理是将金属材料在固态下通过加热、保温和冷却，改变其内部组织结构，从而获得所需性能的一种工艺方法。热处理的主要目的有两个：一是消除前道工序产生的某些缺陷，改善金属材料的工艺性能，确保后续加工顺利进行；二是提高零件或工模具的使用性能。

热处理工艺种类很多，根据加热、冷却方式及获得组织和性能的不同，热处理工艺可分为普通热处理(退火、正火、淬火和回火)、表面热处理(表面淬火、化学热处理等)及特殊热处理(形变热处理、磁场热处理等)。

4.1 钢在加热和冷却时的组织转变

钢在热处理、锻造过程中都离不开加热和冷却，钢在加热过程中的固态组织转变及对冷却过程的控制决定了冷却后钢的组织类型和性能。

4.1.1 钢在加热时的组织转变

由图 4-1 可知，将共析钢加热到 A_1 线以上，组织中的珠光体全部转变为奥氏体。亚共析钢和过共析钢必须分别加热到 A_3 线和 A_{cm} 线以上，才能获得单相奥氏体。而实际相变并不严格按照相图所示的临界温度进行，往往存在不同的滞后现象。通常把加热时的实际临界温度以 A_{c_1}、A_{c_3} 和 $A_{c_{cm}}$ 表示。冷却时组织转变的实际临界温度相应为 A_{r_1}、A_{r_3} 和 $A_{r_{cm}}$。

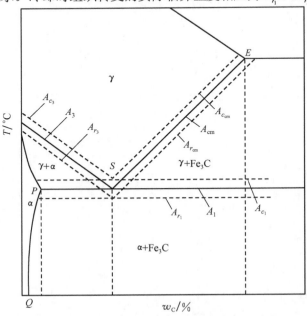

图 4-1 加热(冷却)时 Fe-Fe₃C 相图上的临界温度

1. 奥氏体的形成过程

通常把钢加热获得奥氏体的转变过程称为"奥氏体化"。为便于研究，先讨论共析碳钢的奥氏体转变过程。试验证明，原始组织为片状珠光体的共析碳钢，加热至 A_{c_1} 以上时珠光体转变为奥氏体，这是一个由高自由能状态变为低自由能状态的自发过程。这一转变过程可用下式表示：

$$\alpha_{0.0218\%} + Fe_3C \longrightarrow \gamma_{0.77\%}$$

奥氏体形成遵循一般相变规律，即包括形核与长大两个基本过程。它可分为四个阶段，如图 4-2 所示。

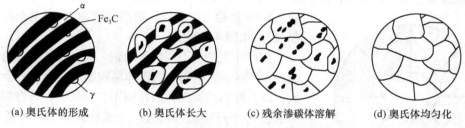

(a) 奥氏体的形成　　　(b) 奥氏体长大　　　(c) 残余渗碳体溶解　　　(d) 奥氏体均匀化

图 4-2　共析碳钢中奥氏体形成过程示意图

1）奥氏体形核

将钢加热到 A_{c_1} 以上，珠光体处于不稳定状态，奥氏体晶核优先在铁素体和渗碳体的界面上形成。这是由于相界面上碳浓度分布不均匀，原子排列不规则、处于能量较高状态，且满足形核所需的浓度、结构和能量起伏所至。珠光体群边界也可成为形核部位。钢快速加热时，也可在铁素体亚晶界上形核。

2）奥氏体晶核长大

当稳定的奥氏体晶核形成后即开始逐渐长大。它一面与渗碳体相连，另一面与铁素体相连，晶核的长大是新相奥氏体的相界面同时向渗碳体和铁素体方向推移的过程。它是依靠铁、碳原子的扩散，使其邻近的渗碳体不断溶解和铁素体晶格转变为面心立方晶格来完成的。

3）残余渗碳体的溶解

由于铁素体的碳浓度和结构皆与奥氏体相近，造成铁素体向奥氏体的转变快于渗碳体向奥氏体的溶解，而使铁素体先于渗碳体消失。铁素体全部消失后仍有部分渗碳体尚未溶解，随保温时间的增长，未溶渗碳体将不断地向奥氏体溶解，直至全部消失。

4）奥氏体均匀化

当残余渗碳体溶解刚完毕时，奥氏体中碳浓度并不均匀，原渗碳体处的含碳量比原铁素体处的高。只有经过长时间的碳原子扩散，奥氏体中碳浓度才趋于均匀化，最后得到单相均匀的奥氏体。至此，奥氏体转变过程全部完成。

亚共析钢和过共析钢的奥氏体化过程与共析钢基本相同。由于二者完成珠光体向奥氏体转变后分别存在先共析铁素体及二次渗碳体，欲获得全部单一奥氏体组织，必须相应加热到 A_{c_3} 或 $A_{c_{cm}}$ 以上温度，使它们全部转变为奥氏体。常称这种加热为"完全奥氏体化"。若在钢的上、下临界点之间加热，会得到奥氏体和先共析相。这种加热称为"部分奥氏体化"。

2. 奥氏体晶粒长大及其控制

奥氏体形成后继续加热或保温，将发生奥氏体晶粒的长大。长大是大晶粒吞并小晶粒，晶界总面积减少、表面能降低的自发过程。加热时形成的奥氏体晶粒大小，对冷却后钢的组织和性能有着重要影响。奥氏体晶粒细小，则转变产物也细小，其强度和韧性相应都较高。故需要了解奥氏体晶粒的长大规律，以便在生产中能控制晶粒大小，获得所需性能。

1) 奥氏体晶粒度

奥氏体晶粒度是衡量晶粒大小的尺度。晶粒大小有两种表示方法：一是用晶粒尺寸表示，如晶粒截面的平均直径或平均面积或单位面积内的晶粒数目等；二是用晶粒度级别指数 G 表示。根据国家标准 GB 6394，晶粒度分 8 级，1 级最粗，8 级最细。一般把 1～4 级称为粗晶粒，5～8 级称为细晶粒。若晶粒度在 10 以上则称"超细晶粒"。如图 4-3 所示。

生产中发现，不同牌号的钢，其奥氏体晶粒的长大倾向是不同的。有些钢的奥氏体晶粒随着温度升高会迅速长大；而有些钢的奥氏体晶粒则不容易长大，只有加热到更高温度时才开始迅速长大。一般称前者为"本质粗晶粒钢"，后者为"本质细晶粒钢"。

2) 奥氏体晶粒长大

在加热转变中，当珠光体向奥氏体的转变刚刚完成时，奥氏体晶粒的大小称为奥氏体的起始晶粒度。起始晶粒一般比较细小，但随加热温度的升高或保温时间的延长，晶粒将不断长大。通常把在某一具体热处理条件下获得的奥氏体晶粒大小称为实际晶粒度，它直接影响钢热处理后的组织与性能。

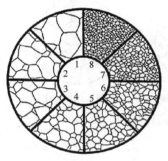

图 4-3　钢的晶粒度级别示意图

对成分不同的钢加热时，其晶粒长大倾向亦不同，主要取决于钢的成分和冶炼条件。用来表示加热时奥氏体晶粒长大倾向的晶粒度称为本质晶粒度，其大小按标准试验方法测定。

3) 奥氏体晶粒大小的控制

钢在热处理时为控制奥氏体晶粒状况，必须制定合适的加热规范，并考虑钢的成分和原始组织的影响。

(1) 加热温度的影响。

加热温度越高，晶粒长大速率越快，最终晶粒尺寸越大。在给定温度下，随保温时间的延长，晶粒不断长大。但随时间延长，晶粒长大速度越来越快，且晶粒不会无限制地长大，而趋于一个稳定尺寸。一般而言，加热温度越高，保温时间越长，奥氏体晶粒越粗大，因为这与原子扩散密切相关。

为获得一定尺寸的奥氏体晶粒，可同时控制加热温度和保温时间。比较而言，加热温度作用更大，因此，对其必须严格控制。通常根据钢的临界点、工件尺寸、装炉量等确定合理的加热规程。

(2) 加热速度的影响。

加热速度越快，过热度越大，奥氏体实际形成温度越高，形核率和长大速率越大(且前者大于后者)，可获得细小的起始晶粒。由于温度较高且晶粒细小，反使晶粒易于长大，故保温时间不能太长，否则晶粒反而更粗大。生产中常采用快速加热和短时保温的方法来细化晶粒，甚至可获得超细晶粒。

(3) 化学成分的影响。

在一定含碳量范围内，奥氏体中含碳量越高，碳在奥氏体中的扩散速率及铁原子自扩散速率越高，故晶粒长大倾向增加。含碳量超过一定值后，碳能以未溶碳化物存在，起到第二相粒子对晶粒长大的阻碍作用，反使奥氏体晶粒长大倾向减小。

钢中合金元素的影响可归纳为以下几类。

➤ 强烈阻碍晶粒长大的元素有 Al、V、Ti、Zr、Nb 等，每一元素都有一个最佳含量范围。它们的加入能形成高熔点的弥散碳化物和氮化物，阻碍晶界移动。

➤ 一般阻碍晶粒长大的元素有 W、Cr、Mo 等。这些元素含量越多，其阻碍作用越大。阻碍作用不显著的元素有 Si、Ni、Cu 等。

➤ 促进晶粒长大的元素有 Mn、P、N、C 及过量的 Al。它们溶入奥氏体中可削弱 γ-Fe 的原子结合力，加速铁的自扩散。

(4) 钢的原始组织。

钢的原始组织越细，一般碳化物弥散度越大，奥氏体起始晶粒越细小，长大倾向越大。例如，片状珠光体比球状珠光体加热时晶粒易粗化，因为片状珠光体中相界面多，加热时形核率高，加之片状碳化物表面积大，溶解快，奥氏体形成速率也快，奥氏体形成后较早地进入晶粒长大阶段。

4.1.2　钢在冷却时的组织转变

1. 冷却条件对钢性能的影响

钢件奥氏体化的目的是为随后的冷却转变做准备。钢的冷却过程是热处理的关键工序，因为钢的性能最终取决于奥氏体冷却转变后的组织。同一种钢，同样的奥氏体化条件，若冷却速度和方式不同，所获得的组织结构亦不同，当然力学性能的差别亦很大 (表 4-1)。

表 4-1　不同冷却速率对 45 钢力学性能的影响

冷却方法	力学性能				
	$\sigma_b/(MN/m^2)$	$\sigma_s/(MN/m^2)$	$\delta/\%$	$\psi/\%$	硬度/HRC
随炉冷却	519	272	32.5	49	15～18
空气冷却	657～706	333	15～18	45～50	18～24
油冷却	882	608	18～20	48	40～50
水冷却	1078	706	7～8	12～14	52～60

研究不同冷却条件下钢中奥氏体组织的转变规律，对正确制定钢的热处理冷却工艺，获得预期性能具有重要的实际意义。

生产中常用的冷却方式有两种 (图 4-4)。一是连续冷却，即将奥氏体化后的钢件以一定的冷却速率从高温一直连续降到室温。在连续冷却过程中完成的组织转变称为连续冷却转变。二是等温冷却，即把奥氏体化后的钢件迅速冷却到临界点以下某一温度，等温保持一定时间后再冷却至室温。在保温过程中完成的组织转变，称为等温转变。

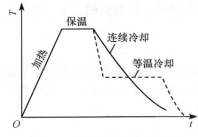

图 4-4 两种冷却方式示意图

研究奥氏体的冷却转变规律，也按两种冷却方式进行。通过试验可测得过冷奥氏体等温转变曲线(简称 C 曲线)和连续冷却转变曲线(简称 CCT 曲线)。它们都是选择和制定热处理工艺的重要依据。

2. 共析碳钢 C 曲线

1)共析碳钢 C 曲线的建立

C 曲线是利用过冷奥氏体转变产物的组织形态或物理性质的变化来测定的。其测定方法一般是将标准试样奥氏体化后，迅速冷却至临界点下某一温度等温，使过冷奥氏体在恒温下发生相变。相变过程中会引起钢内部的一系列变化，如相变潜热的释放，比容、磁性、组织结构的改变等。这可通过热分析法、膨胀法、磁性法、金相法等测出不同温度下过冷奥氏体发生相变的开始时间和终了时间，并把它们标注在温度-时间坐标中，然后把所有转变开始点和终了点分别连接起来，就得出该钢种的 C 曲线。图 4-5 是共析碳钢的 C 曲线测定的示意图。图 4-6 是共析碳钢的 C 曲线。该曲线下部还有两条水平线，分别表示奥氏体向马氏体转变的开始温度 M_s 点和转变的终了温度 M_f 点。它们多用膨胀法或磁性法等测定。

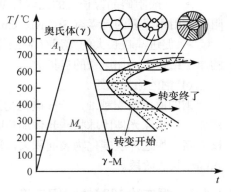

图 4-5 C 曲线的测定示意图

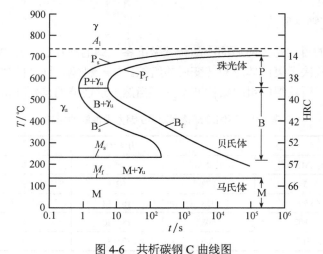

图 4-6 共析碳钢 C 曲线图

由于过冷奥氏体在不同温度下等温转变历经的时间相差很大，故 C 曲线的时间坐标常用对数表示。

2)共析碳钢 C 曲线分析

由共析碳钢的 C 曲线(图 4-6)可以看出如下规律性现象。

(1)C 曲线中，A_1 线是奥氏体向珠光体转变的临界温度；左、右两边各有一条"C"形曲线，分别为过冷奥氏体转变的开始线和终了线。M_s 和 M_f 线分别表示过冷奥氏体向马氏体转变的开始线和终了线。

(2) C 曲线把整个温度-时间坐标划分为几个区域：高于 A_1 温度是奥氏体稳定区，转变开始线以左为过冷奥氏体区，转变终了线以右和 M_s 点以下为转变产物区，转变开始线与终了线之间为过冷奥氏体和转变产物的共存区。

(3) 过冷奥氏体在不同温度等温转变时都要经历一段孕育期，用纵坐标到转变开始线之间的距离来表示。孕育期的长短反映过冷奥氏体的稳定性，不同等温度下孕育期的长短也不同。在 A_1 线以下，随等温温度的降低，过冷度的增大，孕育期逐渐变短。共析碳钢在 550℃左右孕育期最短，奥氏体最不稳定，最易发生转变，此处称为 C 曲线的"鼻子"，该处温度称为"鼻温"。"鼻温"以下随等温温度的降低，孕育期又由短变长，即过冷奥氏体稳定性又逐渐增大。

3. 影响过冷奥氏体等温转变的因素

过冷奥氏体等温转变的速率反映其稳定性。孕育期越长，则转变速率越慢，C 曲线越向右移；反之亦然。所以，凡是影响 C 曲线位置和形状的一切因素都影响过冷奥氏体等温转变。

1) 奥氏体成分的影响

过冷奥氏体等温转变速率取决于奥氏体成分，改变其化学成分会影响 C 曲线的形状和位置，从而可以控制过冷奥氏体等温转变速率。

(1) 碳浓度。比较图 4-7 中三条 C 曲线可知碳浓度的影响，即随奥氏体含碳量的增加，C 曲线逐渐右移，表明过冷奥氏体稳定性增高。当含碳量增加到共析成分时，奥氏体的稳定性最高。超过共析成分后，随含碳量增加，C 曲线反而左移，奥氏体稳定性减小。同时可知，含碳量越高，M_s 点越低。

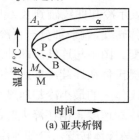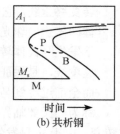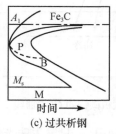

(a) 亚共析钢　　　　　(b) 共析钢　　　　　(c) 过共析钢

图 4-7　含碳量对钢的 C 曲线形状和位置的影响

(2) 合金元素。合金元素只有溶入奥氏体中才会对过冷奥氏体转变产生重要影响。除钴和铝(>2.5%)外，所有合金元素都能增大过冷奥氏体的稳定性，使 C 曲线右移。非碳化物形成元素如镍、硅、铜等和弱碳化物形成元素锰，只改变 C 曲线的位置。强碳化物形成元素如铬、铂、钨、钒、钛等，对 C 曲线的位置和形状产生双重改变，即使 C 曲线右移，又使其形状分成上、下两部分，产生"双鼻子"，分别表示珠光体转变和贝氏体转变(图 4-8)。

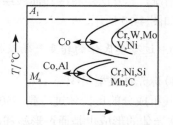

图 4-8　强碳化物形成元素对 C 曲线的影响

2) 奥氏体状态的影响

奥氏体状态主要指奥氏体晶粒度、均匀性、晶体缺陷密度等。它们主要与钢的原始组织和奥氏体化条件有关。钢的原始组织越细小，单位体积内晶界面积越大，越有利于奥氏体化；在相同加热条件下，易使奥氏体长大，均匀性提高，C 曲线右移。

奥氏体晶粒越细小，成分越不均匀，越有利于新相成核和原子扩散，使 C 曲线左移。原始组织相同时，提高奥氏体化温度或延长保温时间，将促使碳化物溶解、成分均匀及奥氏体晶粒长大，增加奥氏体稳定性，使 C 曲线右移；反之亦然。

3) 应力和塑性变形的影响

奥氏体状态施以拉应力会加速其转变，使 C 曲线左移；施以等向压应力会阻碍其转变，使 C 曲线右移。这因为奥氏体比容最小，马氏体比容最大，转变时体积膨胀，承受拉应力有利于转变；相反，等向压应力不利于转变。

4. 过冷奥氏体连续冷却转变曲线

实际生产中，过冷奥氏体多在连续冷却过程中进行转变，所以，连续冷却转变曲线对研究过冷奥氏体连续冷却转变、确定热处理工艺及选材等更具实际意义。

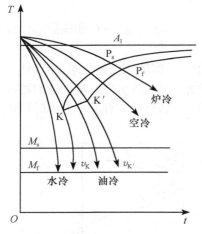

图 4-9　共析碳钢的 CCT 曲线

连续冷却转变曲线，根据其英文名称字头又称为 CCT 图。CCT 图是通过试验法测定的。共析碳钢的 CCT 曲线最简单，如图 4-9 所示。共析碳钢在连续冷却转变过程中，只发生珠光体和马氏体的转变，而不发生贝氏体转变。

CCT 图中珠光体转变区由 3 条曲线构成：P_s 和 P_f 分别表示珠光体转变的开始线和终了线，K 线为 γ-P 转变终止线，它表示冷却曲线碰到 K 线时，过冷奥氏体即停止向珠光体转变，剩余部分一直冷却到 M_s 线以下发生马氏体转变。图中与连续冷却曲线相切的冷却速度线，是保证奥氏体在连续冷却过程中不发生分解而全部过冷到马氏体区的最小冷却速度，用 v_K 表示，称为马氏体临界冷却速度。钢在淬火时的冷却速度应大于 v_K。冷速小于 v_K 只发生珠光体转变，大于 v_K 只发生马氏体转变，冷却速度在 v_K 与 $v_{K'}$ 之间先后发生珠光体转变和马氏体转变。

由于 CCT 曲线获得困难，而 C 曲线容易测得，可用 C 曲线定性说明连续冷却时的组织转变情况，其方法是将冷却曲线绘在 C 曲线上，依其与 C 曲线交点的位置来说明最终转变产物，如图 4-10 所示。

5. 过冷奥氏体的转变产物及性能

1) 珠光体类型组织

共析成分的奥氏体过冷到 550℃以上，到珠光体转变区域等温停留时，将发生珠光体转变。珠光体的形成也是通过形核和晶核长大两个过程(图 4-11)，而且要进行晶格的改组和铁、碳原子的扩散。

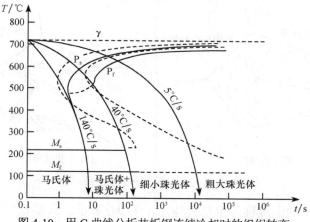

图 4-10　用 C 曲线分析共析钢连续冷却时的组织转变

由于相变处在较高温度区间，铁、碳原子均能扩散，因而珠光体转变是典型的扩散型转变。钢在退火、正火和索氏体化处理时，发生的主要相变就是珠光体转变。

根据奥氏体化温度和程度的不同，过冷奥氏体可以形成片状珠光体或粒状珠光体组织。前者渗碳体呈层片状，后者呈粒状，它们的形成条件、组织和性能均不同。

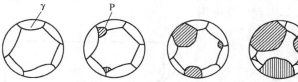

图 4-11　共析钢奥氏体向珠光体的转变过程

片状珠光体的性能主要取决于片间距。片间距和珠光体团直径越小，则强度和硬度越高，塑性和韧性也越好。

退火状态下含碳量相同的钢，由于粒状珠光体比片状珠光体的相界面少，故前者强度、硬度较低，但塑性、韧性较高。当抗拉强度相同时，粒状珠光体比片状珠光体的疲劳强度更高。在相同硬度下，粒状珠光体比片状珠光体的综合力学性能优越得多，原因是粒状渗碳体不易产生应力集中和裂纹。

2) 马氏体类型组织

奥氏体化的钢迅速冷却至 M_s 点以下将发生马氏体转变，故也称为低温转变。在 M_s 点以下的低温条件下，铁原子和碳原子的扩散均极为困难，因此，奥氏体向马氏体的转变过程是以无扩散的方式进行晶格改组。此时，熔解在原奥氏体中的碳原子因无法析出，造成晶格严重畸变。马氏体形态示意图如图 4-12 所示。

钢中的马氏体，就其本质而言，是碳在 α-Fe 中的过饱和固溶体，其成分与高温奥氏体完全相同。它处于亚稳定状态，有变为稳定状态(发生分解)的潜在趋势。室温下 C 在 α-Fe 中的溶解度为 0.006%，但马氏体的含碳量远远高于此数值。C 原子在 α-Fe 中过饱和后使体心立方成为体心正方(图 4-13)，并造成晶格的非对称畸变。

钢中马氏体的形态，一般以两种形式出现：一种是低碳钢在较高温度下形成的板条状马氏体，另一种则是高碳钢在较低温度下形成的片状马氏体。钢中出现何种形态的马氏体主要取决于含碳量。

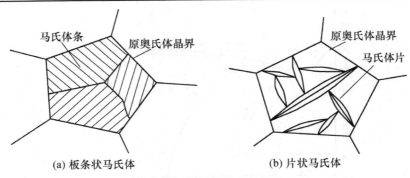

图 4-12 马氏体形态示意图

马氏体转变开始的温度称为上马氏体点，用 M_s 表示。只要温度不大于 M_s 点即发生马氏体转变。在 M_s 点以下，随温度下降，转变量增加，冷却中断，转变停止。马氏体转变终了温度称为下马氏体点，用 M_f 表示。M_s、M_f 与冷却速度无关，主要取决于奥氏体中的碳含量(图 4-14)及合金元素含量。

马氏体在力学性能上的特点是高硬度。高碳马氏体具有高硬度，但塑性、韧性很低，脆性大；而且马氏体片越粗大，脆性也越大。低碳马氏体具有较高的强度和韧性，这种力学性能上的良好配合，使低碳马氏体得到广泛应用。

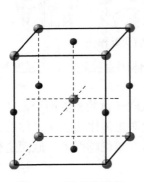

图 4-13 马氏体晶格

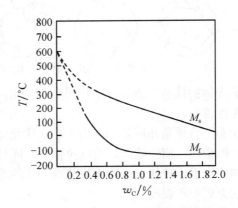

图 4-14 含碳量对马氏体转变温度的影响

3) 贝氏体类型组织

在介于高温和低温之间的中温范围内，过冷奥氏体转变为贝氏体。这时由于转变温度相对降低，铁原子已失去扩散能力，碳原子也只能做短程扩散，所以，贝氏体类型的组织转变是一个半扩散型的形核的长大过程。

贝氏体本质上是由含碳过饱和的铁素体与渗碳体(或碳化物)组成的两相混合物。根据组织形态和转变温度不同，贝氏体一般分为上贝氏体和下贝氏体两种。贝氏体类型组织的力学性能，主要取决于贝氏体的组织形貌。如图 4-15(a)所示，上贝氏体的铁素体条较宽，渗碳体在铁素体条间析出，故其强度、硬度较低，常温下的塑性、韧性较差，一般在常温下使用的机械零件都避免得到上贝氏体组织。下贝氏体的碳化物分布在铁素体片内部，如图 4-15(b)所示，故其强度、韧性高。

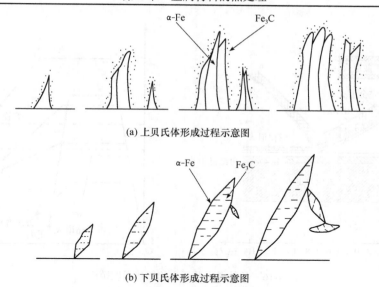

(a) 上贝氏体形成过程示意图

(b) 下贝氏体形成过程示意图

图 4-15　贝氏体形成过程

4.2　钢的普通热处理工艺

根据加热、冷却方式及钢组织性能变化特点不同，钢的热处理工艺可分为普通热处理和表面热处理。普通热处理属于整体热处理，是指对需要热处理的工件进行穿透性加热，以改善整体的组织和性能的处理工艺。钢的普通热处理工艺主要包括退火、正火、淬火与回火等。

4.2.1　退火与正火

将组织偏离平衡状态的钢加热到适当的温度，保温一定时间，然后缓慢冷却，以获得接近平衡状态组织的热处理工艺称为退火。

钢的退火工艺种类很多，根据加热温度可分为两大类：一类是在临界温度（A_{c_1} 或 A_{c_3}）以上的退火，称为相变重结晶退火，包括完全退火、不完全退火、球化退火和扩散退火；另一类是在临界温度以下的退火，包括再结晶退火、去应力退火等。根据冷却方式不同，退火又可分为连续退火和等温退火。图 4-16 为各种退火及正火的加热温度范围。

1. 退火

1）完全退火

完全退火是将钢加热到 A_{c_3} 温度以上，保温足够的时间，使组织完全奥氏体化后缓慢冷却，以获得接近平衡组织的热处理工艺。

完全退火的目的是为了细化晶粒，均匀组织，消除内应力和热加工缺陷，降低硬度，改善加工性能。

对于锻、轧件，完全退火工序安排在工件热锻、热轧之后，切削加工之前进行；对于焊接件或铸钢件，一般安排在焊接、浇铸后（或扩散退火后）进行。完全退火加热温度不宜过高，一般在 A_{c_3} 以上 20～30℃。

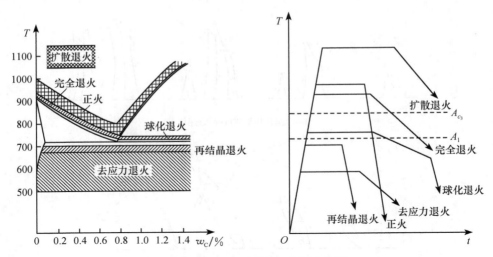

图 4-16　各种退火及正火的加热温度范围

退火保温时间不仅取决于工件透烧(即工件心部达到所要求的温度)所需要的时间，而且还取决于组织转变所需要的时间。完全退火保温时间与钢材的化学成分、工件的形状和尺寸、加热设备类型、装炉量、装炉方式等因素有关。

退火的冷却速度应缓慢，以保证奥氏体在 A_{r_1} 温度以下不大的过冷条件下进行珠光体转变，避免硬度过高。一般碳钢的冷却速度应小于 200℃/h，低合金钢的冷却速度应为 10℃/h，高合金钢的冷却速度更小，一般为 50℃/h。出炉温度在 600℃以下。

完全退火需要的时间很长，尤其是过冷奥氏体比较稳定的合金钢。如将奥氏体化后的钢快速降至稍低于 A_{r_1} 的温度等温，使奥氏体转变为珠光体，再在空气中冷却(简称空冷)至室温，则可显著缩短退火时间。这种退火方法称为等温退火，其工艺曲线如图 4-17 所示。等温退火适用于高碳钢、合金工具钢、高合金钢等，等温退火还有利于工件获得均匀的组织和性能。但是，对于大截面工件和大批量炉料，等温退火不易使工件内部达到等温温度，故不宜采用此法。

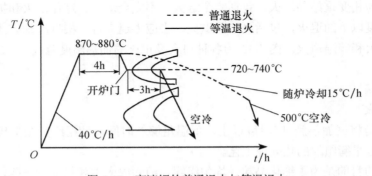

图 4-17　高速钢的普通退火与等温退火

2)不完全退火

不完全退火是将钢加热至 $A_{c_1} \sim A_{c_3}$ (亚共析钢)或 $A_{c_1} \sim A_{c_{cm}}$ (过共析钢)，保温后缓慢冷却，以获得接近平衡组织的热处理工艺。

　　由于加热到两相区温度的钢，组织没有完全奥氏体化，仅使珠光体发生相变，重结晶转变为奥氏体，因此，基本上不改变先共析铁素体或渗碳体的形态及分布。

　　不完全退火主要应用于大批量生产的亚共析钢锻件。如果亚共析钢锻件的锻造工艺正常，原始组织中的铁素体均匀、细小，只是珠光体的片间距小、内应力较大，那么，只要在 A_{c_1} 以上、A_{c_3} 以下温度区间进行不完全退火，即可使珠光体的片间距增大，使硬度有所降低，内应力也有所减小。不完全退火加热温度较完全退火低，工艺周期也较短，消耗热能较少，可降低成本，提高生产效率，因此，对锻造工艺正常的亚共析钢锻件，可采用不完全退火代替完全退火。

　　3) 球化退火

　　球化退火是使钢中的碳化物球化，获得粒状珠光体的一种热处理工艺。它实际上是不完全退火的一种。

　　球化退火主要应用于共析钢、过共析钢和合金工具钢。其目的是为了降低硬度、改善切削加工性能，获得均匀的组织及改善热处理工艺性能，为以后的淬火做组织准备。

　　过共析钢锻件在锻后的组织一般为细片状珠光体，如果锻后冷却不当，还存在网状渗碳体，不仅硬度高，难以进行切削加工，而且增大钢的脆性，淬火时容易产生变形或开裂。因此，锻后必须进行球化退火，使碳化物球化，获得粒状珠光体组织。

　　球化退火的加热温度不宜过高，一般在 A_{c_1} 温度以上 20～30℃，采用随炉加热。保温时间也不能太长，一般为 2～4h。冷却方式通常采用随炉冷却，或在 A_{r_1} 以下 20℃ 范围进行较长时间的等温处理。球化退火的关键在于使奥氏体中保留大量未溶的碳化物质点，并造成奥氏体中碳浓度分布的不均匀性。如果加热温度过高或保温时间过长，则使大部分碳化物溶解，并形成均匀的奥氏体，在随后冷却时球化核心减少，球化不完全。渗碳体颗粒大小取决于冷却速度或等温温度。冷却速度快或等温温度低，珠光体在较低温度下形成，碳化物聚集作用小，容易形成片状碳化物，从而使硬度偏高。

　　4) 等温退火

　　等温退火的加热工艺与完全退火相同。但钢经奥氏体化后，等温退火以较快速率冷至 Ar_1 以下珠光体转变区间的某一温度并等温保持，使奥氏体转变为珠光体型组织，然后又以较快速率(一般空冷)冷至室温。该工艺的优点是能有效缩短退火时间，提高生产率及获得均匀的组织和性能，且应用广泛。例如，高速钢的普通退火与等温退火工艺相比(图 4-17)，退火周期从近 20h 缩短为几小时。

　　5) 扩散退火

　　扩散退火又称均匀化退火。它是将钢锭、铸件或锻坯加热至略低于固相线的温度，长时间保温，然后随炉缓慢冷却。其目的是为了消除晶内偏析，使成分均匀化。扩散退火的实质是使钢中各元素的原子在奥氏体中进行充分扩散，所以扩散退火的温度高、时间长。

　　钢扩散退火加热温度通常选择在 A_{c_3} 或 $A_{c_{cm}}$ 以上 150～300℃，根据钢种和偏析程度而异。钢中合金元素含量越高，偏析程度越严重，加热温度应越高，但一般要低于固相线 100℃ 左右，以防止过烧(晶界氧化或熔化)。

　　工件经过扩散退火后，奥氏体晶粒十分粗大，必须进行一次完全退火或正火来细化晶粒，消除过热缺陷。

由于扩散退火生产周期长、热能消耗大、设备寿命短、生产成本高、工件烧损严重，因此，只有一些优质合金钢和偏析较严重的合金钢铸件才使用这种工艺。

6）去应力退火

为了消除铸件、锻件、焊接件、冷冲压件以及机械加工工件中的残余内应力，提高工件的尺寸稳定性，防止变形和开裂，在精加工或淬火之前将工件加热至 A_{c_1} 以下某一温度，保温一定时间，然后缓慢冷却，这种热处理工艺称为去应力退火。

钢件的去应力退火加热温度很宽，应根据具体情况来决定，一般在 500～600℃。去应力退火的保温时间根据工件的截面尺寸或装炉量来决定。保温后应缓慢冷却，以免产生新的应力，冷至 200～300℃出炉，再空冷至室温。

此外，还有再结晶退火（见第 5 章有关内容）。

2. 正火

正火是将钢加热到 A_{c_3}（亚共析钢）或 $A_{c_{cm}}$（过共析钢）以上适当的温度，保温一定时间，使之完全奥氏体化，然后在空气中冷却，以得到珠光体类型组织的热处理工艺。

正火与完全退火相比，二者的加热温度相同，但正火的冷却速度较快，转变温度较低。因此，对于亚共析钢来说，相同钢正火后组织中析出的铁素体数量较少，珠光体数量较多，且珠光体的片间距较小；对于过共析钢来说，正火可以抑制先共析网状渗碳体的析出。钢的强度、硬度和韧性也比较高。

正火过程的实质是完全奥氏体化加伪共析转变。当钢的含碳量为 0.6%～1.4%时，在正火组织中不出现先共析相，只存在伪共析珠光体和索氏体；在含碳量小于 0.6%的钢中，正火组织中还会出现少量铁素体。

正火只适用于碳素钢及低、中合金钢，而不适用于高合金钢，因为高合金钢的奥氏体非常稳定，即使在空气中冷却也会获得马氏体组织。

正火的加热温度通常在 A_{c_3} 或 $A_{c_{cm}}$ 以上 30～50℃，高于一般退火加热温度（图 4-16）。保温时间和完全退火相同，应以工件透烧为准，即心部达到所要求的加热温度。冷却方式通常是将工件从炉中取出，放在空气中自然冷却，对于大件也可采用鼓风或喷雾等方法冷却。

正火工艺是比较简单、经济的热处理方法，在生产中应用较广泛，主要应用于以下几个方面。

（1）改善低碳钢的切削加工性能。对于含碳量低于 0.25%的碳素钢或低合金钢，退火后硬度过低，切削加工时容易"粘刀"，且表面粗糙度很差，通过正火使硬度提高至 HB140～190，接近于最佳切削加工硬度，可改善切削加工性能。

（2）消除中碳钢热加工缺陷。中碳结构钢铸件、锻件、轧件以及焊接件，在热加工后容易出现魏氏组织、晶粒粗大等过热缺陷和带状组织，通过正火可以消除这些缺陷，达到细化晶粒、均匀组织、消除内应力的目的。

（3）消除过共析钢的网状碳化物。过共析钢在淬火之前要进行球化退火，以便进行机械加工，并为淬火做好组织准备，但当过共析钢中存在严重的网状碳化物时，球化退火时将达不到良好的球化效果。通过正火可以消除过共析钢中的网状碳化物，提高球化退火质量。

(4)提高普通结构件的力学性能。对于一些受力不大、性能要求不高的碳钢和合金钢结构件，可以采用正火处理达到一定的综合力学性能。将正火作为最终热处理代替调质处理，可减少工序，节约能源，提高生产效率。

4.2.2　淬火与回火

将钢加热到临界点 A_{c_3} 或 A_{c_1} 以上一定温度，保温一定时间，然后以大于临界淬火速度的速度冷却，使过冷奥氏体转变为马氏体或贝氏体组织的热处理工艺称为淬火。

钢的淬火是热处理工艺中最重要的工序。它可以显著提高钢的强度和硬度。

淬火工艺的实质是奥氏体化后进行马氏体转变(或贝氏体转变)。淬火钢得到的组织主要是马氏体(或下贝氏体)，此外，还有少量残余奥氏体及未溶的第二相。

经过淬火，提高了工件的强度、硬度和耐磨性。结构钢通过淬火和高温回火后，可以获得较好的强度和塑性、韧性的配合。弹簧钢通过淬火和中温回火后，可以获得很高的弹性极限。工具钢、轴承钢通过淬火和低温回火后，可以获得高硬度和高耐磨性。

1. 淬火

1)淬火加热

制定淬火加热工艺主要是确定加热温度和加热时间。此外，还要确定加热方式和选择淬火介质。

亚共析钢的淬火加热温度一般为 A_{c_3} +(30～50℃)，完全奥氏体化后进行淬火，淬火后的组织为细小的马氏体，并有少量残余奥氏体。如果亚共析钢在 A_{c_1} ～ A_{c_3} 温度之间加热，加热时组织为奥氏体和铁素体两相，淬火冷却以后，组织中除马氏体外，还保留一部分铁素体，将严重降低钢的强度和硬度。淬火温度亦不能超过 A_{c_3} 太多，否则会引起奥氏体晶粒粗大，淬火后得到粗大的马氏体，使钢的韧性降低。

共析钢和过共析钢淬火加热温度一般为 A_{c_1} +(30～50℃)，淬火后的组织为均匀细小的马氏体和粒状二次渗碳体。这种组织不仅具有高强度、高硬度、高耐磨性，而且也具有较好的韧性。如果加热温度过高，碳化物将完全溶入奥氏体中，使奥氏体的含碳量增加，使马氏体转变温度降低，淬火后残余奥氏体量增加，使钢的硬度和耐磨性降低；同时，奥氏体晶粒粗化，淬火后容易得到含有显微裂纹的粗片状马氏体，钢的脆性增大。此外，淬火加热温度高、淬火应力大、工件表面氧化、脱碳严重，也增加了工件淬火变形及开裂的倾向。淬火温度范围如图 4-18 所示。

对于低合金钢，淬火加热温度也应该根据 A_{c_1} 或 A_{c_3} 来确定，考虑合金元素的作用，为了加速奥氏体化，淬火温度可偏高一些，一般为 A_{c_1} 或 A_{c_3} 以上 50～100℃。高合金工具钢中含有较多的强碳化物形成元素，奥氏体晶粒粗化温度高，则可采用更高的加热温度。对于含 C、Mn 量较高的本质粗晶粒钢，为了防止奥氏体晶粒粗化，则应采用较低的淬火温度。

为了使工件各部分均完成组织转变，需要在淬火加热温度保温一定的时间。通常将工件升温和保温所需的时间计算在一起，统称为加热时间。影响加热时间的因素很多，如加热介质、钢的成分、炉温、工件的形状及尺寸、装炉方式、装炉量等。生产中一般采用经验公式进行估算。

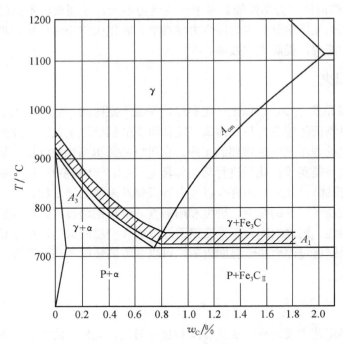

图 4-18　淬火温度范围

淬火加热时要防止工件过热或过烧。

过热是指工件在淬火加热时，由于温度过高或时间过长，造成奥氏体晶粒粗大的缺陷。过热不仅使淬火后得到的马氏体组织粗大，工件的强度和韧性降低，易产生脆断，而且容易引起淬火裂纹。对于过热工件，进行一次细化晶粒的退火或正火，然后再按工艺规程进行淬火，便可以纠正过热组织。

过烧是指工件在淬火加热时，温度过高使奥氏体晶界发生氧化或出现局部熔化的现象。过烧的工件无法补救，只能报废。

淬火加热时工件和加热介质之间相互作用，往往会产生氧化、脱碳等缺陷。氧化使工件尺寸减小，表面粗糙度降低，并影响淬火冷却速度。表面脱碳会降低工件的表面硬度、耐磨性及疲劳强度。

2) 淬火冷却

冷却是淬火的关键工序，它关系到淬火质量的好坏，同时，冷却也是淬火工艺中最容易出问题的一道工序。为了使钢获得马氏体组织，淬火时冷却速度必须大于临界冷却速度，但是，冷却速度过大又会使工件内应力增加，产生变形或开裂。因此，要结合钢过冷奥氏体的转变规律，确定合理的淬火冷却速度，达到使工件既能获得马氏体组织又能减小变形和开裂倾向的目的。从过冷奥氏体等温转变曲线可以看出，过冷奥氏体在不同温度区间的稳定性不同，在 400~600℃温度区间过冷奥氏体最不稳定，所以淬火时应当快速冷却，以避免发生珠光体或贝氏体转变，保证获得马氏体组织。在 600℃以上或 400℃以下温度区间，特别是在 M_s 点附近温度区间，过冷奥氏体比较稳定，应当缓慢冷却，以减小热应力和组织应力（M_s 点以下），从而减小工件淬火变形、防止开裂。

工件淬火冷却时要使其得到合理的淬火冷却速度，必须选择适当的淬火介质。淬火介质种类很多，常用的淬火介质有水、盐(碱)水溶液以及各种矿物油。

水是比较经济而且冷却能力极强的淬火介质，它的缺点是钢在 300℃ 以下水冷却淬火后内应力较大，易产生变形与开裂，故水主要用于形状简单及截面尺寸较大的碳钢件。在水中加 5%～10% 的 NaCl 或 NaOH，可提高 500℃ 以上的冷却能力，但 300℃ 以下的冷却能力比水更强，使钢件淬火后的内应力增大，主要用于形状简单的大截面钢件的淬火冷却。

油也是一种广泛应用的淬火介质，油介质主要为各种矿物油，如机油、锭子油、变压器油和柴油等。油在 500℃ 以上的冷却能力比水弱，300℃ 以下比水弱得更多，这对于减少淬火钢件的变形是非常有利的，一般用于合金钢的淬火。

3) 淬火方法

根据淬火时冷却方式的不同，常用的淬火方法有以下几种。

(1) 单液淬火。

单液淬火法是将加热至奥氏体状态的工件淬入某种淬火介质中，连续冷却至介质温度的淬火方法。这是最简单的淬火方法，其冷却曲线如图 4-19 中曲线 1 所示。一般情况是将碳钢在水中淬火，合金钢在油中淬火，尺寸小于 5mm 的碳钢工件也可以在油中淬火。

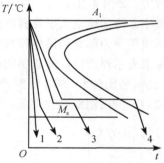

图 4-19　各种淬火方法冷却曲线示意图

单液淬火方法操作简单，容易实现机械化、自动化，但是，工件在马氏体转变区冷却速度较快，容易产生较大的组织应力，从而增大工件变形、开裂的倾向，因此，只适用于形状简单、尺寸小的工件。

(2) 双液淬火。

将淬火加热后的钢件，先放入冷却能力较强的淬火介质中冷却到稍高于 M_s 点温度，然后取出立即投入另一冷却能力较弱的淬火介质中冷却至室温，这种淬火操作工艺称为双液淬火，如图 4-19 曲线 2 所示。通常碳钢采用先水冷，然后油冷的方法，又称为水淬油冷法；合金钢采用先油冷，然后空气冷的方法，也称为油淬空冷法。

(3) 分级淬火法。

分组淬火是将加热至奥氏体状态的工件先淬入高于该钢 M_s 点的盐浴中停留一定时间，待工件各部分与盐浴的温度一致后，取出空冷至室温，在缓慢冷却条件下完成马氏体转变的淬火方法。其冷却曲线如图 4-19 曲线 3 所示。这种淬火方法由于工件各部分在马氏体转变前温度已趋均匀，并在缓慢冷却条件下完成马氏体转变，不仅减小了淬火热应力，而且显著降低组织应力，因而有效地减小或防止了工件淬火变形和开裂。

(4) 等温淬火法。

等温淬火是将加热至奥氏体状态的工件淬入温度稍高于 M_s 点的盐浴中等温，保持足够长时间，使之转变为下贝氏体组织，然后取出在空气中冷却的淬火方法。其冷却曲线如图 4-19 曲线 4 所示。等温淬火与分级淬火的区别在于前者获得下贝氏体组织。由于下贝氏体的强度、硬度较高，而且韧性良好，同时由于下贝氏体的比容比马氏体的比容小，组织转变时工件内外温度一致，故淬火组织应力也较小。因此等温淬火可以显著减小工件变形和开裂的倾向，适用于处理用中碳钢、高碳钢或低合金钢制造的形状复杂、尺寸要求精密的工具和重要机器零件，如模具、刀具、齿轮等。同分级淬火一样，等温淬火也只适用于尺寸较小的工件。

4)钢的淬硬性与淬透性

(1)淬硬性。

钢的淬硬性是指钢能够淬硬的程度，也就是钢淬火后得到的马氏体的硬度的高低。它是指钢在正常淬火条件下可能达到的最高硬度。马氏体是含碳量过饱和的间隙式固溶体，碳的过饱和程度越高，则马氏体的硬度越高，所以淬硬性主要取决于钢的含碳量，含碳量越高，加热保温后奥氏体的碳浓度越大，淬火后所得到马氏体中的碳的过饱和程度越大，马氏体的晶格畸变越严重，钢的淬硬性越好。因此，当要求硬度高、耐磨性好时，应选用含碳量高的钢。至于合金元素，对钢的淬硬性影响不大，但对钢的淬透性却有重大影响。

(2)淬透性。

①钢的淬透性及其测定方法。

淬透性是指钢在淬火时获得马氏体的能力，主要与钢的临界淬火速度或过冷奥氏体的稳定性有关。如图 4-20 所示，在淬火冷却时，沿工件截面的冷却速度分布是不同的，表面最大，心部最小。冷却速度大于临界淬火速度的表层将转变为马氏体，冷却速度小于临界淬火速度的心部将转变为部分马氏体和其他组织的混合物。通常用钢在一定条件下淬火所获得的淬透层深度来表示淬透性，淬透层的深度规定为由表面至半马氏体区的深度。半马氏体区的组织是由 50%马氏体和 50%分解产物组成的。这样规定是因为半马氏体区的硬度变化显著(图 4-21)，同时组织变化明显，在酸蚀的断面上有明显的分界线，很容易测试。

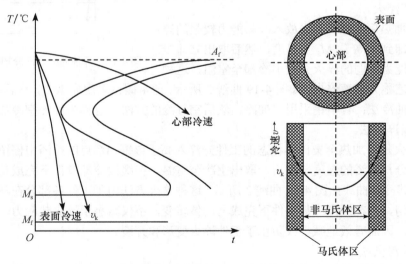

图 4-20　工件横截面的冷却速度与淬透层

钢的淬透性与淬硬性是两个不同的概念，后者是指钢淬火后形成的马氏体组织所能达到的硬度，它主要取决于马氏体中的含碳量。

目前测定钢淬透性最常用的方法是临界淬透直径法与端淬试验法。

➤ 临界淬透直径法。临界淬透直径是指钢在某介质中淬火冷却时，其心部能淬透的最大直径。显然，在冷却能力大的介质中比冷却能力小的所淬透的直径要大些，但在同一冷却介质中钢的临界淬透直径越大，则表示其淬透性越好。该方法操作不方便，工作量大，没有端淬试验法应用广泛。

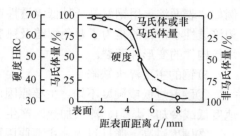

图 4-21　淬火工件截面上组织和硬度的分布

➤ 端淬试验法。此法通常用于测定优质碳素结构钢、合金结构钢的淬透性，也可用于测定弹簧钢、轴承钢和工具钢的淬透性。如图 4-22 所示，试验时将 $\phi 25 \times 100$mm 的标准试样加热至奥氏体状态后迅速取出置于试验装置上，对末端喷水冷却，距末端越远，冷却速度越小，因此硬度值越低。试样冷却完毕后，沿其轴线方向相对的两侧各磨去 0.2～0.5mm，在此平面上从试样末端开始，每隔 1.5mm 测一点硬度，绘出硬度与至末端距离的关系曲线，称为端淬曲线。由于同一种钢号的化学成分允许在一定范围内波动，因而有关手册中给出的不是一条曲线，而是一条带，称之为淬透性带，如图 4-23 所示。

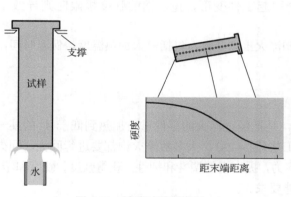

图 4-22　端淬试验示意图

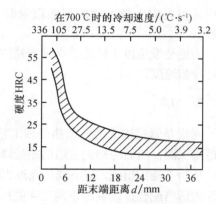

图 4-23　w_C 0.45%钢的淬透性带

根据钢的淬透性曲线，钢的淬透性值通常用 J(HRC/d) 表示。其中 J 表示末端淬透性，d 表示至末端的距离，HRC 表示在该处测得的硬度值。例如，淬透性值 J(40/5)，即表示在淬透性带上距末端 5mm 处的硬度值为 HRC40，J(35/10～150) 即表示距末端 10～15mm 处的硬度值为 HRC35。

②淬透性的应用。

钢的淬透性在生产中有重要的实际意义。在拉、压、弯曲或剪切应力的作用下，工作尺寸较大的零件，如各类齿轮、轴类零件，希望整个截面都能被淬透，从而保证零件在整个截面上的力学性能均匀一致。选用淬透性较高的钢即能满足这一要求。

如果钢的淬透性低，零件整个截面不能全部淬透，则表面到心部的组织不一样，力学性能也不相同，心部的力学性能，特别是冲击韧性很低。另外，对于形状复杂、要求淬火变形小的工件，如果选用淬透性较高的钢，便可以在较缓和的介质中淬火，因而工件变形较小。

但是，并非任何工件都要求选用淬透性高的钢，在有些情况下反而希望钢的淬透性低些。

例如，表面淬火用钢就是一种低淬透性钢，淬火时只是表面层得到马氏体。焊接用的钢也希望淬透性小，目的是为了避免焊缝及热影响区在焊后冷却过程中得到马氏体组织，从而防止焊接构件的变形和开裂。

5) 钢的主要淬火缺陷

①硬度过低或硬度不均。主要原因可能是淬火加热温度过低或保温时间过短、淬火冷却速度低或冷却不均匀、淬火加热时产生了较严重的氧化和脱碳。

②硬度过高、脆性过大。主要原因可能是淬火加热温度过高或保温时间过长。

③过热或过烧。当淬火加热温度过高，或保温时间过长时会使奥氏体晶粒急剧长大，淬火后得到粗大的马氏体组织，这一现象称为过热。如果继续提高淬火加热温度，奥氏体晶界产生严重氧化或局部熔化，淬火后材料完全失去塑性，这种现象称为过烧。产生过热的工件可通过退火、正火或重新淬火来补救，但过烧的工件无法补救，只有报废。因此，必须严格控制淬火加热温度及保温时间。

④变形与开裂。变形与开裂都是由内应力过大引起的，零件结构设计不当则更容易发生。产生过大的内应力是由加热或冷却速度过大引起的，导热性差的高合金钢更容易产生。当内应力超过钢的屈服极限时会引起工件变形，超过钢的强度极限时则导致工件开裂。

为避免发生以上缺陷，必须严格控制淬火工艺参数，包括淬火加热温度、保温时间，尤其是冷却速度。

2. 回火

回火是紧接淬火的一道热处理工艺，是把经过淬火的零件重新加热到低于 A_{c_1} 的某一温度适当保温，然后冷却到室温的热处理工艺(图 4-24)。大多数淬火钢都要进行回火，回火的目的是为了稳定组织，减小或消除淬火应力，提高钢的塑性和韧性，获得强度、硬度和塑性、韧性的适当配合，以满足不同工件的性能要求。

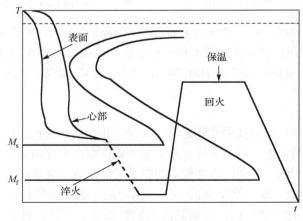

图 4-24　钢的回火

1) 回火时的组织转变

淬火钢在回火过程中会发生以下几种组织变化：淬火马氏体中析出碳化物，残余奥氏体的分解(200～300℃)，铁素体的回复和再结晶(400～700℃)。上述各种转变均受原子扩散控制，与回火的温度和时间有依赖关系。这些转变可以在缓慢连续加热和等温中发生，各种转变彼此间相互重叠进行。

(1)碳化物的析出。

回火时，马氏体中的碳原子将聚集，并析出亚稳定的碳化物，马氏体中的过饱和度降低。这种已分解的马氏体和亚稳定碳化物的混合物称为回火马氏体。它仍保留着原来马氏体的形态，但由于是两相组织，易被腐蚀，在光学显微镜下观察时颜色较暗。

当回火至 300～400℃时，不断析出的亚稳定碳化物开始转变为渗碳体，马氏体中碳的过饱和度降低到饱和状态，转变为铁素体。这时的组织为铁素体和极细的颗粒状渗碳体，称为回火屈氏体。铁素体仍保留原马氏体的形态。

当回火温度高于 350℃时，渗碳体颗粒聚集长大，在 1000 倍光学显微镜下，能分辨出渗碳体颗粒。此时的铁素体和颗粒状渗碳体的混合物称为回火索氏体。若在 500 倍光学显微镜下能分辨出渗碳体颗粒，则称为球状珠光体。

(2)残余奥氏体的分解。

淬火钢中的残余奥氏体在 200～300℃回火时将发生分解，转变为回火马氏体或下贝氏体。

(3)铁素体的回复与再结晶。

钢在 400℃或更高的温度回火时将发生铁素体的回复和再结晶，形成细小颗粒状铁素体。大约在 600℃，再结晶过程全部完成。此后随回火时间延长或温度升高，铁素体晶粒开始长大。

由淬火钢回火时力学性能变化的分析可知，回火马氏体保持高的硬度，具有良好的耐磨性，而塑性、韧性较差。回火屈氏体具有高的屈服强度和弹性极限，而且还有一定的塑性和韧性。回火索氏体有最高的塑性和韧性，而且具有一定的强度水平，一般认为是强度、韧性综合力学性能较好的组织。

制定钢的回火工艺时，根据钢的化学成分、工件的性能要求以及工件淬火后的组织和硬度来正确选择回火温度、保温时间、回火后的冷却等，以保证工件回火后能获得所需要的组织和性能。

2)回火温度

决定工件回火后的组织和性能最重要的因素是回火温度。生产中根据工件所要求的力学性能，所用的回火温度可分为低温回火、中温回火和高温回火。

(1)低温回火。

低温回火温度一般为 150～250℃。低温回火钢大部分是淬火高碳钢和淬火高合金钢，经低温回火后得到回火马氏体，具有很高的强度、硬度和耐磨性，同时钢的淬火应力和脆性显著降低了。在生产中，低温回火大量应用于工具、量具、滚动轴承、渗碳工件、表面淬火工件等。

(2)中温回火。

中温回火温度一般为 350～500℃，回火组织为回火屈氏体。中温回火后工件的内应力基本消除，具有高的弹性极限、较高的强度和硬度、良好的塑性和韧性。中温回火主要用于各种弹簧零件及热锻模具。

(3)高温回火。

高温回火温度为 500～600℃，习惯上将淬火和随后的高温回火相结合的热处理工艺称为调质处理。高温回火的组织为回火索氏体。高温回火后钢具有强度、塑性和韧性都较好的综合力学性能。高温回火广泛应用于中碳结构钢和低合金结构钢制造的各种重要结构零件，如发动机曲轴、连杆、连杆螺栓、汽车半轴、机床主轴、齿轮等。

除上述三种回火方法之外，某些不能通过退火来软化的高合金钢，可以在 600～680℃进行软化回火。

3) 回火脆性

钢回火时的组织变化必然引起力学性能的变化。总的趋势是随回火温度的提高，钢的强度、硬度下降，塑性、韧性提高(图 4-25)。

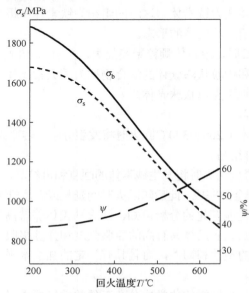

图 4-25　合金钢的强度和塑性随回火温度的变化

图 4-26 为淬火钢硬度随回火温度的变化。可以看出，在 200℃以下回火时，由于马氏体中碳化物的弥散析出，钢的硬度并不下降，高碳钢硬度甚至略有提高。在 200～300℃回火时，由于高碳钢中的残余奥氏体转变为回火马氏体，硬度再次升高。在 300℃以上回火时，由于渗碳体粗化，马氏体转变为铁素体，硬度直线下降。

淬火钢的韧性并不总是随回火温度升高而提高，在某些温度范围内回火时，会出现冲击韧性下降的现象，称为回火脆性，如图 4-27 所示。根据回火脆性出现的温度范围，可将其分为两类。

(1) 第一类回火脆性。

第一类回火脆性是指淬火钢在 250～350℃回火时出现的脆性。这种回火脆性是不可逆的，只要在此温度范围内回火就会出现脆性，目前尚无有效的消除办法，因而回火时应避开这一温度范围。

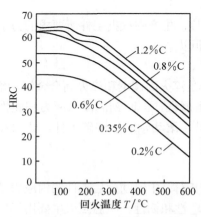

图 4-26　淬火钢硬度随回火温度的变化

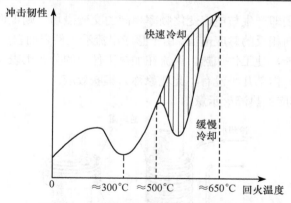

图 4-27　钢的冲击韧性随回火温度的变化

（2）第二类回火脆性。

第二类回火脆性是指淬火钢在 500～650℃回火后缓冷时出现的脆性。这类回火脆性主要发生在含 Cr、Mn、Cr-Ni 等合金元素的结构钢中。一般认为这类回火脆性与上述元素促进 Sb、Sn、P 等杂质在原奥氏体晶界上偏聚有关。回火后快速冷却可抑制这类回火脆性。在钢中加入合金元素 W（约 1%）、Mo（约 0.5%）也可有效抑制这类回火脆性的产生。

4.3　金属材料的表面热处理

金属材料的表面热处理是一种强化零件表面的热处理方法。各类零件的服役条件不同，其性能要求也各异。许多零件如齿轮、凸轮、曲轴及销子，是在动负荷及摩擦条件下工作的，表面要求高硬度、耐磨性好和高疲劳强度，心部应有足够的塑性、韧性；某些零件，如量规、样板等工具，仅要求表面硬度高和耐磨；还有些零件要求表面具有抗氧化性和抗蚀性等。上述情况若仅从选材角度考虑，可选某些钢种通过普通热处理就能满足性能要求，但不经济。有些零件单从选材上解决是不可能的，因此，生产上广泛采用表面热处理来解决，具体工艺有化学热处理和表面淬火两大类。

4.3.1　钢的表面淬火

表面淬火是将工件表面快速加热到淬火温度，然后迅速冷却，使表面层获得淬火组织，而心部仍保持淬火前组织（调质或正火组织）的热处理方法。它可使工件表面硬而耐磨，心部有足够的塑性、韧性，这对齿轮、曲轴等结构件很重要，但它不改变工件表面的化学成分。

表面淬火具有工艺简单、变形小、生产率高等优点，生产中广为应用。表面淬火常以供给表面能量形式的不同而命名和分类，如感应加热、火焰加热、电接触加热、电解液加热及激光、电子束加热表面淬火方法。本节主要讨论生产中应用最广泛的感应加热表面淬火。

1. 感应加热表面淬火

感应加热是利用电磁感应原理，将工件置于铜管制成的感应圈中，向感应圈通以一定频率的交变电流，其周围即产生与电流变化频率相同的交变磁场，则工件(导体)内产生与感应圈电流频率相同而方向相反的感应电流。由于感应电流沿工件表面自成回路，故常称为涡流。该涡流将电能变成热能，使工件加热。涡流在加热工件中的分布由表及里呈指数规律衰减，主要集中在工件表层，内部几乎没有，此现象称为集肤效应。

　　图 4-28 为典型感应加热淬火示意图。

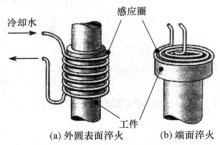

(a) 外圆表面淬火　　　　　(b) 端面淬火

图 4-28　感应加热表面淬火示意图

　　感应加热就是利用集肤效应，依靠电流热效应迅速加热工件表层至淬火温度(此时心部接近室温)，随即喷液或浸液冷却使工件表面淬火。

　　感应加热速度快，一般不保温。为使先共析相充分溶解，高频加热表面淬火比普通淬火加热温度高 30~200℃。它常采用喷射冷却，其冷速可通过调节液体压力、温度及喷射时间来控制。

　　感应加热表面淬火一般只进行温度不高于 200℃ 的低温回火，目的是为了减少残余内应力和脆性，并保持表面高硬度和高耐磨性。

　　为保证工件表面淬火后的表面硬度和心部的强韧性，一般选用中碳钢及中碳合金结构钢，在表面淬火前的组织应为调质态或正火态。

2. 火焰加热表面淬火

　　火焰加热表面淬火是用氧-乙炔或氧与其他可燃气(煤气、天然气等)的火焰直接加热工件表面至淬火温度，然后立即喷水冷却的方法，如图 4-29 所示。调节燃烧嘴与工件的距离和移动速率，可获得不同厚度的淬硬层，一般为 2~8mm。

　　该工艺具有设备简单、成本低、方便灵活等优点，适用于大、小单件或小批量零件的表面淬火。但它易使工件表面过热，淬火质量不稳定，加热温度难控制，故其应用受到限制。

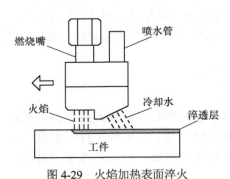

图 4-29　火焰加热表面淬火

3. 电接触加热表面淬火

　　电接触加热的原理如图 4-30 所示。工业电经调压器降压后供给低压大电流，电流通过工件表面的滚轮与工件自成回路，并利用两者之间高的接触电阻实现快速加热。当表面达到淬火温度后移去滚轮，靠工件本身自冷淬火，可获 0.2~0.25mm 的淬硬层。该法可显著提高表面耐磨性、抗擦伤能力，而且设备简单，操作方便，工件变形小，不需回火；缺点是硬化层浅，形状复杂的工件不宜采用；目前多用于机床导轨、汽缸套等零件。

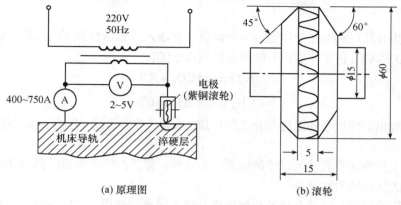

(a) 原理图　　　　　　　　　　　　　(b) 滚轮

图 4-30　电接触加热淬火示意图

4. 电解液加热表面淬火

该法原理如图 4-31 所示。工件作为阴极浸入电解液中，电解槽(或铜、铝板)为阳极，当两极通以直流电时，溶液被电离，氢离子奔向工件并形成包围工件的氢气膜。电流通过电阻大的氢气膜时产生大量热能加热工件表面，并迅速达到淬火温度，当断电后氢气膜破裂，电解液激冷工件实现淬火。

5. 冲击淬火

该法是以能量密度很大的能源对金属表面超高速加热，经若干毫秒时间加热使表面达到淬火温度，然后断掉能源，靠未加热部分自激冷淬火。其加热方式主要有高频脉冲加热、电子束和激光的超高速加热。

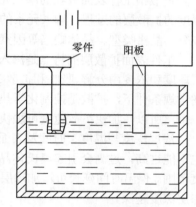

图 4-31　电解液淬火原理图

4.3.2　化学热处理

化学热处理是将金属工件置于某种化学介质中加热和保温，使介质中的活性原子扩散渗入工件一定深度的表层，通过改变表层的化学成分和组织获得与心部不同性质的热处理工艺。与表面淬火不同，它不仅改变表层的组织，同时也改变其化学成分。其作用除了强化表面，提高工件表面的硬度、耐磨性、抗疲劳强度等性能以外，还可以起到表面保护的作用，提高工件表面的耐蚀性、抗氧化性等，从而显著提高工件的使用性能和寿命。普通钢材通过化学热处理后可代替昂贵的高合金钢、含有贵金属或稀有元素的特殊钢，具有明显的经济价值，因此，在工业上获得越来越广泛的应用。

化学热处理种类繁多，根据渗入元素的不同，可分为渗碳、渗氮、碳氮共渗、渗硼、渗金属及多元共渗。

1. 化学热处理的基本过程

化学热处理由分解、吸收和扩散三个基本过程组成。

1) 分解

分解是指介质(渗剂)在一定温度下分解出含有渗入元素活性原子的过程。例如,渗碳时渗剂中的 CO 和 CH₄ 在工件表面分解出活性碳原子[C]。

$$2CO \Longleftrightarrow CO_2 + [C]$$

$$CH_4 \Longleftrightarrow 2H_2 + [C]$$

介质分解出活性原子的速度与介质的性质、数量、分解温度、压力、催化剂等因素有关。

2) 吸收

吸收指工件表面吸收渗入元素活性原子的过程,即活性原子向钢的固溶体中溶解或与钢中某元素形成化合物的过程。

吸收过程的强弱与活性介质的分解速度、渗入元素的性质、扩散速度、钢的成分、其表面状态等因素有关。

3) 扩散

扩散指工件表面吸收的渗入元素的原子,在一定温度下由表面向内部扩散,并形成一定厚度的扩散层的过程。渗入元素的扩散速度与浓度梯度、温度、渗入元素的性质、钢的化学成分、晶格类型、晶体缺陷等因素有关。

工件表面扩散层的特点是渗入元素在表层的浓度最高,离开表面越远,浓度越低。扩散层厚度和浓度由分解、吸收和扩散 3 个基本过程的进行速度以及它们之间的相互关系所决定。在常规条件下,扩散是控制化学热处理过程的主要过程,因其是 3 个基本过程中速度最慢的一个,所以,加快扩散速度可加快化学热处理过程。

渗层深度与温度、时间及表面浓度有关。温度越高,扩散速度越快,渗层越深。但温度也不能过高,过高会引起奥氏体晶粒粗化,使钢的性能变坏。各种化学热处理均有适宜的温度范围。保温时间延长可增加渗层厚度。表面浓度越高,扩散速度越快,在相同扩散时间内,渗层深度越深。

2. 钢的渗碳

渗碳是目前机械制造业中应用最广泛的一种化学热处理方法。它是将低碳钢放入渗碳的介质中加热至 900～950℃保温,使活性碳原子渗入钢的表面,以获得高碳渗层组织的工艺方法。渗碳后经淬火和低温回火,使表面具有高的硬度、耐磨性及高的接触疲劳和弯曲疲劳强度,而心部仍为低碳,此时钢具有足够的韧性和一定的强度。许多重要的机器零件(如齿轮、凸轮、轴类等)就是这样热处理的。显然,渗碳可使同一材料制作的零件兼有高碳钢和低碳钢的性能,相当于是一种复合材料。

1) 渗碳方法

常用的渗碳方法有气体渗碳和固体渗碳。

(1) 气体渗碳。

气体渗碳是把构件放入含有气体渗碳介质的密封高温炉罐中加热保温,使零件表面增碳的渗碳方法。气体渗碳介质有液体介质(含有碳氢化合物的有机液体),如煤油、苯、醇类和丙酮,使用时直接滴入渗碳炉内,经裂解后产生活性碳原子;或是气体介质,如天然气、丙烷气及煤气,使用时直接通入炉内,经裂解后用于渗碳。生产中无论采用何种渗剂,产生的炉气成分都是很复杂的。

（2）固体渗碳。

固体渗碳是把低碳钢件放在四周填满固体渗碳剂的箱内加以密封，再加热到渗碳温度（900～950℃），保温一定时间，使零件表面增碳的渗碳方法。固体渗碳剂由一定大小的木炭颗粒（约占 90%）加起催渗作用的碳酸盐（10%左右）均匀混合而成。渗碳保温时间视渗碳层深度的要求而定，一般按 0.10～0.15m/h 估算。固体渗碳的周期长、生产率低、劳动条件差、渗碳层深度及质量不易控制，有逐渐被气体渗碳取代的趋势。固体渗碳设备简单，工艺简便，适宜单件或小批量生产以及有盲孔零件的渗碳，故在生产中仍有一定的应用价值。

2）渗碳后的热处理

渗碳工件必须经过淬火、回火处理后才能达到表层高硬度、心部高韧性的要求。淬火方法主要有如下 3 种。

（1）直接淬火法。对于本质细晶粒钢，通常渗碳后随炉或出炉预冷到稍高于心部成分的 Ar_3 温度（避免产生铁素体）后直接淬火。预冷主要是减少零件与淬火介质的温差，减少淬火应力和变形。该法效率高、成本低、氧化脱碳倾向小，但其仅适用于过热倾向小的本质细晶粒钢。

（2）一次淬火法。工件渗碳后置于空气或冷却坑中至室温，然后加热淬火。该法可细化晶粒，改善组织，提高力学性能。淬火温度应兼顾表层和心部要求，一般略高于心部的 A_{c_3} 温度（如合金钢），碳钢多在 $A_{c_1} \sim A_{c_3}$。该法多用于固体渗碳件或本质细晶粒钢渗碳后不能直接淬火者（如渗碳后需机械加工），在生产中应用广泛。

（3）二次淬火法。这是一种同时保证心部与表面都获得高性能的方法，即工件渗碳冷却后两次加热淬火。首次淬火的目的是细化晶粒和消除表层中的网状碳化物，加热温度为 850～900℃；二次淬火是使渗层获得细小粒状碳化物和隐晶马氏体，以保证获得高强度和高耐磨性，加热温度为 760～820℃。

该工艺复杂、成本高、效率低、变形大，仅用于要求表面耐磨件和心部高韧性的零件。淬火后一般都要进行 150～200℃、保温 2～3h 的低温回火。

3. 钢的渗氮

渗氮也称氮化，是指向工件表面渗入氮原子，形成富氮硬化层的化学热处理工艺。渗氮根据工艺目的的不同，分为强化渗氮和耐蚀渗氮；根据使用介质的不同，分为气体、液体和固体渗氮。前者应用最广。

气体渗氮是将氨气（NH_3）通入加热至渗氮温度的密封渗氮罐中，使其分解出活性氮原子并被钢件表面吸收、扩散形成一定厚度的渗氮层。氨气在 380℃以上与铁接触后分解出活性氮原子（即 $2NH_3 \rightarrow 3H+2[N]$），它被钢件表面吸收并溶解在 α-Fe 中形成固溶体。当含氮量超过溶解度时，即形成氮化物 FeN、Fe_2N 等。

氮化主要使工件表面形成氮化物层来提高硬度和耐磨性。氮和许多合金元素如铬、钼、铝等均能形成细小的氮化物。这些高硬度、高稳定性的合金氮化物呈弥散分布，可使渗氮层具有更高的硬度和耐磨性，故氮化用钢常含有 Al、Cr、Mo、Ti、V 等，如 38CrMoAl 钢成为最常用的氮化钢。

与渗碳相比，钢件渗氮后有很高的表面硬度（HV950～1200）、高的耐磨性，并且它们可保持到较高的工作温度（560～600℃），故其热硬性及热稳定性好。由于渗氮后表层比容增大，产生较大的压应力，因此钢件有高的疲劳强度，同时还有高的抗咬合性及低的缺口敏感性。

由于氮化温度低且渗氮后不再热处理，所以工件变形很小。此外，因氮化后氮化物组织致密，化学稳定性高，零件具有很高的耐腐蚀能力。氮化最大的缺点是工艺时间太长，且成本高，渗氮层薄而脆。

4. 碳氮共渗

向钢件表层同时渗入碳和氮的过程称为碳氮共渗。

碳氮共渗一般分为高温（900～950℃）、中温（700～880℃）和低温（500～560℃）三种。前两种以渗碳为主，后者以渗氮为主，又称为氮碳共渗。

1）中温碳氮共渗

中温碳氮共渗介质有多种，最简便的是将渗碳气体和氨气同时通入密封炉内，在共渗温度下分解出活性碳、氮原子，并渗入工件表面形成共渗层。零件共渗后需进行淬火及低温回火。一般零件的共渗层深为 0.5～0.8mm，共渗保温为 4～6h。

2）低温碳氮共渗（氮碳共渗）

低温碳氮共渗一般以渗氮为主，保温时间一般为 3～4h。共渗剂一般用吸热式气氛和氨气混合气，也有用尿素、甲酰胺、三乙醇胺以及醇类加氨气的。该工艺可有效提高零件的耐磨性、疲劳强度、抗咬合性等，同时生产周期短、成本低、零件变形小，不受钢材限制（碳钢、合金钢及铸铁均适用）。

5. 钢的渗硼

渗硼是用活性硼原子渗入钢件表层，形成硼化铁的化学热处理工艺。渗硼方法主要有固体、液体和气体渗硼三种。前两种方法应用最多。

固体渗硼剂常以硼铁粉或 B_4C 作为供硼剂，加入 5%～10%KBF_4 作为催化剂，再加入 20%～30%木炭或 SiC 作为填充剂。与固体渗碳的操作方法相似，渗硼将工件与渗硼剂一起装箱密封加热，渗后可随箱空冷。

液体渗硼即盐浴渗硼，最常用的盐浴渗硼剂由提供活性硼原子的无水硼砂作为还原剂的碳化硅或碳化硼组成，还可加入氯化钡或氯化钠以降低熔盐熔点，改善流动性。该工艺的优点是设备简单、速度快、操作简便。

渗硼温度多是 850～950℃，保温 4～6h。渗硼层深一般为 0.1～0.3mm。工件渗硼后表面形成 Fe_2B（或 $FeB+Fe_2B$），其下为由增碳区形成的合金碳化物和珠光体构成的过渡区。

渗硼能显著提高钢件表面硬度（HV1400～2300）和耐磨性，使其有良好的耐热性、热硬性和耐蚀性（硝酸例外）。其不足之处是渗硼层较脆，易剥落，研磨加工困难。

6. 渗金属

渗金属是将金属元素渗入工件表面，使其具有特殊的物理、化学性能或强化表面的化学热处理工艺。例如，渗锌使工件耐大气腐蚀，渗铝可提高工件抗高温氧化能力等。对某些仅要求表面具有特殊物理、化学性能的零件，可用成本低廉的普通钢材通过渗金属来代替质价贵的高合金钢。

渗金属常用的元素有 Cr、Al、Ti、Nb、V、Ni、W、Zn、Co 等。渗金属的机理仍包含渗剂的分解、工件表面对活性渗入元素原子的吸收及其向工件内部扩散等三个基本过程。但因金属元素原子半径均较大，渗金属与铁多形成置换固溶体，扩散需要更大的激活能，因此，渗金属一般速度很慢，渗层较薄，多是高温长时间处理。

渗金属分为直接渗入法和镀（涂）渗法。前者同其他化学热处理一样，有固体法、液体法和气体法三种；后者是用镀层或涂层的方法先将欲渗入的金属覆盖在工件表面，再加热使之扩散。

金属表面同时渗入两种或两种以上的金属元素称为多元共渗。例如，铬铝共渗、铬钒共渗等。也可以进行金属元素和非金属元素的多元共渗。例如，硼钒共渗、铬铝硅和铝钒氮三元共渗。多元共渗兼具各个元素的优点，克服单一渗的不足。例如，硼钒共渗具有单一渗钒层硬度高、韧性好和渗硼层较厚的优点，又克服了渗钒较薄及渗硼层较脆的缺点，获得了较好的综合性能。多元共渗的处理温度一般比单元素渗要低，这在热处理中会带来一系列好处。

4.4　固溶热处理与时效强化

4.4.1　固溶热处理

将固溶度随温度的升高而增大的合金，加热到单相固溶体相区内的适当温度，保温适当时间，以便原组织中的脱溶（析出）相溶入固溶体的工艺过程称为固溶热处理（图 4-32）。固溶热处理旨在获得过饱和固溶体，为时效做组织准备。

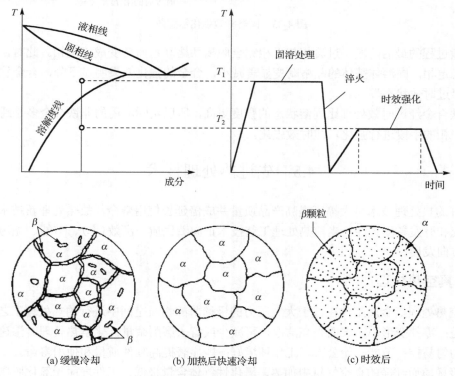

(a) 缓慢冷却　　　　　　(b) 加热后快速冷却　　　　　　(c) 时效后

图 4-32　固溶与时效强化热处理

经过固溶处理的合金强度较低，塑性较好。对于非铁合金，经固溶处理后，一方面可利用其良好的塑性，对其进行压力加工；另一方面利用强化相的脱溶析出可提高合金的强度。

4.4.2　时效强化

工件经固溶处理后在室温或稍高于室温下放置，过饱和固溶体发生脱溶分解，其强度、硬度升高的过程称为时效。该过程在室温下进行时，称为自然时效；在加热条件下进行时，称为人工时效。时效是非铁合金最常用的强化方法。

如图 4-33 所示，在时效初期，由于溶质原子的偏聚，形成溶质原子富集区，引起基体晶格畸变，增加位错运动的阻碍，所以合金的强度与硬度升高。随着时间的延长，溶质原子富集的区域不断增大，溶质原子和溶剂原子呈现规则排列，发生有序化，晶格畸变进一步加剧，从而对位错运动的阻碍作用也进一步增加，使合金的强度、硬度不断提高。溶质原子继续富集，形成过渡相。过渡相部分与母相晶格脱离，因而晶格畸变减轻，对位错运动的阻碍作用减小，合金的强度、硬度开始下降。

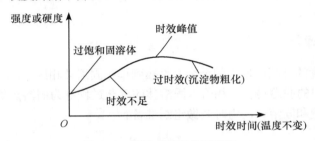

图 4-33　固溶时效强化示意图

时效过程的最后阶段，过渡相与母相完全脱离共格联系而转变成稳定相。此时，固溶体转变成稳定相，固溶体基体的晶格畸变显著减小，合金的强化效果明显下降，合金软化，进入所谓"过时效状态"。

非铁合金经过时效处理比固溶状态的强度更高，所以实际应用的非铁合金多是通过时效析出第二相的手段进行强化，即时效强化。

4.5　先进热处理技术

先进的热处理技术可大幅度提高产品质量并成倍延长使用寿命，故热处理新技术、新工艺的研究和开发备受关注。当前热处理工艺技术正向着优质、高效(率)、节能、无污染、低消耗的方向发展。

4.5.1　真空热处理

真空热处理指金属工件在低于大气压力的极稀薄的物质空间中进行的热处理工艺。其主要优点是：零件变形小，表面光亮洁净，可减少或省去磨削余量；化学热处理时渗速快、渗层浓度均匀易控；节能、无公害，工作环境好；能显著提高零件质量和使用寿命。

在极稀薄而纯净的真空气氛中加热，氧化性气体含量极低，工件表面无氧化脱碳；同时真空气氛具有净化表面(去除氧化物)、除脂(去除油污)、脱气(脱除金属中的氢、氧、氮)等作用。但工件真空中加热速度缓慢，真空设备复杂而昂贵。真空热处理工艺可分为真空退火、真空淬火、真空化学热处理。

4.5.2　形变热处理

形变热处理是将塑性变形和热处理有机结合的复合工艺。它能同时发挥形变强化和热处理强化的作用，提高材料的力学性能，获得单一强化方法达不到的强韧化效果；同时，还简化工序，降低成本，减少能耗和材料烧损。

形变热处理的方法通常分为相变前形变、相变中形变和相变后形变三类。这里仅介绍相变前形变的高温形变热处理和低温形变热处理。

1.　高温形变热处理

高温形变热处理即在奥氏体稳定区形变后立即淬火，发生马氏体相变并回火至所需性能的处理方法。例如，热轧淬火、锻热淬火等。它适用于柴油机连杆、曲轴等调质结构件。

2.　低温形变热处理

低温形变热处理即在亚稳奥氏体区形变后立即淬火，并回火至所需要的性能。这种热处理方法可保证工件在具有一定塑性的前提下，强度大幅度提高。例如，超高强度钢的抗拉强度能从淬回火后的 1700MPa 提高到 2453～2747MPa，冲击韧度达 30～50J/cm^2，约提高一倍。该法用于要求强度相当高的零件，如飞机起落架、汽车板簧、炮弹壳等。

4.5.3　离子热处理

离子热处理是利用低真空中稀薄气体的辉光放电产生的等离子体轰击工件表面，使工件表层成分、组织及性能发生变化的热处理工艺。离子热处理包括离子化学热处理、离子镀和离子注入。较成熟的离子化学热处理主要有离子渗氮、离子渗碳、离子氮碳共渗等。这里只简单介绍离子渗氮、离子渗碳和离子注入技术。

1.　离子渗氮

离子渗氮是利用稀薄气体的辉光放电现象进行的(图 4-34)，又称为辉光离子氮化。将钢件置于密封真空室内，以工件为阴极，炉壁为阳极，施以 500～800V 的直流高压，通入少量氨气或氢氮混合气。在高压电场作用下，气体电离形成辉光放电，高能氮离子高速轰击工件表面，使工件表面升温到氮化温度(450～650℃)，氮离子在工件表面(阴极)获得电子，还原成氮原子而渗入工件表面，并向内部扩散形成渗氮层。

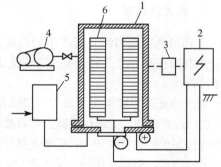

图 4-34　离子渗氮装置示意图

1-真空容器；2-直流电源；3-测温装置系统；
4-真空泵；5-渗剂气体调节装置；6-待处理工件

离子渗氮的优点是速度快(如 38CrMoAl 钢，渗层深度为 0.53～0.7mm，气体渗氮约需 70h，离子氮化仅需 15～20h)，渗层脆性小，疲劳强度高，工件变形小，材料适应性广；缺点是设备投资高，装炉量小，测温困难。

2. 离子渗碳

离子渗碳是将工件装入温度超过 900℃的真空炉中，通入碳化氢的减压气氛加热，同时在工件(阴极)和阳极之间施加高压直流电，产生辉光放电使活化的碳被离子化，进而加速轰击工件表面进行渗碳。

离子渗碳的硬度、疲劳强度、耐磨性等力学性能比传统渗碳方法高，渗碳速度快，渗层厚度及碳浓度容易控制，表面洁净。

3. 离子注入

离子注入是根据工件表面所需性能来选择适当种类的原子，使其在真空电场中离子化，引出离子束流并在强电场作用下使离子加速，然后直接注入工件表面的方法。入射离子与材料中的原子或分子将发生一系列物理的和化学的相互作用，其能量逐渐损失，最后停留在材料中，形成一定深度的离子注入层，并引起材料表面成分、结构和性能发生变化，从而改变这种材料表面的物理、化学及力学性能。

离子注入层是注入离子与表层基体原子形成的亚稳态或平衡态表层合金或陶瓷埋入层，但形成非晶态表层最多。离子注入技术在半导体材料掺杂，金属、陶瓷、高分子聚合物等的材料表面改性上获得了极为广泛的应用。其主要特点有如下几点。

(1)离子注入是一种纯净的无公害的表面处理技术。

(2)无须热激活，无须在高温环境下进行，因而不会改变工件的外形尺寸和表面光洁度。

(3)离子注入层是由离子束与基体表面发生一系列物理的和化学的相互作用而形成的一个新表面层，它与基体之间不存在剥落问题。

(4)离子注入后无须再进行机械加工和热处理。

4.5.4　高能束热处理

1. 激光热处理

激光热处理是将激光器产生的高能量密度激光束照射工件表面，把光辐射能变为热能，使工件表面在十分之几秒，甚至千分之几秒内加热到淬火温度，然后移开能源，依靠工件自身激冷淬火。

激光热处理可实现表面淬火、局部表面硬化或局部表面合金化处理。其优点是：能量密度高，加热速度极快，无氧化脱碳，可自激冷淬火；淬火应力及变形极小，疲劳强度高；能对工件表面进行局部的选择性淬火；用激光照射有涂层或镀层的工件表面，可获得不同性能的合金化表层；节约能量，劳动环境好，易实现自动化。其缺点是激光器价格高昂，生产成本高。

2. 电子束热处理

电子束热处理是由具有高密度能量的电子流轰击金属表面，通过电子流和金属中的原子碰撞来传递能量，加热工件表面，极快地使表面达到淬火温度，然后切断能源，靠工件自激冷淬火。工件表面温度和淬透深度与电子束能量及轰击时间有关。若能量高，时间长，则温度高，深度大。

电子束热处理的优点是：加热速度很快(仅需要零点几秒)，可获得超细晶粒，显著提高工件表面的强韧性，变形小；能耗低，无污染，生产效率高，产品质量好；可用于快速表面合金化和表面上釉处理。电子束热处理设备成本高，使用时要注意 X 射线防护。

4.6　钢的热处理工艺选用

热处理区别于其他加工工艺如铸造、压力加工等的特点是只通过改变工件的组织来改变性能，而不改变其形状。根据在零件生产过程中所处的位置和作用不同，又可将热处理分为预备热处理与最终热处理。预备热处理是指为随后的加工(冷拔、冲压、切削)或进一步热处理做准备的热处理。而最终热处理是指赋予工件所要求的使用性能的热处理。

1. 预备热处理

预备热处理是在零件制造加工过程中，为改善其加工工艺性或有目的的改善其组织状况而进行的热处理。预备热处理包括退火、正火、调质等。经热加工的铸件、锻件等毛坯，一般都要进行退火或正火处理，以消除毛坯中的内应力，细化组织，改善切削性能，或为最终热处理作好组织准备。退火和正火一般安排在毛坯成型之后、切削加工之前进行。对精度要求高的零件，为了消除切削加工产生的内应力，在切削加工工序间还应适当安排去应力退火。

调质处理主要是为了提高零件的综合机械性能，或为以后的表面淬火和易变形精密零件(要求精度高的零件)的整体淬火作好组织准备。调质处理一般安排在粗加工之后、半精加工或精加工之前进行。在实际生产中，退火、正火或调质也常常作为铸铁件、铸钢件、轧钢件的最终热处理。

2. 最终热处理

最终热处理是为保证零件使用性能而进行的热处理。最终热处理包括淬火、回火、表面热处理等。零件经过这类热处理后的硬度较高，除磨削外，不适合其他切削加工，因此一般安排在半精加工之后、精加工之前进行。

合理选材和合理选择、安排热处理工艺，是保证零件内在质量的决定性因素。选用材料时还应注意其热处理工艺性能，包括淬硬性、淬透性、过热敏感性、回火脆性等。在机械零件加工中，必须将铸、锻、焊、切削加工过程与热处理合理地安排，正确选择和合理安排热处理在零件加工过程中的位置，才能保证零件的加工质量和使用性能。

例如对于要求表面硬度高、心部综合力学性能好的工件(调质钢)，热处理工序在零件生产过程中的位置如下：

下料→锻造→正火(或退火)→粗加工→调质处理(淬火+高温回火)→表面淬火→
低温回火→精加工

对于要求表面硬度高、心部韧性好的工件(渗碳钢)，热处理工艺在零件生产过程中的位置如下：

下料→锻造→正火→粗加工→渗碳→淬火→低温回火→精加工

热处理工艺应用时还要注意零件在加热和冷却过程中会产生较大的内应力，当内应力超过材料的强度极限时会造成零件的变形和开裂，因此要求零件设计时要避免应力集中，采用优化的热处理工艺参数以减少热处理时的变形和开裂。

思 考 题

4.1　试述奥氏体的形成过程及细化奥氏体晶粒的方法。

4.2　何谓钢的热处理？钢的热处理有哪些基本类型？

4.3　马氏体组织有几种基本类型？它们的形成条件、组织形态、晶体结构、力学性能有何特点？

4.4　分析淬火钢回火时的组织转变。

4.5　何谓回火脆性?说明回火脆性的类型、特点及其抑制方法。

4.6　何谓钢的淬透性、淬硬性?说明影响淬透性、淬硬性及淬透层深度的因素。

4.7　为减少淬火冷却过程中的变形和开裂应采取什么措施?

4.8　分析表面热处理的原理及其应用。

4.9　分析激光、电子束热处理的特点。

第 5 章　金属的塑性变形与再结晶

金属作为工程材料应用的一个重要特性是在具有高强度的同时还具有优良的塑性变形能力。在高温或常温下，金属材料可以在外力作用下改变形状而不被破坏，从而具有优越的成型性能；塑性变形还会引起金属组织和性能的变化。掌握塑性变形与金属组织变化之间的相互关系，对控制和改善金属材料的性能具有重要意义。

5.1　金属的塑性变形

工程上应用的金属材料通常是多晶体，但多晶体的变形与组成它的各晶粒的形变有关。本节首先分析单晶体的塑性变形，然后分析多晶体的塑性变形，以及冷、热变形和金属的超塑性。

5.1.1　单晶体的塑性变形

金属的塑性变形主要通过滑移和孪生的方式进行。高温变形时，还会以扩散蠕变与晶界滑动方式进行。

1. 滑移

单晶体金属产生宏观塑性变形实际上是金属沿着某些晶面和晶向发生相对切向滑动，这种切向滑动称为滑移（图 5-1）。发生滑移的晶面称为滑移面，滑移面上与滑移方向一致的晶向称为滑移方向。图 5-1 中的外应力 τ 是作用于滑移面两侧晶体上的切应力，通常它只是金属所受的宏观外应力的分力，所以称为分切应力。

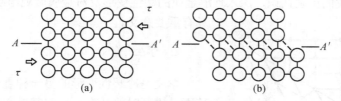

图 5-1　单晶体金属滑移示意图

当分切应力增大并超过某一临界值，即近似等于滑移面两侧原子间的结合力时，滑移面两侧的晶体就会产生滑移。使晶体发生滑移的最小分切应力称为临界分切应力 τ_c，τ_c 是与金属成分、微观组织结构等因素有关的常数。

实际金属材料中虽然大部分原子是按理想晶体模型那样规则排列的，但是总会出现一些晶体缺陷，如空位、位错等。以这种实际晶体模型为基础很容易得出滑移的位错运动假设，按这种假设求出的晶体滑移临界切应力数值大大减小。

图 5-2 表示在外力作用下金属晶体通过位错的连续运动产生滑移的过程。从图中可以看

出，在分切应力 τ 的作用下，由于刃型位错的原子列处于不完全键合状态，该处原子与其他原子比较最容易发生移动。实际上，只要分切应力 τ 大于沿位错运动方向上位错前面那列原子与滑移面另一列原子的键合力，位错就可以沿 τ 的方向向前连续运动，并且当位错移动到晶体表面时产生宽度等于一个原子间距的滑移台阶。与图 5-1 比较可以看出，在外力作用下实际金属晶体通过位错运动产生滑移和理想晶体进行整体滑移的效果相同，但是具体滑移的微观过程和所需的临界外应力大小却有很大的差别。

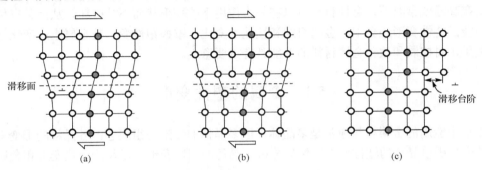

图 5-2　刃型位错在晶体中的运动过程

在实际晶体模型中，塑性变形实质上是位错的连续运动，而不是像理想晶体模型那样以滑移面两侧晶体的整体同时相对运动，因而受外力作用时单个位错很容易产生运动，这称为位错的易动性。正因为如此，在位错密度不是太高时，含有位错的实际金属晶体就很容易在外力作用下发生塑性变形。事实上，根据实际金属晶体模型和滑移的位错运动假设计算出的临界分切应力 τ_c 比根据理想晶体模型和整体滑移假设计算出的结果小得多，并与实际测定的数值十分接近。因而说明，这一模型和滑移的位错运动假设是符合实际情况的。利用透射电子显微镜可以观察到位错和在外力作用下通过位错运动产生塑性变形的过程。

通过上述对单晶体金属塑性变形微观过程的简要介绍可以清楚地说明，金属晶体塑性变形的实质是在分切应力作用下产生位错的连续运动，从而使金属沿一定的滑移面和滑移方向发生滑移。这对我们正确认识、深入理解金属的塑性变形及对金属微观组织和性能的影响都具有重要意义。

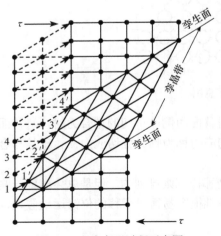

图 5-3　孪生变形过程示意图

2. 孪生

孪生是冷塑性变形的另一种重要形式，常作为滑移不易进行时的补充。一些密排六方的金属如 Cd、Zn、Mg 等常发生孪生变形。体心立方及面心立方结构的金属在形变温度很低、形变速率极快时，也会通过孪生方式进行塑性变形。孪生是发生在晶体内部的均匀切变过程，它总是沿晶体的一定晶面(孪晶面)，沿一定方向(孪生方向)发生，变形后晶体的变形部分与未变形部分以孪晶面为分界面构成了镜面对称的位向关系(图 5-3)。

孪生是与滑移不同的另一种切变方式。孪生切变是一种均匀的切变，切变部分每一层原子相对于下一层都切变过相同的距离，而滑移则属于不均匀切变，切变集中在滑移平面上。发生孪生后，在晶体内部将出现孪晶和孪晶界。

孪生变形的应力-应变曲线也与滑移变形时有明显的不同。在拉伸曲线上，孪生将产生锯齿形变化，因为孪生形成时往往需要较高的应力，一旦产生孪生切变后，其速度很快。伴随着载荷的下降，新的孪生出现又需再增大应力，因而导致了锯齿形的变化。

孪生切变比滑移切变需要大得多的切应力，因此，滑移是更普遍的塑性变形形式。孪生对塑性变形的直接贡献比滑移小很多，但孪生改变了晶体位向，从而使其中某些原来处于不利取向的滑移系转变到有利于发生滑移的位置，可以激发晶体的进一步滑移，使金属的变形能力得到提高，这对滑移系少的密排六方金属尤显重要。

5.1.2　多晶体金属塑性变形

大多数金属材料是由多晶体组成的。多晶体的塑性变形虽然是以单晶体的塑性变形为基础，但取向不同的晶粒彼此之间在变形过程中有约束作用，晶界的存在对塑性变形会产生影响，所以多晶体变形还有自己的特点。

1. 晶粒取向对塑性变形的影响

多晶体中各个晶粒的取向不同，在大小和方向一定的外力作用下，各个晶粒中沿一定滑移面和一定滑移方向上的分切应力并不相等，因此，在某些取向合适的晶粒中，分切应力有可能先满足滑移的临界应力条件而产生位错运动，这些晶粒的取向称为"软位向"。与此同时，另一些晶粒由于取向的原因可能还不满足滑移的临界应力条件而不会发生位错运动，这些晶粒的取向称为"硬位向"。在外力作用下，金属中处于软位向的晶粒位错首先发生滑移运动，但是这些晶粒变形到一定程度后就会受到处于硬位向、尚未发生变形的晶粒的阻碍，只有当外力进一步增加时才能使处于硬位向的晶粒也满足滑移的临界应力条件，产生位错运动从而出现均匀的塑性变形。

在多晶体金属中，由于各个晶粒取向不同，一方面使塑性变形表现出很大的不均匀性，另一方面也会产生强化作用。同时，在多晶体金属中，当各个取向不同的晶粒都满足临界应力条件后，每个晶粒既要沿各自的滑移面和滑移方向滑移，又要保持多晶体金属的结构连续性，所以实际的滑移形变过程比单晶体金属复杂、困难得多。在相同的外力作用下，多晶体金属的塑性变形量一般比相同成分单晶体金属的塑性变形量小。

在多晶体中，像铜、铝这样一些具有面心立方结构的金属由于结构简单、对称性良好，即便是处于多晶体形态时也仍然有很好的塑性；而像镁、锌这样一些具有密排六方结构以及其他对称性较差结构的金属处于多晶态时，其塑性就要比单晶体形态差得多。

2. 晶界对塑性变形的影响

在多晶体金属中，晶界原子的排列是不规则的，局部晶格畸变十分严重，还容易产生杂质原子和空位等缺陷的偏聚。当位错运动到晶界附近时，容易受到晶界的阻碍。在常温下，多晶体金属受到一定的外力作用时，首先在各个晶粒内部产生滑移或位错运动，只有当外力进一步增大后，位错的局部运动才能通过晶界传递到其他晶粒形成连续的位错运动，从而出现更大的塑性变形。这表明，与单晶体金属相比，多晶体金属的晶界可以起到强化作用。

金属晶粒越细小，晶界在多晶体中占的体积百分比越大，它对位错运动产生的阻碍也越大，因此，细化晶粒可以对多晶体金属起到明显的强化作用。同时，在常温和一定的外力作用下，当总的塑性变形量一定时，细化晶粒可以使位错在更多的晶粒中产生运动，这就会使塑性变形更均匀，不容易产生应力集中，所以细化晶粒在提高金属强度的同时也改善了金属材料的韧性。

5.1.3　冷变形与热变形

1. 冷变形

金属在再结晶温度以下进行的塑性变形称为冷变形，如钢在常温下进行的冷冲压、冷轧、冷挤压等。在变形过程中，有形变强化现象而无回复与再结晶现象。

冷变形可提高材料的硬度、强度。其缺点是变形抗力大，对模具要求高；而且因为有残余应力、塑性差等，所以常常需要中间退火才能继续变形。

2. 热变形

热变形是金属在再结晶温度以上进行的。变形过程中再结晶速度大于变形强化速度，故变形产生的强化会随时因再结晶而消除，变形后金属具有再结晶组织，而无变形强化的效果。

热变形与冷变形相比，其优点是塑性良好，变形抗力小，容易加工变形；但高温条件下，金属容易产生氧化皮，所以制件的尺寸精度差，表面粗糙，而且劳动条件不好，还需要配备专门的加热设备。

依据冷、热变形原理对金属进行塑性成型加工分别称为冷加工与热加工。在金属的再结晶温度以下进行塑性成型称为冷加工，在再结晶温度以上进行塑性成型称为热加工。例如，铅的再结晶温度在 0℃以下，因此，在室温下对铅进行塑性成型已属于热加工；而钨的再结晶温度约为 1200℃，因此，即使在 1000℃进行塑性成型也属于冷加工。

5.1.4　金属的超塑性

1. 超塑性现象

通常即使具有良好塑性的金属材料，其拉伸时均匀变形的伸长率最大也只有百分之几十。但是在特定的条件下，许多金属材料均匀变形的伸长率却可高达 200%～2000%，这种现象称为超塑性。

超塑性可分为相变超塑性和微晶超塑性两类。相变超塑性是利用金属在相变温度附近变形时，由相变而产生的超塑性。微晶超塑性是由稳定的超细晶粒组织在变形时所产生的超塑性。其中，微晶超塑性已获得实际应用。

为了获得超塑性，金属材料变形时应具备以下条件。

(1) 应变速率应低于 0.01/s。

(2) 变形温度应控制在 $0.57T_m$（金属熔点）以上，并且在变形过程中保持恒定。

(3) 材料应具有微细的（通常直径≤10μm）两相等轴晶组织，且在超塑变形过程中不显著长大。

2. 超塑性变形的特点

对超塑性变形后的金属材料组织进行观察，发现其通常具有如下特点。

(1)超塑件变形后，晶粒内部无明显滑移发生，不同研究指出，在晶界附近区域可见不同程度的扩散性蠕变和位错运动的痕迹。

(2)在超塑性变形晶粒之间，可见明显的晶界滑动和晶粒转动的痕迹。

(3)存在织构的金属材料经超塑性变形后，其织构将减弱或消失。

(4)超塑性变形后，不同金属材料的晶粒有不同程度的长大，但仍保持等轴状。

由于超塑性合金具有非常大的延展性，因此，当前超塑性的应用主要为超塑成型加工。由于超塑性变形时没有弹性变形，故零件成型后无回弹，因此，零件加工精度较高，光洁度较好；同时由于超塑性变形速率低，对加工所用模具材料的要求并不高。

对超塑性的利用也有一些不便之处，主要是使合金成为超塑态有一定难度；同时，在高温下使合金缓慢成型易造成合金和模具的氧化。

5.2　塑性变形对金属组织和性能的影响

金属及合金的塑性变形不仅是一种加工成型的工艺手段，而且也是改善合金性质的重要途径，因为经过塑性变形后，金属和合金的显微组织将产生显著的变化，其性能亦受到很大的影响。本节主要讨论冷变形对金属组织和性能的影响，热变形条件下的金属组织和性能变化将在 5.4 节专门讨论。

5.2.1　晶粒形态的改变

多晶体金属和合金随着形变量的增加，原来等轴状的晶粒将沿其变形方向(拉伸方向或轧制方向)伸长。当形变量很大时，晶界逐渐变得模糊不清，一个个细小的晶粒难以分辨，只能看到沿变形方向分布的纤维状条带，通常称之为纤维组织或流线(图 5-4)。在这种情况下，金属和合金沿流线方向上的强度很高，而在其垂直的方向上则有相当大的差别。

　　　(a) 等轴晶粒　　　　　　　　　　　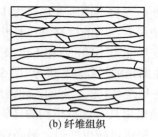
　　　　　　　　　　　　　　　　　(b) 纤维组织

图 5-4　变形前后晶粒形状变化示意图

5.2.2　晶粒内部亚结构的变化

亚结构一般是指晶粒内部的位错组态及其分布特征。在金属塑性变形的过程中，晶体中的位错密度 ρ(截面上单位面积中位错线的根数，或单位体积中位错线的总长度)显著增加，

一般退火的金属中 ρ 为 $10^6\sim10^7/cm^2$，而经过强烈的冷塑性变形以后可以增至 $10^{11}\sim10^{12}/cm^2$；

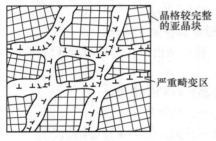

图 5-5　金属经变形后的亚结构

随着位错密度的增大，位错的组态及分布也发生变化，由于位错运动过程中的交割和交互作用，会产生位错的缠结，使位错的组态变得错综复杂，但是位错的分布并不是均匀的，位错线在某些区域聚集，而在另一些区域则较少，从而形成胞状结构，胞壁上的位错密度大大高于胞内；随着形变量的进一步增大，位错胞的数量增多，尺寸减小，使晶粒分化成许多位向略有不同的小晶块，在晶粒内产生亚结构(图 5-5)。

5.2.3　形变织构

在多晶体的变形过程中，每一个晶粒的变形受到周围晶粒的约束，为了保持晶体的连续性，各个晶粒也会在形变的同时发生晶体的转动。研究表明，面心立方和体心立方的金属变形量超过 40%、密排六方的金属变形量超过 10% 时，就会出现晶粒择优取向的现象。也就是说，在多晶体中，原来每一个晶粒的取向是任意的，在形变过程中，各个晶粒发生转动，这种转动是一种晶粒间的相互制约，也是一种相互协调，因此，总是倾向于某一个特定的晶面和晶向与形变面或方向相一致。如图 5-6 所示，在线材中，某一特定的晶向与形变延伸方向平行，称为丝织构；对板材而言，某一特定的晶面和晶向分别平行于轧制平面和轧制方向，称为板织构。

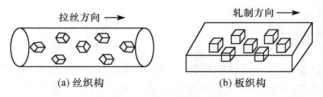

(a) 丝织构　　　　　　　(b) 板织构

图 5-6　形变织构示意图

在大多数情况下，由于织构所造成的金属材料的各向异性是有害的，它使金属材料在冷变形过程中的变形量分布不均匀。例如，当使用有织构的板材冲压杯状工件时，将会因板材各个方向的变形能力不同，使加工出来的工件边缘不齐、厚薄不均，即产生所谓的"制耳"现象(图 5-7)。但在某些情况下，织构的存在却是有利的。例如，硅钢片沿 <100> 方向最易磁化，因此，当采用具有这种织构的硅钢片制作电动机或变压器的铁心时，将可以减少铁损，提高设备效率。

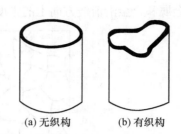

(a) 无织构　　(b) 有织构

图 5-7　冲压件的"制耳"现象

5.2.4　残余内应力

塑性变形是一个复杂的过程，不仅使金属的外部形状改变，同时引起金属内部组织结构的诸多变化，而且形变在金属的内部总不可能是均匀的，这就必然在金属的内部造成残余内应力。可以认为，金属在塑性变形时，外力所做的变形功除大部分转变成热能外，约占形变功 10%的另一小部分则以畸变能的形式储存在金属中，主要以点阵畸变能的形式存在，残余内应力即是点阵畸变的一种表现。残余内应力一般分为三类。

1. 第一类内应力（宏观内应力）

第一类内应力是由工件内不同区域的宏观变形不均匀所引起的。例如，拔丝模表面的摩擦阻力大，外部变形比心部要小，因此，表面受到拉应力。宏观内应力在较大的范围中存在，一般是不利的，应予以防止或消除。

2. 第二类内应力（微观内应力）

第二类内应力是存在于晶粒与晶粒之间，由各晶粒形变程度的差别而造成的，其作用范围是在晶粒的尺度范围内。

3. 第三类内应力

第三类内应力是由于形变过程中形成的大量空位、位错等缺陷所引起的，存在于更小的原子尺度的范围中，这类点阵的畸变能占整个储存能的大部分。

金属或合金经塑性变形后，存在着复杂的残余内应力，这是不可避免的。它对材料的变形、开裂、应力腐蚀等起着重大的影响，一般来说是不利的，需采用必要的去应力退火加以消除；但是在某些条件下，残余压应力有助于改善工件的疲劳抗力，如表面滚压和喷丸处理，可在表面形成压应力，会使疲劳寿命成倍地增长。

5.2.5　加工硬化

金属经过冷态下的塑性变形后其性能发生很大的变化，最明显的特点是强度随变形程度的增加而大为提高，其塑性却随之有较大的降低，这种现象称为加工硬化或冷作硬化。图 5-8 为低碳钢的加工硬化行为。

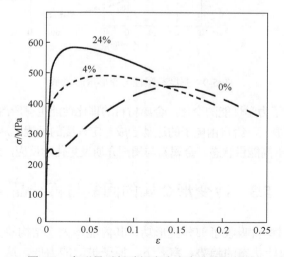

图 5-8　变形量对低碳钢应力应变曲线的影响

图 5-9 为典型材料强度、塑性与变形量的关系。

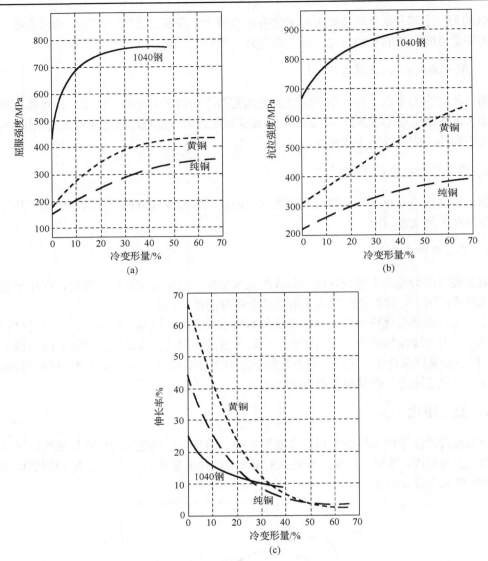

图 5-9　强度、塑性与变形量的关系

在冷加工过程中除了力学性能的变化，金属材料的理化性能也有所改变。例如，冷成型后位错密度大增，晶格畸变很大，给自由电子的运动造成一定程度的干扰，从而使电阻有所增大；由于位错密度高，晶体处于高能量状态，金属易与周围介质发生化学反应，致使抗蚀性降低等。

5.3　冷变形金属的回复与再结晶

经冷变形后的金属材料吸收了部分变形功，其内能增大，结构缺陷增多，处于不稳定状态，具有自发恢复到原始状态的趋势。室温下，原子扩散能力低，这种亚稳状态可一直保持下去；一旦受热，原子扩散能力增强，就将发生组织结构与性能的变化。回复、再结晶与晶粒长大是冷变形金属加热过程中经历的基本过程。

5.3.1　回复

加工硬化后的金属，在加热到一定温度后，原子获得热能，使原子得以恢复正常排列，消除了晶格扭曲，可使加工硬化得到部分消除。这一过程称为"回复"。产生回复的温度一般是 $0.25\sim0.3T_m$（T_m 是熔点绝对温度，单位为绝对温度 K）。

将冷变形金属加热到回复温度时，变形金属的显微组织无显著变化，晶粒仍保持纤维状或扁平状的变形组织，如图 5-10 所示。此时，金属力学性能，如硬度、强度、塑性变化不大，但某些物理、化学性能发生明显变化，如电阻

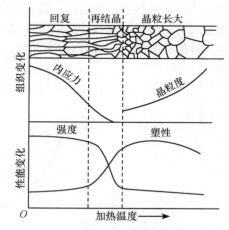

图 5-10　变形金属加热时组织和性能变化示意图

显著减小，抗应力腐蚀能力则提高，第一类内应力基本消除。

一般认为，回复是点缺陷和位错在加热时发生运动，从而改变它们的组态分布和数量的过程。在低温加热时，点缺陷主要是空位，比较容易移动，它们可以移至晶界或位错处而消失，也可以聚合起来形成空位对、空位群，还可以与间隙原子相互作用而消失，结果使点缺陷的密度明显下降。当加热温度稍高时，不仅原子有很大的活动能力，而且位错也发生运动。

回复在工业生产上被广泛应用，即低温退火。例如，冷变形后的机械零件由于存在内应力，以后在工作时易因工作应力与内应力叠加而断裂，精密零件由于内应力的长期作用易引起尺寸的不稳定等，均可采取低温退火。这样既消除了内应力，又保持了加工硬化所获得的高硬度和高强度。又如，导电材料冷变形后，获得了必要的强度，但电阻显著增大，也可采取低温退火恢复其导电性且保持其强度。

5.3.2　再结晶

当冷变形金属的加热温度高于回复温度时，在变形组织的基体上产生新的无畸变的晶核，并迅速长大形成等轴晶粒，逐渐取代全部变形组织，这个过程称为再结晶。再结晶使冷变形金属恢复到原来的软化状态。再结晶的驱动力与回复一样，也是冷变形所产生的储存能的释放。再结晶包括形核与长大两个基本过程（图 5-11）。与重结晶不同的是，再结晶没发生晶格类型的变化。生产上利用再结晶消除冷加工变形的影响，该工艺称为再结晶退火。

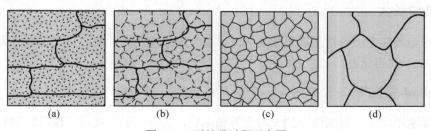

(a)　　　　　　　(b)　　　　　　　(c)　　　　　　　(d)

图 5-11　再结晶过程示意图

金属材料的再结晶是从某一温度开始的，随着温度升高和时间延长而连续进行的过程。

它存在一个开始形核的最低温度，称为最低再结晶温度，简称为再结晶温度。再结晶温度是冷变形金属开始进行再结晶的最低温度。在生产中通常把再结晶温度定义为经过大量变形（变形度>70%）的金属在约 1h 的保温时间内，能够完成再结晶（再结晶体积分数>95%）的最低加热温度。

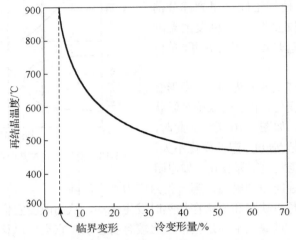

图 5-12　低碳钢的再结晶温度与变形量的关系

金属再结晶温度受变形程度的影响，变形程度越大，再结晶温度越低。金属的纯度越高，其再结晶温度就越低。在其他条件相同时，金属的原始晶粒越细，其再结晶温度就越低。增加退火时间有利于新的再结晶晶粒充分形核和生长，可降低再结晶温度。提高加热速度会使再结晶温度升高。若加热速度非常缓慢，由于变形金属有足够的时间进行回复，储存能和冷变形程度减小，从而导致再结晶的驱动力减小，也会使再结晶温度升高。

冷变形金属只有加热到再结晶温度以上时才能发生再结晶，加工硬化的金属在再结晶温度以下加热，只能消除应力实现回复过程，故低于再结晶温度的处理称为去应力退火。去应力退火主要目的是消除内应力，同时又保持加工硬化的性能。

将加工硬化金属材料加热到再结晶温度以上，使其发生再结晶过程称为再结晶退火。冷塑性加工后的金属常因加工硬化而难以继续变形加工，采用再结晶退火即可使加工硬化材料发生软化，以便继续加工。由于这种退火是安排在各工序中间，又称为中间退火。冷塑件、冷拔件、冷冲压件就是利用再结晶退火提高塑性和韧性。

5.3.3　晶粒长大

冷变形金属在完成再结晶后继续加热时，会发生晶粒长大。晶粒长大又可分为正常长大和异常长大（二次再结晶）。

1. 晶粒正常长大

再结晶刚刚完成，得到细小的无畸变等轴晶粒，当升高温度或延长保温时间时，晶粒仍可继续长大，若均匀地连续生长则称为正常长大。

影响晶粒长大的主要因素有以下几个。

（1）温度。温度越高，晶粒长大速度越快。一定温度下，晶粒长到极限尺寸后就不再长大，但提高温度后晶粒将继续长大。

（2）杂质与合金元素。杂质与合金元素渗入基体后能阻碍晶界运动，特别是晶界偏聚显著的元素。一般认为杂质原子吸附在晶界上可使晶界能下降，从而降低了界面移动的驱动力，使晶界不易移动。

（3）第二相质点。弥散分布的第二相粒子阻碍晶界的移动，可使晶粒长大受到抑制。

2. 晶粒异常长大

异常晶粒长大又称为不连续晶粒长大或二次再结晶，是一种特殊的晶粒长大现象。发生这种晶粒长大时，基体中的少数晶粒迅速长大，使晶粒之间尺寸差别显著增大，直至这些迅速长大的晶粒完全互相接触为止。发生异常长大的条件是，正常晶粒长大过程被分散相粒子、织构或表面热蚀沟等强烈阻碍，能够长大的晶粒数目较少，致使晶粒大小相差悬殊。晶粒尺寸差别越大，大晶粒吞食小晶粒的条件越有利，大晶粒的长大速度也会越来越快，最后形成晶粒大小极不均匀的组织。

二次再结晶形成非常粗大的晶粒及非常不均匀的组织，从而降低了材料的强度与塑性。因此，在制定冷变形材料再结晶退火工艺时，应注意避免发生二次再结晶；但对某些磁性材料如硅钢片，却可利用二次再结晶，获得粗大具有择优取向的晶粒，使之具有最佳的磁性。

5.4　金属热塑性变形的动态回复与再结晶

冷塑性变形会引起金属的加工硬化，使变形抗力增大，对某些尺寸较大或塑性低的金属（如 W、Mo、Cr、Mg、Zn 等）来说，冷塑性变形较困难，生产上往往采用热塑性变形进行成型加工。

5.4.1　动态回复和动态再结晶

金属冷变形后的加热所产生的回复与再结晶称为静态回复和静态再结晶。在热塑性变形过程中，金属内部同时进行着加工硬化和回复、再结晶软化两个相反的过程，即变形造成的加工硬化与回复、再结晶软化不断交替进行。如果回复、再结晶过程有条件充分进行，则热变形加工后没有加工硬化现象。这种与金属变形同时发生的回复与再结晶称为动态回复和动态再结晶。图 5-13 为热轧过程金属的动态回复与再结晶示意图。

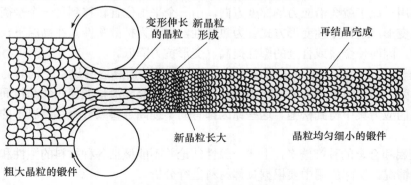

图 5-13　热轧过程金属的动态回复与再结晶

与静态再结晶过程类似，动态再结晶也是通过新形成的大角度晶界及其随后移动的方式进行的。整个热变形过程中，再结晶不断通过形核及生长而进行。动态再结晶晶粒的尺寸与变形达到稳定态时的应力大小有关，此应力越大，再结晶晶粒越细。

热变形中止或终止时，由于材料仍处在高温下，可发生静态再结晶，静态再结晶晶粒尺寸比动态再结晶晶粒尺寸约大一个数量级，这是热加工造成混晶的重要原因。通过调整热加工工艺温度、变形度、应变速率或变形后的冷却速度可控制动态再结晶过程，改善材料性能。

金属材料的热塑性成型要控制在一定温度范围之内，其上限温度一般控制在固相线以下100~200℃，如果超过这一温度，就会造成晶界氧化，使晶粒之间失去结合力，塑性变坏。热塑性成型的下限温度一般应在再结晶温度以上一定范围，如果超过再结晶温度过多，会造成晶粒粗大，如低于再结晶温度则会使变形组织保留下来。

5.4.2　影响热塑性变形的主要因素

1. 变形温度

变形温度对金属和合金的塑性有很大的影响。就多数金属及合金而言，随着温度的升高，塑性增加，变形抗力降低。这种情况，可以从以下几方面进行解释。

(1)随着温度的升高，发生了回复和再结晶。回复使变形金属的加工硬化得到一定程度的消除，再结晶则能完全消除加工硬化。因此，随着温度的提高，金属和合金的塑性提高，变形抗力降低。

(2)随着温度的升高，原子的热运动加剧，动能增大，原子间的结合力减弱，使临界剪应力降低。此外，随着温度的升高，不同滑移系的临界剪应力降低速度不一样。因此，在高温下可能出现新的滑移系。例如，面心立方的铝，在室温下滑移面为(111)；在400℃时，除了(111)面，(100)面也开始发生滑移。因此，在450~500℃，铝的塑性最好。

(3)温度升高，材料可能由多相组织变为单相组织。例如，碳钢在950~1250℃时，塑性很好，这与此时碳钢为单相组织和具有面心立方晶格状态有关。又如，钛在室温下呈密排六方晶格，只有3个滑移系；当温度高于882℃时，转变为体心立方晶格，有12个滑移系，所以塑性显著提高。

(4)当温度升高时，原子的热振动加剧，晶格中的原子处于不稳定状态。此时，若晶格受到外力作用，原子就会沿应力场梯度方向，由一个平衡位置转移到另一个平衡位置，使金属产生塑性变形。这种塑性变形方式称为热塑性，也称为扩散塑性。在高温下，热塑性的作用大为增加，因而使金属或合金的塑性提高，变形抗力降低。

(5)随着温度的升高，晶界的强度下降，使得晶界的滑移容易进行。同时，由于高温下扩散作用加强，晶界滑移产生的缺陷得到愈合。另外，晶界滑移能使相邻晶粒间由于不均匀变形而引起的应力集中得到松弛。这些原因都有助于提高金属或合金在高温下的塑性并降低变形抗力。

由于金属和合金的种类繁多，上述一般性结论并不能概括各种材料的塑性和变形抗力随温度变化的情况。实际应用中要根据具体材料进行分析。

2. 变形速度的影响

1）热效应及温度效应

塑性加工时，物体所吸收的能量，一部分转化为弹性变形能，另一部分转化为热能。塑性变形能转化为热能的现象，称为热效应。

塑性变形能转化为热能，其部分散失到周围介质，其余部分使变形体温度升高，这种由于塑性变形过程中产生的热量使变形体温度升高的现象，称为温度效应。温度效应首先取决于变形速度。变形速度高，单位时间的变形量就大，产生的热量便多，热量的散失相对减少，因而温度效应也就越大。其次，变形体与工具和周围介质的温差越小，热量的散失就越小，温度效应也就越大。最后，温度效应还与变形温度有关。温度越高，材料的流动应力降低，单位体积的变形能就越小，因而温度效应较小。但是冷塑性成型时，因材料流动应力高，单位体积的变形功也大，所以温度效应显著。

2）变形速度对塑性及变形抗力的影响

当变形速度大时，塑性变形来不及在整个变形体内均匀地传播，金属的变形主要以弹性变形的形式表现。根据胡克定律，弹性变形量越大，应力就越大，因此上述现象导致材料的流动应力增大。但是，变形速度对材料的断裂应力的影响很小，因此，变形速度提高，将使材料断裂前的变形程度减小，即材料的塑性降低。

热塑性成型时，变形速度快，可能由于没有足够的时间进行回复和再结晶，材料的变形抗力提高，塑性降低。对于再结晶温度高、再结晶速度慢的高合金钢，这种现象尤为明显。变形速度快时，也可能由于温度效应显著，使材料的温度上升，从而提高塑性和降低流动应力。但是，对于某些材料，变形速度过快所引起的温升，会使材料进入脆性区，反而使塑性降低。此外，变形速度变化还可能改变摩擦系数，从而对金属和合金的塑性和变形抗力产生一定的影响。

3. 应力状态的影响

1）应力状态对塑性的影响

三向压应力状态可以使材料的塑性提高，同时提高材料的变形抗力。三向压应力状态越强烈，材料的塑性越好，变形抗力也越高。其原因如下所述。

（1）拉应力促进晶间变形，加速晶界破裂，而压应力能阻止或减少晶间变形。随着三向压缩作用的增强，晶间变形越加困难，从而可显著提高金属的塑性。

（2）三向压应力状态能抑制坯料中原先存在的各种缺陷的发展，部分或全部消除其危害。压应力还能使塑性变形过程中形成的各种损伤愈合；而拉应力则相反，会促进各种损伤的发展。

（3）三向压应力可抵消由于变形不均匀所引起的附加拉应力，从而提高金属的塑性。例如，圆柱体镦粗时，侧表面可能因出现附加拉应力而形成纵向裂纹，如施加侧向压力，就可能抵消所形成的附加拉应力，从而避免出现裂纹。

基于上述道理，生产实践中经常通过改变应力状态来提高金属的塑性，以保证获得合格的制件。例如，在平砧上拔长合金钢坯时容易在心部产生裂纹，如改用 V 形砧后，由于工具侧向压力的作用，坯料心部拉应力减小，从而避免裂纹的产生。某些有色合金和耐热合金，由于其塑性很差，需要采用挤压方法进行开坯或成型，即使如此，有时仍不能避免毛坯挤出端开裂，因此，需要采用包套挤压。

2) 应力状态对变形抗力的影响

应力状态对变形抗力的影响，可用屈服准则进行解释。为了使金属发生塑性变形，必须满足屈服准则

$$\sigma_1 - \sigma_2 = \beta\sigma_s$$

式中，σ_1 和 σ_2 分别为最大和最小主应力；β 为影响系数，其值为 1～1.155；σ_s 为屈服应力。

从屈服准则的表达式可知，在异号主应力情况下，表达式左边是 σ_1 和 σ_2 的绝对值之和，所以容易满足屈服准则；而在同号主应力的情况下，左边是 σ_1 和 σ_2 的绝对值之差，因而不易满足屈服准则。由于上述原因，在同样条件下，拉伸时，因为是异号主应力图，变形抗力较小；挤压时，为同号主应力图，所以变形抗力比拉拔时大得多。

5.4.3　热塑性变形对金属组织与性能的影响

1. 改善铸锭和钢坯的组织

通过热加工可使钢中的组织缺陷得到明显的改善。例如，气孔和疏松被焊合，使金属材料的致密度增加；铸态组织中粗大的柱状晶和树枝晶被破碎，使晶粒细化；某些合金钢中的大块初晶或共晶碳化物被打碎，并较均匀地分布；粗大的夹杂物亦可被打碎，并均匀分布。由于在温度和压力作用下原子扩散速度加快，因而偏析可部分得到消除，使化学成分比较均匀。这些都使材料的性能得到明显的提高。

2. 形成纤维组织

在热加工过程中，铸态金属的偏析、夹杂物、第二相、晶界等逐渐沿着流线方向延伸。其中，硅酸盐、氧化物、碳化物等脆性杂质与第二相破碎呈链状，塑性夹杂物则变成带状、线状或条状。在宏观试样上沿着变形方向呈现一条条的细线，这就是热加工钢中的流线。由一条条流线勾画出来的组织称为纤维组织。

金属中纤维组织的形成将使其力学性能呈现出各向异性，流线方向比垂直于流线方向的力学性能高，特别是塑性和冲击韧性。在制定热加工工艺时，必须合理地控制流线分布情况，尽量使流线方向与应力方向一致。对所受应力比较简单的零件，如曲轴、吊钩、扭力轴、齿轮、叶片等，尽量使流线分布形态与零件的几何外形一致，并在零件内部封闭，不在表面露头(图 5-14)，这样可以提高零件的性能。

图 5-14　金属锻件中纤维组织的流线分布

3. 形成带状组织

复相合金中的各个相，在热加工时沿着变形方向交替地呈带状分布，这种组织称为带状组织，经过压延的金属材料经常出现这种组织，但不同材料中产生带状组织的原因不完全一

样。铸锭中存在着偏析和夹杂物，压延时偏析区和夹杂物沿变形方向伸长呈带条状分布，冷却时即形成带状组织。

当钢中存在较多的夹杂物时，若夹杂物被变形拉成带状，则在冷却过程中产生的先共析铁素体依附于它们之上而析出，也会形成带状组织。对于高碳高合金钢，由于存在较多的共晶碳化物，在热加工时碳化物颗粒也可呈带状分布，通常称为碳化物带。

带状组织使金属材料的力学性能产生方向性，特别是横向的塑性和韧性明显降低，使材料的切削性能恶化。对于高温下能获得单相组织的材料，带状组织有时可用正火来消除，但严重的磷偏析引起的带状组织必须采用高温扩散退火及随后的正火加以改善。

4. 晶粒大小

正常的热加工一般可使晶粒细化，但是晶粒能否细化取决于变形量、热加工温度等因素。一般认为增大变形量有利于获得细晶粒，当铸锭的晶粒十分粗大时，只有足够大的变形量才能使晶粒细化。

变形度不均匀，则热加工后的晶粒大小往往也不均匀。当变形量很大(>90%)，且变形温度很高时，容易引起二次再结晶，得到异常粗大的晶粒组织。因此，应对热加工工艺进行严格控制，以获得细小均匀的晶粒，提高材料的性能。

总之，对于热塑性变形而言，变形温度及变形速度对动态回复和再结晶过程起控制作用，从而决定了金属及合金的塑性和变形抗力变化的特点。因此，在热塑性加工过程中，应同时考虑变形温度和变形速度的影响。

思 考 题

5.1　分析孪生与滑移的异同，比较它们在塑性变形过程中的作用。

5.2　用位错理论说明实际金属滑移所需的临界切应力值比计算值低得多的现象。

5.3　试用多晶体塑变理论解释室温下金属的晶粒越细，其强度越高、塑性越好的现象。

5.4　塑性变形使金属的组织与性能发生哪些变化？

5.5　什么是加工硬化现象？指出产生的原因与消除的措施。

5.6　何谓一次再结晶和二次再结晶？发生二次再结晶的条件有哪些?

5.7　分析热塑性变形中的动态回复和动态再结晶过程。

5.8　何谓超塑性？获得超塑性需要满足哪些条件？超塑性对生产有何实际意义？

第6章 钢铁材料

钢铁材料是工程中最重要的金属材料。钢铁材料是指所有的铁碳合金，又称为黑色金属材料，包括碳钢、合金钢及铸铁。钢铁材料的工程性能优良，经济性好，应用广泛。

6.1 钢铁冶炼

钢铁冶炼包括从开采铁矿石到使之变成制造零件所用的钢材和铸造生铁为止的过程。其基本过程如图 6-1 所示。

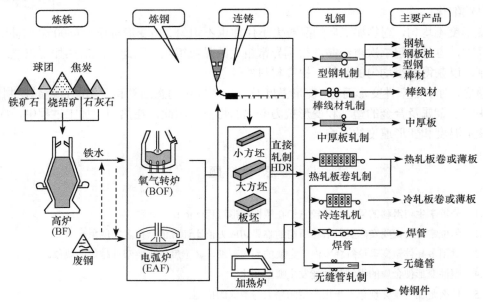

图 6-1 钢铁生产工艺过程

6.1.1 生铁的冶炼

生铁是用铁矿石在高炉中经过一系列的物理、化学过程冶炼出来的。高炉炼铁的基本过程如图 6-2 所示。

1. 炼铁的原料

炼铁的原料主要包括铁矿石、熔剂、耐火材料及燃料。

1）铁矿石

铁矿石是由一种或几种含铁矿物和脉石所组成的。含铁矿物是具有一定化学成分和结晶构造的化合物，常见的含铁矿物包括赤铁矿石（Fe_2O_3）、褐铁矿石（$2Fe_2O_3 \cdot 3H_2O$）、磁铁矿

石 (Fe_3O_4) 和菱铁矿石 ($Fe-CO_3$)。铁矿石中还含有一些其他元素的氧化物，如 SiO_2、CaO、HgO、Al_2O_3 等，这些氧化物称为脉石。

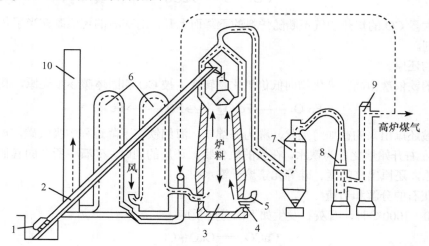

图 6-2 高炉炼铁过程示意图

1-料车；2-上料斜桥；3-高炉；4-铁渣口；5-风口；6-热风炉；7-重力除尘器；8-文氏管；9-洗涤塔；10-烟囱

2）熔剂

炼铁时加入熔剂的主要目的是除去矿石中的脉石。熔炼时熔剂和脉石发生反应生成熔点低、相对密度小的熔渣，浮于铁水上面，便于除去。

3）耐火材料

耐火材料是用于砌筑高炉、炼钢炉等炉衬的材料。

4）燃料

炼铁使用的燃料主要是焦炭。

2. 冶炼生铁的主要装置

冶炼生铁所使用的主要装置是高炉，其结构如图 6-2 所示。在炼铁时，炉料（矿石、燃料和熔剂）从炉顶进入炉内，在自身重力作用下，自上而下运动；同时，热风从炉子下部进入，使燃料燃烧，产生的热炉气不断向上运动。这样，在炉气和炉料之间不断进行热交换的条件下，它们之间进行了一系列的物理、化学作用，矿石逐步被还原，并熔化成铁水，从炉子下部的出铁口流出。

3. 炼铁时高炉中的物理、化学过程

高炉冶炼的目的是把铁矿石炼成生铁，因此，冶炼过程就是对矿石进行铁的还原过程和除去脉石的造渣过程。其主要反应过程如下所述。

1）燃料的燃烧

红热的焦炭在炉缸区或风口附近遇到热空气而燃烧，生成 CO_2，并放出大量热，使炉缸温度达到 1800～1900℃。

随着炉气的上升，炉气中所含氧气越来越少，同时炉气温度也不断降低，在 1000℃以上

及碳过剩而又缺氧的条件下，发生如下的还原反应：

$$CO_2 + C \longrightarrow 2CO$$

含有大量 CO 的炽热炉气不断随炉料的下降而上升，对矿石的还原既充当了热源，又充当了还原剂。

2）铁的还原

炉中的铁依次由高价氧化物向低价氧化物转变，被 CO 和固体碳逐步还原，其次序为

$$Fe_2O_3 \longrightarrow Fe_3O_4 \longrightarrow FeO \longrightarrow Fe$$

最初被还原出来的铁如海绵状，称为海绵铁。海绵铁在下降过程中吸收碳，熔点降低，在 1200℃ 左右开始熔化成为铁水。在铁的氧化物被还原的同时，矿石中所含的其他金属氧化物也被还原，还原出来的锰、硅等元素熔于铁水中。

3）石灰石的分解和造渣

在 750~1000℃ 时，石灰石发生如下的分解反应：

$$CaCO_3 = CaO + CO_2$$

CaO 在 1000℃ 以上与脉石中的 SiO_2 和 Al_2O_3 等结成熔渣，其反应为

$$mSiO_2 + pAl_2O_3 + nCaO = nCaO \cdot pAl_2O_3 \cdot mSiO_2$$

熔渣能吸收焦炭燃烧后留下的灰分及某些未完全还原的氧化物，如 FeO、MnO、HgO 等。熔渣中的 CaO 还促使 FeS 转变为 CaS 而熔于渣中。因此，控制炉渣的成分和数量就能够炼出各种不同要求的生铁。

4. 炼铁的主要产品和副产品

1）生铁

高炉可冶炼出炼钢生铁和铸造生铁。炼钢生铁含硅较低（Si<1.0%），碳在铁中主要以 Fe_3C 形式存在，其特性是硬而脆，不能用作结构零件，是炼钢的主要原料。

2）炉渣

炉渣是炼铁的副产品，属于含 SiO_2、CaO 和 Al_2O_3 的铝硅酸盐，是生产水泥的重要原料。通常，炼 1t 生铁出产 500~800kg 炉渣。

3）煤气

炼 1t 生铁一般产 $2000m^3$ 左右的高炉煤气，其中含 CO 约 26%，是预热鼓风的主要燃料。

6.1.2 钢的冶炼

生铁含有较多的碳和硫、磷等有害杂质元素，其强度低、塑性差。绝大多数生铁需再精炼成钢才能用于工程结构和制造机器零件。炼钢的目的就是去除生铁中多余的碳和大量杂质元素，使其化学成分达到钢的标准。

1. 炼钢的基本过程

1）元素的氧化

炼钢的主要途径是向液体金属供氧，使多余的碳和杂质元素被氧化去除。炼钢过程可以

直接向高温金属熔池吹入工业纯氧，也可以利用氧化性炉气和铁矿石供氧。氧进入金属熔池后首先和铁发生氧化反应：

$$2[Fe]+\{O_2\} == 2(FeO)$$

然后 FeO 再间接和金属中的其他元素发生氧化反应：

$$[Si]+(FeO) \longrightarrow (SiO_2)+[Fe]$$

$$[Mn]+(FeO) \longrightarrow (MnO)+[Fe]$$

$$[P]+(FeO) \longrightarrow (P_2O_5)+[Fe]$$

$$[C]+(FeO) \longrightarrow (CO)+[Fe]$$

当上述杂质元素和氧直接接触时，将发生直接的氧化反应：

$$[Me]+\frac{1}{2}O_2 \longrightarrow MeO$$

上述氧化反应的产物不溶于金属，而上浮进入熔渣或炉气。

2）造渣脱磷和脱硫

在采用碱性氧化法炼钢时，可通过造渣的方法去除磷和硫这两种元素。其化学反应方程式为

$$2P+5FeO+4CaO == 5Fe+4CaO \cdot P_2O_5 （进入熔渣）$$

$$FeS+CaO == FeO+CaS （进入熔渣）$$

熔渣中的碱性越高，脱硫和脱磷的效果越好。

3）脱氧及合金化

随着金属液中碳和其他杂质元素的氧化，钢液中溶解的氧（以 FeO 形式存在）相应增多，致使钢中氧化夹杂升高，钢的质量下降，而且还有碍于钢液的合金化及成分控制。因此，冶炼后期应对钢液进行脱氧处理。

钢液脱氧后应按不同钢种的成分要求和合金的回收率，向钢液中加入需要的合金元素进行合金化处理，使钢的成分调整到规格要求。

合金元素在钢中的存在形式有三种：固溶体、化合物和游离态。合金元素通常与碳的亲和力很弱，不形成碳化物的元素主要固溶于铁素体、奥氏体、马氏体中，而不形成碳化物，如 Ni、Si、Al、Co 等。

碳化物形成元素可形成合金渗碳体和特殊碳化物，如 Mn、Cr、Mo、W、V、Ti、Nb、Zr 等，其中 Mn 与碳的亲和力较弱，它大部分固溶于铁素体、奥氏体、马氏体中，而少部分固溶于渗碳体中形成合金渗碳体，$(Fe，Mn)_3C$。V、Ti、Nb、Zn 与碳的亲和力很强，主要以特殊碳化物形式存在。而 Cr、Mo、W 与碳的亲和力较强，当含量较少时，它们主要固溶于渗碳体中；含量较高时，形成特殊碳化物，如 $Cr_{23}C_6$、WC、MoC、Cr_7C_6。对于固态下不溶于铁或在铁中溶解度很小的少数元素，如 Pb、Cu（＞0.8）等，常以游离态存在。

钢中存在的合金元素对钢的性能有明显的影响。将纯金属和碳化物的硬度作比较，便可看出碳化物的强化能力是很大的，如表 6-1 所示。形成碳化物倾向性越强的元素，其碳化物硬度也越高。

表 6-1　纯金属与碳化物的硬度（HV）

纯金属	Ti	Nb	Zr	V	Mo	W	Cr	α-Fe
硬度	230	300	300	140	350	400	220	80
碳化物	TiC	NbC	ZrC	VC	Mo_2C	WC	$Cr_{23}C_6$	Fe_3C
硬度	3200	2055	2840	2094	1480	1730	1650	860

固溶状态的合金元素产生固溶强化，使钢的强度提高。合金元素的原子半径及晶格类型与铁原子相差越大，强化作用便越大。例如，Ni、Mn、Si（复杂立方，金刚石晶格）对铁素体的强化作用大于 Cr、Mo、W。这种固溶于铁素体中的合金元素，除少量的 Mn（≤1.5%）、Cr（≤2%）、Ni（≤5%）、Si（≤0.6%）能使铁素体的塑性、韧性提高外，其他合金元素都降低其塑性、韧性。

形成合金渗碳体的合金元素固溶于渗碳体中，部分替代了渗碳体中的铁原子而形成一些化合物，如（Fe,Cr）$_3$C，使渗碳体的硬度和稳定性提高，因为和碳化物形成元素相比，铁和碳的亲和力最弱，故渗碳体是稳定性最差的碳化物。合金元素溶于渗碳体内增加了铁与碳的亲和力，从而提高了其稳定性，且这种稳定性较高的合金渗碳体较难溶于奥氏体，较难聚集长大，因此可提高钢的强度、硬度、耐磨性。

合金元素形成特殊碳化物（如 VC、TiC、WC、MoC 等）的稳定性很高，具有高熔点和高硬度，更难溶于奥氏体，难以聚集长大。随着特殊碳化物数量的增多，钢的硬度增大，耐磨性增加，但塑性、韧性下降，特别是当这类碳化物大小不一、分布不均匀时，钢的脆性显著增加。

合金元素以游离态存在时显著降低钢的强度、塑性和韧性，但可提高切削加工性。

合金元素加入钢中的首要目的是提高淬透性，保证钢在淬火时容易获得马氏体。合金元素通过置换固溶强化机制，能够直接提高钢的强度，但作用有限。在完全获得马氏体的条件下，碳钢和合金钢的强度水平是一样的。合金元素加入钢中的第二个目的是提高钢的回火稳定性，使钢回火时析出的碳化物更细小、更均匀、更稳定；使马氏体的微细晶粒及高密度位错保持到较高的温度。这样，在相同韧性的条件下，合金钢比碳钢具有更高的强度。此外，有些合金元素还可以使钢产生二次硬化，得到良好的高温性能。由此可见，合金元素对钢的强度的影响，主要是通过对钢的相变过程的影响起作用，合金元素的良好作用也只有经过适当的热处理才能充分发挥出来。

2. 常见炼钢方法

1）氧气顶吹转炉炼钢

顶吹转炉炼钢过程如图 6-3 所示。氧气顶吹转炉炼钢法以生铁液为原料，利用喷枪直接向熔池吹高压工业纯氧，在熔池内部造成强烈搅拌，使钢液中的碳和杂质元素迅速被氧化去除。元素氧化放出大量热，使钢液迅速加热到 1600℃以上，以达到精炼的目的。

氧气顶吹转炉炼钢的生产率高，仅 20min 就能炼出一炉钢；炼钢不用外加燃料；基建费用低。因此，氧气顶吹转炉炼钢已成为现代冶炼碳钢和低合金钢的主要方法。

2）电弧炉炼钢

电弧炉的结构如图 6-4 所示。这种炼钢方法利用石墨电极和金属炉料之间形成的电弧高温（通常 5000～6000℃）加热和熔化金属，金属熔化后加入铁矿石、熔剂，造碱性氧化性渣，并吹氧，以加速钢中的碳、硅、锰、磷等元素的氧化。当碳、磷含量合格时，扒去氧化性炉渣，再加入石灰、萤石、电石、硅铁等造渣剂和还原剂，形成高碱度还原渣，脱去钢中的氧和硫。

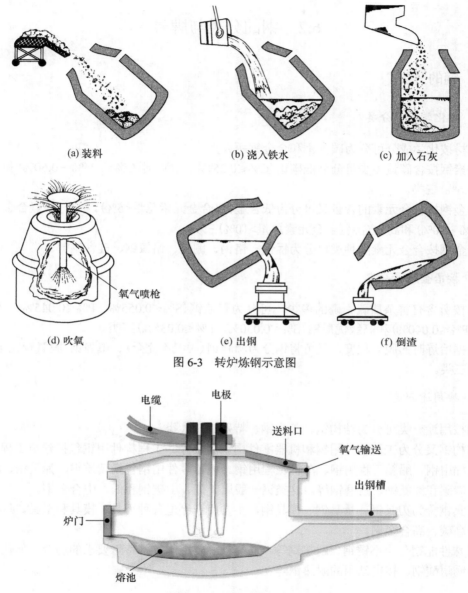

| (a) 装料 | (b) 浇入铁水 | (c) 加入石灰 |

| (d) 吹氧 | (e) 出钢 | (f) 倒渣 |

图 6-3　转炉炼钢示意图

图 6-4　电弧炉结构示意图

电弧炉炼钢温度和成分易于控制，是冶炼优质合金钢不可缺少的重要方法。

3. 钢液的炉外精炼及钢锭生产

为提高钢的纯净度，降低钢中有害气体和夹杂物含量，广泛采用炉外精炼技术，以实现一般炼钢炉内难以达到的精炼效果。常见的炉外精炼方法包括真空精炼、吹氩精炼和电渣重熔。经过精炼后，钢的性能明显提高。

炼钢生产的技术经济指标是以最后浇铸多少合格铸锭来衡量的。因此，铸锭是炼钢生产的重要环节。

6.2　钢的分类与牌号

6.2.1　钢的分类

1．按化学成分分类

钢材按化学成分可分为碳素钢和合金钢两大类。

碳素钢按含碳量多少可分为低碳钢（C%≤0.25%）、中碳钢（C%=0.25%～0.60%）和高碳钢（C%>0.6%）三类。

合金钢按合金元素的含量又可分为低合金钢（合金元素总量<5%）、中合金钢（合金元素总量为5%～10%）和高合金钢（合金元素总量>10%）三类。

合金钢按合金元素的种类可分为锰钢、铬钢、硼钢、铬镍钢、硅锰钢等。

2．按冶金质量分类

钢按所含有害杂质硫、磷的多少，可分为普通钢（S%≤0.055%，P%≤0.045%）、优质钢（S%、P%≤0.040%）和高级优质钢（S%≤0.030%，P%≤0.035%）三类。

根据冶炼时的脱氧程度，又可将钢分为沸腾钢（脱氧不完全）、镇静钢（脱氧较完全）和半镇静钢三类。

3．按用途分类

钢按用途分类可分为结构钢、工具钢、特殊钢三大类。

结构钢又分为工程构件用钢和机器零件用钢两部分。工程构件用钢包括建筑工程用钢、桥梁工程用钢、船舶工程用钢、车辆工程用钢。机器零件用钢包括调质钢、弹簧钢、滚动轴承钢、渗碳和渗氮钢、耐磨钢等。这类钢一般属于低、中碳钢和低、中合金钢。

工具钢分为刃具钢、量具钢、模具钢，主要用于制造各种刃具、模具和量具，这类钢一般属于高碳、高合金钢。

特殊性能钢分为不锈钢、耐热钢等。这类钢主要用于各种特殊要求的场合，如化学工业用的不锈耐酸钢、核电站用的耐热钢等。

4．按金相组织分类

钢按退火态的金相组织可分为亚共析钢、共析钢、过共析钢三种。

钢按正火态的金相组织可分为珠光体钢、贝氏体钢、马氏体钢、奥氏体钢四种。

在对钢的产品命名时，往往把成分、质量和用途几种分类方法结合起来，如碳素结构钢、优质碳素结构钢、碳素工具钢、高级优质碳素工具钢、合金结构钢、合金工具钢、高速工具钢等。

6.2.2　钢的牌号

为了管理和使用的方便，每一种钢都应该有一个简明的编号。世界各国钢的编号方法不一样，钢编号的原则主要有两条。

（1）根据编号可以大致看出该钢的成分。

（2）根据编号可大致看出该钢的用途。

我国的钢材编号采用国际化学元素符号和汉语拼音字母并用的原则，即钢号中的化学元素采用国际化学元素符号表示。例如，Si、Mn、Cr、W 等，稀土元素用 "Re" 表示其总含量。具体的编号方法如下所述。

1.　普通碳素结构钢与低合金高强度结构钢

普通碳素结构钢的牌号以 "Q＋数字＋字母＋字母" 表示。其中，"Q" 字是钢材的屈服强度 "屈" 字的汉语拼音字首，紧跟后面的是屈服强度值，再其后分别是质量等级符号和脱氧方法。例如，Q235AF 即表示屈服强度值为 235MPa 的 A 级沸腾钢。

牌号中规定了 A、B、C、D 四种质量等级，A 级质量最差，D 级质量最好。

按脱氧制度，沸腾钢在钢号后加 "F"，半镇静钢在钢号后加 "b"，镇静钢则不加任何字母。

普通低合金高强度结构钢的牌号与普通碳素结构钢的表示方法相同，屈服强度一般在 300MPa 以上。普通低合金高强度结构钢质量等级分为 A、B、C、D、E 五种质量等级，如 Q345C、Q345D。

2.　优质碳素结构钢与合金结构钢

优质碳素结构钢与合金结构钢编号的方法是相同的，都是以 "两位数字＋元素＋数字＋…" 的方法表示。钢号的前两位数字表示平均含碳量的万分之几，沸腾钢、半镇静钢以及专门用途的优质碳素结构钢，应在钢号后特别标出。合金元素以化学元素符号表示，合金元素后面的数字则表示该元素的含量，一般以百分之几表示。凡合金元素的平均含量小于 1.5% 时，钢号中一般只标明元素符号而不标明其含量。如果平均含量≥1.5%，≥2.5%，≥3.5%，…时，则相应地在元素符号后面标以 2，3，4，…。如为高级优质钢，则在其钢号后加 "高" 或 "A"。钢中的 V、Ti、Al、B、Re 等合金元素，虽然它们的含量很低，但在钢中能起相当重要的作用，故仍应在钢号中标出。例如，45 钢表示平均含碳量为 0.45% 的优质碳素结构钢；20CrMnTi 表示平均含碳量为 0.20%，主要合金元素 Cr、Mn 含量均低于 1.5%，并含有微量 Ti 的合金结构钢；60Si2Mn 表示平均含碳量为 0.60%，主要合金元素 Mn 含量低于 1.5%，Si 含量为 1.5%～2.5% 的合金结构钢。

3.　碳素工具钢

碳素工具钢的牌号以 "T＋数字＋字母" 表示。钢号前面的 "碳" 或 "T" 表示碳素工具钢，其后的数字表示含碳量的千分之几。例如，平均含碳量为 0.8% 的碳素工具钢，其钢号为 "碳 8" 或 "T8"。

含锰量较高者，在钢号后标以 "锰" 或 "Mn"，如 "碳 8 锰" 或 "T8Mn"。如为高级优质碳素工具钢，则在其钢号后加 "高" 或 "A"，如 "碳 10 高" 或 "T10A"。

4. 合金工具钢与特殊性能钢

合金工具钢的牌号以"一位数字(或没有数字)＋元素＋数字＋…"表示。其编号方法与合金结构钢大体相同，区别在于含碳量的表示方法，当含碳量≥1.0%时，则不予标出。如平均含碳量<1.0%，则在钢号前以千分之几表示它的平均含碳量，如 9CrSi 钢，平均含碳量为0.90%，主要合金元素为铬、硅，含量都小于 1.5%。而对于含铬量低的钢，其含铬量以千分之几表示，并在数字前加"0"，以示区别。如平均含 Cr=0.6%的低铬工具钢的钢号为"Cr06"。

在高速钢的钢号中，一般不标出含碳量，只标出合金元素含量平均值的百分之几。

特殊性能钢的牌号和合金工具钢的表示相同。

5. 专用钢

专用钢是指某些用于专门用途的钢种。它是以其用途名称的汉语拼音第一个字母表明该钢的类型，以数字表明其含碳量，化学元素符号表明钢中含有的合金元素，其后的数字标明合金元素的大致含量。

例如，滚珠轴承钢在编号前标以"G"字，其后为"铬(Cr)+数字"，数字表示铬含量为平均值的千分之几，如"滚铬 15"(GCr15)。这里应注意牌号中铬元素后面的数字是表示含铬量为 1.5%，其他元素仍按百分之几表示。

又如易切钢前标以"Y"字，Y40Mn 表示含碳量约 0.4%，含锰量小于 1.5%的易切钢。

6.3　结　构　钢

结构钢按用途分为工程结构用钢和机器结构用钢两大类。工程结构用钢主要用于各种工程结构(如建筑、桥梁、船舶、石油化工、压力容器等)和机械产品中要求不高的结构零件，此类钢大多是普通质量钢，多数情况下不进行热处理而直接在热轧空冷(正火)状态下使用。机器结构用钢主要用于制造各种机械零件，此类钢通常是优质钢或特殊质量钢，性能要求高于工程结构用钢。根据用途、热处理和性能特点，机器结构用钢包括调质钢、弹簧钢、滚动轴承钢、渗碳和渗氮钢、耐磨钢等。

6.3.1　工程结构用钢

工程结构用钢包括普通碳素结构钢和普通低合金高强度结构钢。

1. 普通碳素结构钢

普通碳素结构钢的含碳量一般为 0.06%～0.38%，主要用于一般工程结构和普通零件，此类钢通常以热轧状态供应，一般不经热处理强化，只保证力学性能及工艺性能便可。

碳素结构钢共分 5 个强度等级，牌号分别为 Q195、Q215、Q235、Q255、Q275。其中，Q195、Q215 钢含碳量很低，强度不高，但具有良好的塑性、韧性和焊接性能，常用作铁钉、铁丝、钢窗及各种薄板，如黑铁皮、白铁皮(镀锌薄钢板)、马口铁(镀锡薄钢板)等强度要求不高的工件。

Q235A、Q255A 钢可用于制造机具中不太重要的工件，也常用于建筑钢筋、钢板、型钢等；Q235B、Q255B 钢可用于制造建筑工程中质量要求较高的焊接结构件，在机械中可用作一般的转动轴、吊钩、自行车架等；Q235C、Q235D 钢质量较好，可用于制造一些重要的焊接结构件及机件。

Q255、Q275 钢强度较高，其中 Q275 属于中碳钢，可用于制造摩擦离合器、刹车、钢带等。

2. 普通低合金高强度结构钢

普通低合金高强度结构钢是在低碳结构钢的基础上添加一定量的合金元素（如 Mn、Si、Cr、Mo、Ni、Cu、Nb、Ti、V、Zr、B、P 和 N，但总量不超过 5%，一般在 3%以下），以强化铁素体基体控制晶粒长大，提高强度和塑性、韧性。合金元素 Mn 是一种固溶强化效果显著，价格又比较低廉的元素，除增加强度外，还改善塑性、韧性，加入量不超过 1.8%。Si 的固溶强化效果也好，但含量高于 0.6%，对冲击韧度不利。加入少量 V(0.03%～0.2%)、Nb(0.01%～0.05%)，利用 V、Nb 的碳化物和氮化物的沉淀析出进一步提高钢的强度，细化晶粒，改善塑性和韧性。

普通低合金高强度结构钢一般在热轧后供货以满足用户对冲击韧度的特殊要求。如要求更高强度(σ_s=490～980MPa)，也可以在调质状态下供货。

普通低合金高强度结构钢的强度高于含碳量相当的碳素钢，但塑性、韧性和焊接性良好，适用于较重要的钢结构，如压力容器、发电站设备、管道、工程机械、海洋结构、桥梁、船舶、建筑结构等。

低合金高强度结构钢按屈服点划分牌号，如 Q295、Q345、Q390、Q420 和 Q460，质量等级分为 A、B、C、D、E。

6.3.2　机械结构用钢

机械结构用钢对机械性能的要求是多方面的，不但要求钢材具有高的强度、塑性和韧性，而且要求钢材具有良好的疲劳强度和耐磨性。机械结构用钢一般都经过热处理后使用。此外，机械结构用钢还要求具有良好的工艺性能，主要指切削加工性能和热处理工艺性能。机械结构用钢包括优质碳素结构钢和合金结构钢。

机械结构用钢按用途分为渗碳钢、调质钢、弹簧钢、滚动轴承钢、耐磨钢、超高强度钢。

1. 渗碳钢

渗碳钢常用在受冲击和磨损条件下工作的一些机械零件中，如汽车、拖拉机上的变速齿轮、内燃机上的凸轮、活塞销等，要求表面硬度高、耐磨，而零件心部则要求有较高的韧性和强度以承受冲击。通常尺寸小的、受力小的，采用低碳钢，而尺寸大的、受力大的，则采用低碳合金钢。

为了满足"外硬内韧"的要求，这类零件一般都采用低碳钢，含碳量为 0.10%～0.25%，经过渗碳后，零件的表面变为高碳的，而心部仍是低碳的，通过"淬火+低温回火"后使用。零件表面组织为"回火马氏体+碳化物+少量残余奥氏体"，硬度达 HRC58～62，满足耐磨的要求，而心部的组织是低碳马氏体，保持较高的韧性，满足承受冲击载荷的要求。对于大尺寸的零件，由于淬透性不足，零件的心部淬不透，仍保持原来的"珠光体+铁素体"组织，这时由于钢是低碳的，组织中铁素体所占比例很大，因而韧性指标比较高，能满足"外硬内韧"的要求。

按照渗碳钢的淬透性大小，可分为三类。

(1) 低淬透性渗碳钢。典型钢种为 20Cr，这类钢的水淬临界直径小于 25mm，渗碳淬火后，心部强韧性较低，只适于制造受冲击载荷较小的耐磨零件，如活塞销、凸轮、滑块、小齿轮等。

(2) 中淬透性渗碳钢。典型钢种为 20CrMnTi，这类钢的油淬临界直径为 25～60mm，主要用于制造承受中等载荷、要求足够冲击韧性和耐磨性的汽车、拖拉机齿轮等零件。

(3) 高淬透性渗碳钢。典型钢种为 20Cr2Ni4A，这类钢的油淬临界直径大于 100mm，主要用于制造大截面、高载荷的重要耐磨件，如飞机、坦克中的曲轴、大模数齿轮等。

渗碳钢的热处理规范一般是渗碳后进行直接淬火（一次淬火或二次淬火），而后低温回火。碳素渗碳钢和低合金渗碳钢，经常采用直接淬火或一次淬火，而后低温回火；高合金渗碳钢则采用二次淬火和低温回火处理。

2. 调质钢

采用调质处理，即"淬火+高温回火"后使用的优质碳素钢和合金结构钢，统称为调质钢。淬火后得到位错与孪晶马氏体的混合组织、残余奥氏体和碳化物。高温回火后，由于马氏体分解，碳化物弥散析出，残余奥氏体转变，内应力消除，最终得到回火索氏体组织。调质钢综合力学性能好，用于受力较复杂的重要结构零件，如汽车后桥半轴、连杆、螺栓以及各种轴类零件。对于截面尺寸大的零件，为保证有足够的淬透性，就要采用合金调质钢。

调质钢的含碳量为 0.30%～0.50%，属中碳。含碳量在这一范围内可保证钢的综合性能，含碳量过低会影响钢的强度指标，含碳量过高则韧性显得不足。一般碳素调质钢的含碳量偏上限，对于合金调质钢，随合金元素的增加，含碳量趋于下限。

调质钢的合金化设计原则与铁素体-珠光体型热轧和正火钢不一样，其强度不取决于合金元素的含量，而取决于含碳量。加入合金元素（如 Cr、Ni、Mn、Mo、V、B、Ti 、Cu 等）的主要作用是保证淬透性、调节塑性、韧性，加入量视淬透性的要求而定；有的合金元素（如 Mo）还可提高钢的抗回火脆性，使钢能在较高温度下回火消除应力而不至于降低钢的强度，因而对改善塑性、韧性有利。Ni 在这类钢中是非常重要的合金元素，它能提高钢的韧性与塑性，降低钢的脆性转变温度。Ni 与 Cr 一起加入时，可提高钢的淬透性。因此，在这类钢中几乎离不开这两种元素，且随着强度级别的提高，含 Ni 量也不断增加。但从增加钢的淬透性出发，含 Cr 量超过 1.6% 已无实际意义，反而对韧性不利。

按淬透性的高低，调质钢大致可以分为三类。

(1) 低淬透性调质钢。典型钢种是 40Cr，这类钢的油淬临界直径最大为 40mm，广泛用于制造一般尺寸的重要零件，如轴、齿轮、连杆螺栓等。35SiMn、40MnB 是为节约铬而发展的代用钢种。

(2) 中淬透性调质钢。典型钢种为 40CrNi，这类钢的油淬临界直径最大为 60mm，含有较多的合金元素，用于制造截面较大、承受较重载荷的零件，如曲轴、连杆等。

(3) 高淬透性调质钢。典型钢种为 40CrNiMoA，这类钢的油淬临界直径为 60～100mm，多半为铬镍钢。铬、镍配合适当，可大大提高淬透性，并能获得比较优良的综合机械性能，用于制造大截面、承受重负荷的重要零件，如汽轮机主轴、压力机曲轴、航空发动机主轴等。

对于调质钢来说，由于加入合金元素种类及数量多少的差异，这类钢在热加工以后的组织相差很大。含合金元素少的钢,正火后组织多为"珠光体+少量铁素体",而合金元素含量高的钢则为马氏体组织,所以调质钢的热轧组织可分为珠光体型和马氏体型两种。

调质钢预备热处理的目的是为了改善热加工造成的晶粒粗大和带状组织,获得便于切削加工的组织和性能。对于珠光体型调质钢,在 800℃左右进行一次退火代替正火,可细化晶粒,改善切削加工性。对马氏体型调质钢,因为正火后可能得到马氏体组织,所以必须再在 A_{c_1} 以下进行高温回火,使其组织转变为粒状珠光体。回火后硬度可由 HB380～550 降至 HB207～240,此时可顺利进行切削加工。

调质钢的最终热处理可根据不同钢号的临界点确定加热温度(一般在 850℃左右),然后淬火、回火,回火温度依对钢的性能要求而定。当要求钢有良好的强韧性配合时,即具有良好的综合机械性能时,必须进行 500～650℃的高温回火(调质处理)。当要求零件具有特别高的强度(σ_b=1600～1800MPa)时,采用 200℃左右回火,得到中碳马氏体组织。

25CrMnSi 和 30CrMnSi 钢是在我国航空航天工业中应用较广的低合金高强度结构钢,热处理后的屈服强度为 882MPa。25CrMnSi 钢用作拉杆、重要的焊接和冲压件。30CrMnSi 钢用作振动负荷下的焊接结构和铆接结构。

3. 弹簧钢

弹簧是各种机器和仪表中的重要零件。它是利用弹性变形吸收能量以缓和振动和冲击,或依靠弹性储存能量来起驱动作用,因此,要求制造弹簧的材料具有高的弹性极限(即具有高的屈服点或屈强比)、高的疲劳极限、足够的塑性和韧性。

弹簧钢含碳量一般为 0.45%～0.70%,含碳量过高,塑性和韧性降低,疲劳极限也下降,可加入的合金元素有锰、硅、铬、矾和钨等。加入硅、锰主要是为了提高其淬透性,同时也提高屈强比,其中硅的作用更为突出。硅、锰元素的不足之处是硅会促使钢材表面在加热时脱碳,锰则使钢易于过热。因此,重要用途的弹簧钢必须加入铬、矾、钨等。它们不仅使钢材有更高的淬透性,不易脱碳和过热,而且有更高的高温强度和韧性。

根据弹簧钢的生产方式,可分为热成型弹簧和冷成型弹簧两类,所以其热处理也分为两类。

对于热成型弹簧,一般可在淬火加热时成型,然后"淬火+中温回火",获得回火屈氏体组织,具有很高的屈服强度和弹性极限,并有一定的塑性和韧性。

对于冷成型弹簧,通过冷拔(或冷拉)、冷卷成型。冷卷后的弹簧不必进行淬火处理,只需要进行一次消除内应力和稳定尺寸的定型处理,即加热到 250～300℃,保温一段时间,从炉内取出空冷即可使用。钢丝的直径越小,则强化效果越好,强度越高,强度极限可达 1600MPa 以上,而且表面质量很好。

弹簧经热处理后,一般进行喷丸处理,使表面强化并在表面产生残余压应力,以提高疲劳强度。

4. 滚动轴承钢

用于制造滚动轴承的钢称为滚动轴承钢。滚动轴承是一种高速转动的零件,工作时接触面积很小,不仅有滚动摩擦,而且有滑动摩擦,承受很高、很集中的周期性交变载荷,所以常常是接触疲劳破坏。因此,要求滚动轴承钢具有高而均匀的硬度,高的弹性极限和接触疲劳强度,足够的韧性和淬透性,一定的抗腐蚀能力。

滚动轴承钢是一种高碳低铬钢，含碳量为 0.95%～1.10%，含铬量为 0.40%～1.65%。高碳是为保证有高的淬硬性，同时可形成铬的碳化物强化相。铬的主要作用是增加钢的淬透性，使淬火、回火后整个截面上获得较均匀的组织。铬可形成合金渗碳体 $(Fe,Cr)_3C$，加热时降低过热敏感性，得到细小的奥氏体组织。溶入奥氏体中的铬，又可提高马氏体的回火稳定性。高碳低铬的滚动轴承钢经正常热处理后获得较高且均匀的硬度、强度和较好的耐磨性。对大型滚动轴承,其材料成分中需加入 Si、Mn 等元素,进一步提高淬透性,适量的 Si(0.4%～0.6%)还能明显地提高钢的强度和弹性极限。滚动轴承钢是高级优质钢，成分中的硫含量小于 0.015%，磷含量小于 0.025%，最好用电炉冶炼，并用真空除气。

滚动轴承钢的预备热处理是球化退火。钢经下料、锻造后的组织是"索氏体+少量粒状二次渗碳体"，硬度为 HB255～340，采用球化退火的目的在于获得粒状珠光体组织，调整硬度(HB207～229)便于切削加工及得到高质量的表面。一般加热到 790～810℃烧透后再降低至 710～720℃保温 3～4h，使组织全部球化。

滚动轴承钢的最终热处理为"淬火+低温回火"，淬火切忌过热，淬火后立即回火，经 150～160℃回火 2～4h，以去除应力，提高韧性和稳定性。滚动轴承钢淬火、回火后得到极细的回火马氏体、分布均匀细小的粒状碳化物(5%～10%)以及少量残余奥氏体(5%～10%)，硬度为 HRC62～66。

5. 耐磨钢

磨损是机械工程中广泛存在的问题，通常有磨料磨损、粘着磨损、表面疲劳磨损等。采用低碳合金钢经渗碳、"淬火+低温回火"，可制造要求"外硬内韧"的耐磨性较高的零件，如齿轮、销子等。

采用中碳钢和中碳合金钢，经调质和表面淬火可制造要求强度和耐磨性高的零件，如负荷较大的轴类、齿轮等。

采用高碳钢和高碳合金钢，经"淬火+低温回火"可制造要求耐磨性更高的零件，如用 GCr15 制作喷油嘴等。

此类钢机械加工比较困难，基本上都是铸造成型后使用。铸造成型后，性能主要表现是硬而脆，必须在 1050～1100℃加热水冷，保持单一均匀的奥氏体组织，防止碳化物析出，从而使其具有强度、韧性结合及耐冲击的优良性能。

6. 超高强度钢

超高强度钢一般是指屈服强度和抗拉强度分别超过 1380MPa 和 1480MPa 的结构钢。超高强度钢是 20 世纪 40 年代以来为满足航空航天工业发展需要而开发出来的一类钢种，主要用于制造飞机起落架、机翼大梁、火箭发动机壳体、液体燃料氧化剂贮箱、高压容器以及常规武器的炮筒、枪筒、防弹板等。

超高强度钢按其合金元素含量可分为低合金超高强度钢、中合金超高强度钢和高合金超高强度钢。

1) 低合金超高强度钢

这类钢是在一般调质结构钢的基础上发展起来的。为了得到超高强度，这类钢的最终热处理不是调质处理，而是淬火后低温回火或等温淬火；即在得到回火马氏体或"回火马氏体

+下贝氏体"组织的情况下使用。

低合金超高强度钢的含 C 量在 0.3%～0.5%，合金元素含量小于 5%。在低合金超高强度钢中，合金元素的主要作用是提高钢的淬透性和马氏体的回火稳定性。

30CrMnSiNi2A 钢、40CrMnSiMoV（GC 4）钢和 300M 钢是目前航空工业中使用最广泛的低合金超高强度钢。其中 30CrMnSiNi2A 是仿原苏联钢种；40CrMnSiMoV 为我国自行研制的不含 Ni 的超高强度钢；300M 是仿美国常用的超高强度钢，主要用于制造飞机起落架、机翼大梁等受载很大的重要零件。

2）中合金超高强度钢

如果要求在较高使用温度（300～500℃）下保持超高强度则需要利用中合金（5%～10%）的二次硬化效应获得超高强度钢，即利用 550～650℃ 回火时弥散析出的合金碳化物而获得超高强度。中合金超高强度钢中典型的有 H-11mod 和 H-13 等，是从 5%Cr 热作模具钢移植而来的结构用钢。

中合金超高强度钢的特点是淬透性好，可在空冷中淬火；500～600℃ 回火时，在马氏体中析出弥散的碳化物，产生二次硬化，具有高的室温强度和中温（500～550℃）强度；加之含 Cr 较多，具有较好的抗氧化性和耐蚀性。由于这类钢的过冷奥氏体比较稳定，适于中温形变热处理，以进一步提高其强度和综合性能。这类超高强度钢的缺点是对氢脆和应力集中较敏感，可焊性较差。

中合金超高强度钢可作为超音速飞机中承受中温的强力构件和飞机发动机中的轴类、螺栓等零件。

3）高合金超高强度钢

高合金结构钢主要有二次硬化马氏体系列，如 9Ni-4Co、9Ni-5Co、10Ni-8Co（HY180）、10Ni-14Co（AF1410）等；18Ni 马氏体时效钢系列，如 18Ni（250）、18Ni（300）、18Ni（350）等；沉淀硬化不锈钢系列（见 6.5 节）。这里主要介绍马氏体时效钢的强化机制。

马氏体时效钢是利用淬火后的时效处理，使金属间化合物在超低碳的高 Ni 马氏体中弥散析出而强化的高合金超高强度钢，其成分特点是：含 C 量极低（<0.03%），含 Ni 量很高（18%～25%），含有某些能产生时效强化的元素如 Ti、Nb、Mo、Al 等。

Ni 是马氏体时效钢中的主要合金元素，高达 18%～25% 的 Ni 含量，是为了保证在淬火温度下得到单一的奥氏体，并使得到的含 Ni 马氏体具有良好的塑性和韧性。Ni 能降低点阵中的位错运动抗力和位错与间隙元素之间交互作用的能量，促进应力松弛，从而减少脆性断裂倾向。Ni 也是形成沉淀相——金属间化合物（Ni_3Mo、Ni_3Ti 等）的必要组元，并有利于沉淀相的均匀成核与长大，这种均匀沉淀将促进良好的塑性变形特性和高的延性。

Mo、Ti、Al 的主要作用是与 Ni 形成沉淀相，同时 Mo 还能降低一些元素的扩散系数，减少时效的择优沉淀，增加时效后的塑性。

Co 也能降低点阵位错运动的抗力和位错与元素间交互作用的能量，有利于韧性；同时，增加 Co 的含量将提高 M_s 点，有利于板条马氏体的形成。

马氏体时效钢的典型热处理工艺为 815℃ 固溶处理，随后空冷至室温。由于高 Ni 和超低 C，空冷即可得到马氏体，此时硬度为 HRC30～35，很容易进行机械加工。

总之，马氏体时效钢在获得超高强度水平下，仍能保持较好的塑性和韧性、高的断裂韧性和低的缺口敏感性。在不同类型的超高强度钢中，若处理成同一强度水平，则马氏体时效钢具有最高的冲击韧性和断裂韧性；同时又具有较高的氢脆抗力和应力腐蚀抗力；还可以进行焊接而不需预热。因此，马氏体时效钢可以在许多场合获得应用，如航空航天上要求强度高、热处理变形小、可焊性好的零件和构件，还有高压容器、氧气瓶、火箭发动机机匣等。但马氏体时效钢中 Ni 和 Co 含量高，不符合我国资源状况，因此，发展少 Ni、Co 或少 Ni、无 Co 的马氏体时效钢是一个重要方向。

6.4　工　具　钢

工具钢是用来制造刀具、模具和量具的钢，按化学成分分为碳素工具钢、低合金工具钢、高合金工具钢等，按用途分为刃具钢、模具钢和量具钢。

6.4.1　刃具钢

切削刃具的种类繁多，工况条件各有特点，性能要求也各有不同。

车刀工作时主要是承受压应力和弯曲应力，受到很大的机械磨损。机床的振动，要求刀具有一定的耐冲击性能。连续低速切削时，要求车刀有高的硬度、耐磨性和适当的弯曲强度，防止刃部磨钝。连续高速切削时，由于车刀与工件接触，刃部温度会迅速升高，这就要求车刀有较高的热稳定性（又称为热硬性或红硬性）。同时在高速切削时，还应注意可能出现车刀的折断、崩刃和塑性变形。

钻头是长杆状刃具，刃部长而薄，在致密的金属中进行钻削，承受很高的轴向压应力、扭转应力及径向力引起的弯曲应力。为防止钻头发生折断和崩刃，要求其应具有足够高的弯曲强度和韧性。工作时刃部与工件激烈摩擦产生大量的热，并且热量不易散失，特别是进行深孔加工时更为不利，所以钻头用钢要求高的耐磨性和热稳定性。

鉴于刃具的特殊工况条件，对刃具钢的基本性能要求应该是：高的切断抗力、高的耐磨性、高的弯曲强度和足够的韧性、高的热稳定性。

用于刃具的材料有碳素工具钢、低合金工具钢、高速钢、硬质合金等。

1. 碳素工具钢

碳素工具钢因成本低、具有一般较好的性能，在钳工、木工和形状简单受力不大的刃具、磨具中得到了广泛应用。

T7、T8 钢多用于制造承受冲击负荷的工具，如凿子、锤子、冲头等。T9～T11 钢多用于制造要求中等韧性的工具，如形状简单的小冲模、手工锯条等。T12、T13 耐磨性最高，但韧性最低，所以多用于制造不受冲击负荷的量具、锉刀、刮刀等。

高级优质碳素工具钢（T7A～T13A），由于其淬火时产生裂纹的倾向较小，因此多用于制造形状较为复杂的工具。

碳素工具钢在机加工之前进行预备热处理，采用球化退火（T7 钢可采用完全退火），组织为铁素体基体和细小均布的粒状渗碳体，硬度 HB≤217。

机加工之后进行最终热处理，采用"淬火+低温回火"，组织为"回火马氏体+粒状渗碳体+少量残余奥氏体"。碳素工具钢经最终热处理后，硬度可达 HRC60～65，其耐磨性和加工性都较好，价格低廉，生产上得到广泛应用。

碳素工具钢的缺点是红硬性差，当刃部温度大于 200℃时，硬度、耐磨性会显著降低。另外，由于淬透性差（直径厚度在 20mm 以下的试样在水中才能淬透），尺寸大的就淬不透，形状复杂的零件，水淬容易变形和开裂，所以碳素工具钢大多用于受热程度较低、尺寸较小的手工工具及低速、小走刀量的机用工具，也可做尺寸较小的模具和量具。

2. 低合金工具钢

为了克服碳素工具钢淬透性差、易变形和开裂、红硬性差等缺点，在碳素工具钢的基础上加入少量的合金元素，一般不超过 5%，就形成了低合金工具钢。

低合金工具钢的含碳量一般为 0.75%～1.50%，高的含碳量可保证钢的高硬度及形成足够的合金碳化物，提高耐磨性。合金元素的作用主要是为了保证钢具有足够的淬透性。钢中常加入的合金元素有硅、锰、铬、钼、钨、矾等。其中，硅、锰、铬、钼的主要作用是提高淬透性；硅、锰、铬可强化铁素体；铬、钼、钨、矾可细化晶粒使钢进一步强化，提高钢的强度；作为碳化物形成元素的铬、钼、钨、矾等在钢中形成合金渗碳体和特殊碳化物，从而提高钢的硬度和耐磨性。

低合金工具钢中常用的有 9SiCr、CrWMn 等。9SiCr 可用于制作丝锥、板牙等。由于铬、硅同时加入，淬透性明显提高，油淬直径可达 40～50mm；同时还能强化铁素体，尤其是硅的强化作用显著；另外，Cr 还能细化碳化物，使之均匀分布，因而耐磨性提高，不易崩刀；Si 还能提高回火稳定性，使钢在 250～300℃仍能保持 HRC60 以上。9SiCr 可采用分级或等温淬火，以减少变形，因而常用于制作形状复杂的、要求变形小的刀具。

低合金工具钢的预备热处理通常是锻造后进行球化退火。最终热处理为"淬火+低温回火"，其组织为"回火马氏体+未溶碳化物+残余奥氏体"。

3. 高速钢

高速钢是高速切削用钢的代名词。高速钢是一种含有钨、铬、钒等多种元素的高合金工具钢。钢中加入较多的碳，其作用是既保证它的淬硬性，又保证淬火后有足够多的碳化物相。高速钢一般含碳量为 1%左右，最高可达 1.6%，如 W6Mo5Cr4V5SiNbAl 钢，含碳量为 1.56%～1.65%。

高速钢中一般含有较多数量的 W 元素，它是提高钢红硬性的主要元素。由于世界范围 W 资源的缺少，人们找到了以 Mo、Co 元素代替 W 元素而保持高的红硬性的方法。

Cr 元素在钢中的作用为：Cr 的加入可提高钢的淬透性，并能形成碳化物强化相，Cr 在高温下可形成 Cr_2O_3，能起到氧化膜的保护作用。一般认为 Cr 含量在 4%左右为宜，高于 4%使马氏体转变温度 M_s 下降，淬火后造成残余奥氏体量增多的不良结果。

V 元素在钢中的作用为：V 与 C 的亲和力很强，在高速钢中形成碳化物（VC），它有很高的稳定性，即使淬火温度在 1260～1280℃时，VC 也不会全部溶于奥氏体中。VC 的最高硬度可达到 HRC83～85。在高温多次回火过程中，VC 呈弥散状析出，进一步提高了高速钢的硬度、强度和耐磨性。

为了提高高速钢的某些方面的性能，还可以加入适量的 Al、Co、N 等合金元素。我国最常用的高速钢是 W18Cr4V 和 W6Mo5Cr4V2，通常简称为 18-4-1 和 6-5-4-2。前者的过热敏感性小，磨削性好，但由于热塑性差，通常适于制造一般高速切削刀具，如车刀、铣刀、绞刀等；由于后者的耐磨性、韧性和热塑性较好些，适于制造耐磨性和韧性配合很好的高速刀具，如丝锥、齿轮铣刀、插齿刀等。

由于高速钢的合金元素含量多，它的 C 曲线右移，淬火临界冷却速度大为降低，在空气中冷却就可得到马氏体组织，因此，高速钢也被俗称为风钢(锋钢)。也同样因为合金元素的作用，使 Fe-Fe$_3$C 相图中的 E 点左移，这样在高速钢铸态组织中出现大量的共晶莱氏体组织、鱼骨状的莱氏体及大量分布不均匀的大块碳化物，使得铸态高速钢既脆又硬，无法直接使用。

高速钢锻造后必须进行退火，目的在于既调整硬度便于切削加工，又调整组织为淬火做准备。其具体工艺可采用等温退火，加热保温(860～880℃)，然后冷却到 720～750℃保温，随炉冷却至 550℃以下出炉。硬度为 HB207～225，组织为"索氏体+碳化物"。

高速钢的淬火加热温度尽量高些，这样可以使较多的 W、V(提高刃具红硬性的元素)溶入奥氏体中。在 1000℃以上加热淬火，W、V 在奥氏体中的溶解度急速增加；1300℃左右加热，各合金元素在奥氏体中的溶解度也大为增加。但时间稍长，会造成晶粒长大，甚至出现晶界溶化，这也就是淬火温度和加热时间需精确掌握的原因所在。另外，高碳高合金元素的存在，使得高速钢的导热性很差，所以淬火加热时采用分级预热，一次预热温度为 600～650℃，二次预热温度为 800～850℃，这样的加热工艺可避免由热应力而造成的变形或开裂。淬火冷却采用油中分级淬火法。

高速钢的回火一般进行 3 次，回火温度 560℃，每次 1～1.5h。第一次回火只对淬火马氏体起回火作用，在回火冷却过程中，发生残余奥氏体的转变，同时产生新的内应力。经第二次回火，没有彻底转变的残余奥氏体继续发生新的转变，又产生新的内应力。这就需要进行第三次回火。高速钢淬火后残余奥氏体量大约为 30%，三次回火后仍保留有 3%～4%，与此同时，使碳化物析出量增多，产生二次硬化现象，提高了刃具使用性能。为使高速钢中的残余奥氏体量减少到最低程度，往往还需进行冷处理。

4. 硬质合金

硬质合金是把一些高硬度、高熔点的粉末(WC、TiC 等)和胶结物质(Co、Ni 等)混合、加压、烧结成型的一种粉末冶金材料。它虽不是合金工具钢，但是一种常用的、主要的刃具材料。其特点是硬度极高(HRA89～91)、红硬性好(切削温度可达 1000℃)、耐磨性好。

用硬质合金制作的刀具，切削速度比高速钢还可提高 4～5 倍。由于硬质合金的硬度很高，切削加工困难，因此，形状复杂的刀具，如拉刀、滚刀就不能用硬质合金来制作。一般硬质合金做成刀片，镶在刀体上使用。除了用硬质合金来制作刀具外，还可以制作冷作模具、量具、耐磨零件等。

硬质合金可分为钨钴类、钨钴钛类等。

钨钴类：牌号有 YG3、YG6、YG8 等。YG 表示钨钴类硬质合金，后边的数字表示含钴量(Co%)。例如，YG8 表示含钴量为 8%、含碳化钨(WC)为 92%的钨钴类硬质合金。

钨钴钛类：牌号有 YT5、YT15、YT30 等。YT 表示钨钴钛类硬质合金，后边的数字表示碳化钛(TiC)的含量。例如，YT15 表示含 15%的 TiC、其余为 WC 和 Co 的钨钴钛类硬质合金。

钨钴类用于加工脆性材料(铸铁、胶木等非金属材料)。其中，含钴量高的抗弯强度高、韧性好，而硬度、耐磨性低，适于粗加工。

钨钴钛类用于加工韧性材料(适于加工各种钢件)。由于 TiC 的耐磨性好，热硬性高，所以这类硬质合金的热硬性好，加工的光洁度也好。

此外，还有如 YW1 和 YW2 称为通用和万能硬质合金，用来切削不锈钢、耐热合金等难加工的材料，刀具寿命更长。

6.4.2　模具钢

根据模具的工作条件不同，模具钢一般分为冷作模具钢和热作模具钢两大类。前者用于制造冷冲模、冷挤压模等，工作温度大都接近室温；后者用于制造热锻模、压铸模等，工作时型腔表面温度可高达 600℃以上。

1. 冷作模具钢

1)冷作模具钢性能要求

制造在冷态下成型的模具，如冷冲模、冷镦模、拉丝模、冷轧辊等，从工作条件出发，对性能的基本要求如下所述。

(1)高的硬度和耐磨性。在冷态下冲制螺钉、螺帽、硅钢片、面盆等，被加工的金属在模具中产生很大的塑性变形，模具的工作部分承受很大的压力和强烈的摩擦，要求有高的硬度和耐磨性，通常要求硬度为 HRC58～62，以保证模具的几何尺寸和使用寿命。

(2)较高的强度和韧性。冷作模具在工作时，承受很大的冲击和负荷，甚至有较大的应力集中，因此，要求其工作部分有较高的强度和韧性，以保证尺寸的精度并防止崩刃。

(3)良好的工艺性。要求热处理的变形小，淬透性高。

2)冷作模具钢的成分和钢种

(1)碳素工具钢和低合金工具钢。对于尺寸小、形状简单、工作负荷不大的模具采用这类钢，钢种有 T8A、T10A、T12A、Cr2、9Mn2V、9SiCr、CrWMn、Cr6WV 等。

这类钢的优点是价格低廉，加工性能好，能基本上满足模具的工作要求。其缺点是：这类钢的淬透性差，热处理变形大，耐磨性较差，使用寿命较低。对于低合金工具钢，可采用油淬火，并含有少量的合金元素，淬透性提高了，晶粒细化了，变形减小了，像 9SiCr、Cr2 可用来制造滚丝模等。

(2)高碳高铬模具钢。这类钢主要是指 Cr12 型冷作模具钢。这类钢由于淬透性好，淬火变形小，耐磨性好，广泛地用于制造负荷大、尺寸大、形状复杂的模具。钢号有 Cr12、Cr12MoV 等。

这类钢的含碳量为 1.4%～2.3%，含铬量为 11%～12%。含碳量高是为了保证与铬形成碳化物，在淬火加热时，其中一部分溶于奥氏体中，以保证马氏体有足够的硬度，而未溶的碳化物则起到细化晶粒的作用，在使用状态下起到提高耐磨性的作用。含铬量高，其主要作用是提高淬透性和细化晶粒，截面尺寸为 200～300mm 时，在油中可以淬透；形成铬的碳化物，提高钢的耐磨性。含铬量一般为 12%，过高的含铬量会使碳化物分布不均。钼和钒的加入，能进一步提高淬透性，细化晶粒，其中钒可形成 VC，因而可进一步提高耐磨性和韧性；钼和钒的加入还可适当降低钢的含碳量，以减少碳化物的不均匀性，所以 Cr12MoV 钢较 Cr12 钢的碳化物分布均匀，强度和韧性高，淬透性高，用于制作截面大、负荷大的冷冲模、挤压模、滚丝模、冷剪刀等。

Cr12 型钢的预备热处理是球化退火。球化退火的目的是消除应力，降低硬度，便于切削加工。退火后硬度为 HB207～255，退火组织为"球状珠光体+均匀分布的碳化物"。

Cr12 型钢的最终热处理一般是"淬火+低温回火"，经淬火、低温回火后的组织为"回火马氏体+碳化物+少量残余奥氏体"。有时也对 Cr12 型冷作模具钢进行高温回火，以产生二次硬化，适用于在 400～450℃温度下工作受强烈磨损的模具。

2. 热作模具钢

制造使金属热成型的模具，如热锻模、热挤压模和压铸模。这种模具是在反复受热和冷却的条件下进行工作的，所以比冷作模具有更高要求。对热作模具钢的性能要求如下所述。

(1) 要求综合力学性能好。由于模具的承载很大，要求有高的强度，而模具在工作时还承受很大的冲击，所以要求韧性也好，即要求综合力学性能好。

(2) 抗热疲劳能力高。模具工作时的型腔温度高达 400～6000℃，而且又反复加热冷却，因此要求模具在高温下保持高的强度和韧性的同时，还能承受反复加热、冷却的作用。

(3) 淬透性高。对尺寸大的热作模具，要求淬透性高，以保证模具整体的力学性能好；同时还要求导热性好，以避免型腔表面温度过高。

对于中小尺寸(截面尺寸≤300mm)的模具，一般采用 5CrMnMo；对于大尺寸(截面尺寸为 400mm)的模具，一般采用 5CrNiMo。对于压铸模，常采用 3Cr2W8。

热作模具钢的含碳量取中碳范围，为 0.50%～0.60%，对于压铸模为 0.30%。这一含碳量可保证淬火后的硬度，同时还有较好的韧性指标。铬、镍、锰、钼的作用是提高淬透性，使模具表里的硬度趋于一致；铬、钼还有提高回火稳定性、提高耐磨性的作用；铬、钨、钼还通过提高共析温度，使模具在反复加热和冷却过程中不发生相变，从而提高抗热疲劳的能力。

对热作模具钢要反复锻造，其目的是使碳化物均匀分布。锻造后的预备热处理一般是完全退火，其目的是消除锻造应力，降低硬度(HB197～241)，以便于切削加工。它的最终热处理根据其用途有所不同：热锻模是淬火后模面中温回火、模尾高温回火；压铸模是淬火后在略高于二次硬化峰值的温度下多次回火，以保证热硬性。

6.4.3 量具钢

量具钢是用于制造量具的钢，如卡尺、千分尺、块规、塞尺等。

量具在使用过程中主要是受到磨损，因此，对量具钢的主要性能要求是：工作部分有高的硬度和耐磨性，以防止在使用过程中因磨损而失效；要求组织稳定性高，在使用过程中尺寸不变，以保证高的尺寸精度；还要求有良好的磨削加工性。

为了满足上述高硬度、高耐磨性的要求，一般都采用含碳量高的钢，通过淬火得到马氏体。最常用的量具用钢为碳素工具钢和低合金工具钢。

碳素工具钢由于采用水淬火，淬透性低，变形大，因此，常用于制作尺寸小、形状简单、精度要求低的量具。

低合金工具钢(包括 GCr15 等)由于加入少量的合金元素，提高了淬透性；由于采用油淬火，因此变形小。另外，合金元素在钢中还形成合金碳化物，也提高了钢的耐磨性。在这类钢中，GCr15 用得最多，这是由于滚动轴承钢本身也比较纯净，钢的耐磨性和尺寸稳定性都较好。

作为精密量具，要使其在热处理和使用过程中变形小是一个很复杂的问题，可以从选材方面考虑。在淬火后，一般尺寸是膨胀的，解决的办法可以有下面三种。

（1）淬火前进行调质处理，得回火索氏体。由于马氏体与回火索氏体之间的体积差小，而马氏体与珠光体之间的体积差大，则淬火后的变形就小。

（2）回火后进行冷处理。在使用过程中尺寸变化的重要因素是：残余奥氏体转变为马氏体，则尺寸增加；马氏体的正方度降低；残余内应力的重新分布和降低，也使尺寸发生变化。所以，淬火后要进行冷处理，降低奥氏体含量。

（3）长时间的低温回火（低温时效）使马氏体趋于稳定，进一步降低内应力。

6.5　特殊性能钢

6.5.1　不锈钢

通常所说的不锈钢实际是不锈钢和耐酸钢的总称，亦是不锈耐酸钢的简称。所谓"不锈钢"是指在大气及弱腐蚀介质中耐腐蚀的钢，所谓"耐酸钢"是指在各种强腐蚀介质中耐腐蚀的钢。对不锈钢的性能要求，除具有良好的耐蚀性外，还要有良好的工艺性能(冷热变形、切削、焊接性能等)及力学性能。

不锈钢的性能主要是通过合金化的途径获得的，铬是不锈钢中的关键元素，其含量一般不低于 12%。此外，还含有其他合金元素。根据正火状态的组织，常用的不锈钢分为马氏体不锈钢、铁素体不锈钢、奥氏体不锈钢、沉淀硬化不锈钢、铁素体-奥氏体双相不锈钢。

1. 马氏体不锈钢

马氏体不锈钢一般含铬量为 12%～18%、含碳量为 0.1%～0.4%。马氏体不锈钢因铬多碳高，故有较高的强度、硬度和耐磨性。常用钢有 1Cr13、2Cr13、3Cr13、4Cr13、9Cr18、1Cr17Ni2 等。为提高钢的力学性能和耐蚀性，可加入适量的 Mo、V、Co、Si 或 Cu。这类钢具有 $\gamma \to \alpha$ 相变，其淬透性好，在 900～1100℃加热空冷即可获得马氏体组织。

为了提高这类钢的力学性能及耐蚀性，还需进行最终热处理——淬火及回火。淬火加热温度对钢的强度和硬度影响很大。研究指出，随淬火温度的提高，硬度不断增加，在 1100℃淬火硬度达到最大值。所以，1Cr13、2Cr13 钢的淬火温度为 1000～1050℃，3Cr13、4Cr13 钢为 1000～1100℃。温度过高，则晶粒变粗，冲击韧性下降，同时也易脱碳；温度过低，碳化铬溶解不充分，淬火后强度、硬度、耐蚀性均降低。因这类钢的淬透性较高，一般均用油冷淬火。对含碳较高、尺寸较小及复杂的零件，可用空冷。

这类钢淬火后具有很高的内应力，需立即回火。回火温度应视零件的力学性能及耐蚀性能的要求而定。3Cr13、4Cr13 钢淬火温度高，回火时析出较多的碳化物，使基体贫铬而降低耐蚀性，故常在 200～300℃低温回火，保温 2～4h，得到回火马氏体组织。此时基体仍保留大量铬，可使钢在保持较高硬度的同时还具有较高的耐蚀性。1Cr13、2Cr13 钢淬火后在 660～750℃进行高温回火，获得回火索氏体组织，使钢具有良好的综合力学性能。采用高温回火可使碳化物聚集长大，弥散度减小，合金元素扩散较充分，碳化物周围的贫铬区获得平衡的铬浓度，钢具有较高的耐蚀性。这类钢有回火脆性倾向，回火后应以较快速度冷却。

2. 铁素体不锈钢

铁素体不锈钢一般含 Cr 量为 13%～30%，含碳量小于 1.5%，属铬不锈钢。有时还加入 Mo、Ti、Nb 等元素以提高抗蚀性能。这类钢因含铬量高，在氧化性酸中具有良好的耐蚀性及良好的抗氧化性，广泛用于硝盐、氮肥、磷酸等工业，也可作为高温下的抗氧化材料，其中含钼的钢还可用于有机酸及含氯的介质中。这类钢在加热和冷却过程中没有或很少有 α→γ 转变，一般属铁素体钢，故不能用热处理强化，铸态的粗晶组织只能通过形变再结晶来改善。

工业上常用的这类钢有 1Cr17、1Cr7Ti、1Cr28、1Cr25Ti、1Cr17MoTi 等，其中 1Cr17 型应用更为普遍。它们都在退火或正火状态下使用。

铁素体不锈钢的主要缺点是脆性大、韧性低。脆性的主要类型及产生原因主要有以下几方面。

(1) 晶粒粗大。该类钢加热和冷却过程中无相变，不能用热处理来细化热加工(铸、锻、焊、轧)造成的粗大晶粒。为防止晶粒粗大，应降低终锻温度，或形变后进行再结晶退火，或真空冶炼时加 Ti、Nb 等元素。

(2) 475℃脆性。这类钢在 400～525℃长时间加热或停留，会使强度升高而韧性急剧下降，耐蚀性降低。该现象多出现在 475℃左右加热时，故称为 "475℃脆性"。这是由于加热时从铁素体中析出富铬的化合物(含 80%Cr、20%Fe)同时产生共格应力，使钢的脆性剧增。通过加热到 580～650℃保温 1～5h，然后快冷来消除。

(3) σ 相脆性。这类钢在 550～820℃长期加热时，将从铁素体中析出常沿晶界分布的 σ 相(Fe 与 Cr 的金属化合物 FeCr)，同时伴有大的体积变化，使钢变脆，并降低耐蚀性和抗氧化性。这种脆性可经 850～950℃短时加热使 σ 相溶入铁素体中，然后快冷来消除。

3. 奥氏体不锈钢

奥氏体不锈钢是工业上应用最广的不锈钢。18-8 型铬镍钢是典型的奥氏体不锈钢，其碳含量小于 0.12%，含铬量为 17%～19%，含镍量为 8%～11%。此外，加入 Ti、Nb 是为了消除晶间腐蚀，加入 Mo、Cu 是为了提高钢在盐酸、硫酸、磷酸、尿素中的耐蚀性。由于含有较多扩大 γ 相区的 Ni，钢使用状态的组织基本是单相奥氏体。这类钢有许多优良性能，如室温和高温的高耐蚀性、优良的抗氧化性、良好的冷变形加工性和焊接性、室温和低温的高塑性、韧性等。其缺点是切削加工性较差、有晶间腐蚀倾向、强度低、价格高等。

奥氏体不锈钢常用的牌号有 0Cr18Ni9、1Cr18Ni9、1Cr18Ni9Ti、1Cr18Mn8Ni5N 等。它们广泛用于航空、船舶、汽车、化工等部门及医疗器械等产品中。由于这类钢无磁性，也广泛用于制作仪表、仪器的元件等。

铬镍奥氏体不锈钢在 400～850℃保温或缓冷时会发生严重的晶间腐蚀破坏。其原因是在晶界上析出富铬的 $Cr_{23}C_6$，使其周围基体形成贫铬区。钢中含碳量越高，晶间腐蚀倾向越大。在钢进行气焊或电弧焊时，焊缝及热影响区(550～800℃)的晶间腐蚀最为强烈，甚至造成晶粒剥落、发生脆断。

防止晶间腐蚀的主要方法有如下所述几种。

(1) 降低钢的含碳量，当其降至 400～850℃即碳的饱和溶解度以下或稍高时，不能析出铬的碳化物或析出甚微均可防止晶间腐蚀。一般含碳量应小于 0.03%。

(2)加入强碳化物形成元素 Ti、Nb 等，使钢优先形成稳定的 TiC、NbC，而不形成铬的碳化物，以保证奥氏体中的含铬量。

(3)已有晶间腐蚀的钢，可重新进行固溶处理或稳定化处理，使在晶界上析出的碳化铬重新溶解在基体中，消除贫铬区。

(4)对该类钢的焊接结构件应选用含 Ti 或 Nb 的不锈钢作为母材和焊条，防止焊缝区和焊接热影响区发生晶间腐蚀。

4. 沉淀硬化不锈钢(超高强度钢)

这类钢通过时效处理使第二相(金属间化合物、富铜相)析出，产生沉淀硬化，具有高硬度、良好的可焊性和压力加工性。其主要有马氏体及奥氏体-马氏体沉淀硬化不锈钢。

1)马氏体沉淀硬化不锈钢

其化学成分为低碳(<0.1%)，含铬量大于 12%，这有利于提高钢的抗腐蚀性和可焊性；加入具有沉淀硬化能力的 Mo、W、Ti、Nb、Cu 等合金元素，有利于时效处理时能在马氏体基体上析出金属间化合物(如 FeMo、Fe2W 等)或富铜相，使钢强化；加入 Ni(<4%)、Co(10%～20%)，使钢的 M_s 点高于室温及高温时为单相奥氏体，冷却后获得马氏体。

典型钢种 17-41PH 热处理工艺为：固溶处理(1050℃)+时效处理(420～470℃)。固溶后获得马氏体组织，时效时弥散析出富铜相而强化钢。

2)奥氏体-马氏体沉淀硬化不锈钢

这类钢又称控制相变不锈钢，或过渡型沉淀硬化不锈钢，或半奥氏体沉淀硬化不锈钢。其化学成分特点与马氏体沉淀硬化不锈钢相近，但成分设计应使钢的 M_s 点温度略低于室温。

过渡型的含义是使钢的基体保持在室温下得到介稳定的奥氏体，而通过冷加工变形或是低温处理，可将介稳定奥氏体转变为马氏体，达到强化的效果。至于沉淀硬化则是通过随后在较低温度下时效处理，利用沉淀硬化方法使已相变的马氏体进一步强化。

这类钢是发展航空航天用超高强度钢的主要钢种。由于其能达到不同超高强度的同时保持高韧性，此类钢发展迅速。比较成熟的牌号有 17-7PH、PH15-7Mo、PH14-8Mo、AM350、FV520(S)等。早在 1955～1965 年此类钢即已在英国 Avfo 超音速定型机上制成 FV520(S)钢的蒙皮，1957 年用于"蓝钢"防御导弹，以及协和式飞机蜂窝壁板(PH15-7Mo 钢)结构和飞机发动机吊舱后两级排气系统上。1961～1970 年美国阿波罗宇宙飞船指挥舱隔热外壳基板采用厚度为 0.20～1.27mm 的 PH14-8Mo 钢制造，工作温度为-101～316℃。

6.5.2　耐热钢

在发动机、化工、航空等部门，有很多零件是在高温下工作，要求具有高的耐热性的钢称为耐热钢。

1. 耐热钢的一般概念

钢的耐热性包括高温抗氧化性和高温强度两方面的含义。金属的高温抗氧化性是指金属在高温下对氧化作用的抗力，而高温强度是指钢在高温下承受机械负荷的能力。所以，耐热钢既要求高温抗氧化性能好，又要求高温强度高。

1) 高温抗氧化性

金属的高温抗氧化性通常取决于金属在高温下与氧接触时，表面能形成致密且熔点高的氧化膜，以避免金属的进一步氧化。一般碳钢在高温下很容易氧化，这主要是由于在高温下钢的表面生成疏松多孔的氧化亚铁（FeO），容易剥落，而且氧原子不断地通过 FeO 扩散，使钢继续氧化。

为了提高钢的抗氧化性能，一般是采用合金化方法，加入铬、硅、铝等元素，使钢在高温下与氧接触时，在表面上形成致密的高熔点的 Cr_2O_3、SiO_2、Al_2O_3 等氧化膜，牢固地附在钢的表面，使钢在高温气体中的氧化过程难以继续进行。例如，在钢中加 15%Cr，其抗氧化温度可达 9000℃；在钢中加 20%～25%Cr，其抗氧化温度可达 11000℃。

2) 高温强度

金属在高温下所表现的力学性能与室温下大不相同。在室温下的强度值与载荷作用的时间无关，但金属在工作温度大于再结晶温度，工作应力大于此温度下的弹性极限时，随时间的延长，金属会发生极其缓慢的塑性变形，这种现象称为"蠕变"。在高温下，金属的强度是用蠕变强度和持久强度来表示的。蠕变强度是指金属在一定温度下、一定时间内，产生一定变形量所能承受的最大应力。而持久强度是指金属在一定温度下、一定时间内，所能承受的最大断裂应力。

为了提高钢的高温强度，通常采用以下几种措施。

(1) 固溶强化。固溶体的热强性首先取决于固溶体自身的晶体结构。由于面心立方的奥氏体晶体结构比体心立方的铁素体排列得更紧密，因此，奥氏体耐热钢的热强性高于铁素体为基的耐热钢。在钢中加入合金元素，形成单相固溶体，提高原子结合力，减缓元素的扩散，提高再结晶温度，能进一步提高热强性。

(2) 析出强化。在固溶体中沉淀析出稳定的碳化物、氮化物、金属间化合物，也是提高耐热钢热强性的重要途径之一。例如，加入铌、钒、钛等，形成 NbC、TiC、VC 等，在晶内弥散析出，阻碍位错的滑移，提高塑变抗力，提高热强性。

(3) 强化晶界。材料在高温下（大于晶界与晶内的等强温度 T_e）其晶界强度低于晶内强度，晶界成为薄弱环节。通过加入钼、锆、钒、硼等晶界吸附元素，降低晶界表面能，使晶界碳化物趋于稳定，使晶界强化，从而提高钢的热强性。

2. 常用的耐热钢

1) 珠光体耐热钢

珠光体耐热钢一般是在正火状态下加热到 A_{c_3} +30℃，保温一段时间后空冷，随后在高于工作温度约 50℃下进行回火，其显微组织为"珠光体+铁素体"。其工作温度为 350～5500℃，由于含合金元素量少，工艺性好，常用于制造锅炉、化工压力容器、热交换器、汽阀等耐热构件。其中，15CrMo 主要用于锅炉零件。这类钢在长期的使用过程中，会发生珠光体的球化和石墨化，从而显著降低钢的蠕变和持久强度。为此，这类钢力求降低含碳量和含锰量，并适当加入铬、钼等元素，抑制球化和石墨化倾向。除此之外，钢中加入铬是为了提高抗氧化性，加入钼是为了提高钢的高温强度。

2) 马氏体耐热钢

这类钢主要用于制造汽轮机叶片和汽阀等。1Cr13、2Cr13 是最早用于制造汽轮机叶片的耐热钢。为了进一步提高热强性，在保持高的抗氧化性能的同时，加入钨、钼等元素使基体强化，使碳化物稳定，提高钢的耐热性能。

1Cr11MoV、1Cr12WmoV，经"淬火+高温回火"后，可使工作温度提高到 550～580℃。

4Cr9Si2、4Cr10Si2Mo 是典型的汽车阀门用钢，经调质处理后，钢具有较高的耐热性和耐磨性。0.4%的含碳量是为了获得足够的硬度和耐磨性，加入铬、硅是为了提高抗氧化性，加入钼是为了提高高温强度和避免回火脆性。4Cr10Si2Mo 常用于制作重型汽车的汽阀。

3）奥氏体耐热钢

奥氏体耐热钢的耐热性能优于珠光体耐热钢和马氏体耐热钢，这类钢的冷塑性变形性能和焊接性能都很好，一般工作温度在 600～700℃，广泛用于航空、舰艇、石油化工等工业部门制造汽轮机叶片、发动机汽阀等。最典型的牌号是 1Cr18Ni9Ti，Cr 的主要作用是提高抗氧化性和高温强度，Ni 主要是使钢形成稳定的奥氏体，并与 Cr 相配合提高高温强度，Ti 是通过形成弥散的碳化物提高钢的高温强度的。

4Cr15Ni20(HK40) 是石化装置上大量使用的高碳奥氏体耐热钢。这种钢在铸态下的组织是"奥氏体基体+骨架状共晶碳化物"，在 900℃下工作寿命达 10 万 h。铬是抗氧化性能的主要元素，铬和镍同时加入，其主要作用是得到单相稳定的奥氏体，提高钢的高温强度。

4Cr14Ni14W2Mo 是用于制造大功率发动机排气阀的典型钢种。此钢的含碳量提高到0.4%，目的在于形成铬、钼、钨的碳化物并呈弥散析出，提高钢的高温强度。

6.6 铸 铁

铸铁是指碳的质量分数大于 2.11%（一般为 2.5%～4%）的铁碳合金。它是以铁、碳、硅为主要组成元素，并比碳钢含有较多的硫、磷等杂质元素的多元合金。此外，为了提高铸铁的力学性能或物理、化学性能，还可加入一定量的合金元素如锰、钼、铬、铝等化学元素。铸铁与钢的主要区别是：铸铁的碳含量及硅含量高，并且碳多以石墨形式存在；铸铁中硫、磷杂质多。

虽然铸铁的力学性(抗拉强度、塑性、韧性)较低，但是由于其生产成本低，具有优良的铸造性、可切削加工性、减振性及耐磨性，因此，在现代工业中仍得到了普遍应用。典型的应用是制造机床的床身、内燃机的汽缸、汽缸套、曲轴等。

6.6.1 铸铁的石墨化

在铁碳合金中，碳除了少部分固溶于铁素体和奥氏体外，其余的可以两种形式存在，即化合状态的渗碳体(Fe_3C)和游离状态的石墨(C)。熔融状态的铁水在冷却过程中，随着冷却条件的不同，既可以从液态中或奥氏体中直接析出 Fe_3C，也可直接析出石墨。一般是缓慢冷却时析出石墨，快速冷却时析出 Fe_3C，而且 Fe_3C 在一定条件下又可分解为铁素体和石墨即 $Fe_3C \longrightarrow 3Fe+C$，说明 Fe_3C 是亚稳相而石墨是稳定相。石墨既可以由液体中析出，也可以由奥氏体中析出，还可以由渗碳体分解得到；并且石墨的形态、大小、数量和分布对铸铁的性能有着重要的影响。从铁液中直接析出石墨称为第一阶段石墨化；奥氏体冷却过程中析中石墨称为第二阶段石墨化；共析反应析出石墨称为第三阶段石墨化。

铸铁的组织可以理解为在钢的组织基体上分布有不同形状、大小、数量的石墨。根据铸铁在结晶过程中的石墨化程度不同，铸铁可分为如下 3 类。

①灰口铸铁。第一和第二阶段石墨化过程进行充分，其断口为暗灰色，工业上所用的铸铁几乎全部属于这一类。根据第三阶段进行情况的不同，有铁素体、"铁素体+珠光体"及珠光体灰口铸铁。

②白口铸铁。没有石墨化，完全按 Fe-Fe₃C 相图进行结晶而得到的铸铁(F+Fe₃C)Fe₃C_I+Ld′、Ld′、P+Fe₃C_II+Ld′。

③麻口铸铁。第一阶段石墨化未充分进行，其组织为 Ld′+P+C，性能脆硬，工业上应用较少。

6.6.2　影响铸铁石墨化的因素

影响铸铁石墨化的主要因素是化学成分和结晶时的冷却速度。

1. 化学成分

1)C 的影响

C 促进石墨化进行，含碳量越高越易石墨化，但不能太高，太高容易使石墨数量增多、粗化、性能变差，太低易出白口，故含碳量一般为 2.5%～4.0%。

2)Si、P 的影响

铸铁中每增加 1%的 Si 共晶点的含碳量相应降低 1/3，保证 2.5%～4.0%C 的铸铁具有好的铸造性能。

P 含量大于 0.3%后出现 Fe₃P，Fe₃P 硬而脆，细小、均匀分布时，提高铸铁的耐磨性；反之，连成网，降低铸铁的强度，除耐磨铸铁(0.5%～1.0%P)外，通常铸铁 P 含量小于 0.3%。

3)Mn、S 的影响

S 阻碍石墨化，还会降低铸铁的强度和流动性，故其含量应尽量低，一般在 0.15%以下；而锰因为可与硫形成 MnS，减弱硫的有害作用，同时可促进珠光体基体的形成，从而提高铸铁的强度，故可允许其含量在 0.5%～1.4%。

2. 冷却速度的影响

冷却速度越慢，即过冷度越小，越有利于铸件按照 Fe-C 相图进行结晶，对石墨化越有利；反之，冷却速度越快，过冷度增大，不利于铁和碳原子的长距离扩散，越有利于铸件按Fe-Fe₃C 相图进行结晶，不利于石墨化的进行。

生产中铸铁冷却速度可由铸件的壁厚来调整，图 6-5 综合了铸铁化学成分和冷却速度对

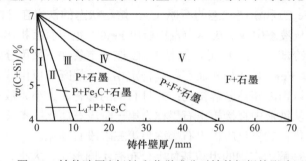

图 6-5　铸件壁厚(冷速)和化学成分对铸件组织的影响

铸铁组织的影响。可见，碳、硅含量增加，壁厚增加，易得到灰口组织，石墨化越完全；反之，碳、硅含量减少，壁厚越小，越易得到白口组织，石墨化过程越不易进行。

6.6.3　灰口铸铁的分类及性能特点

1. 灰口铸铁的分类

根据石墨形态的不同，灰口铸铁可分为 4 种(图 6-6)。

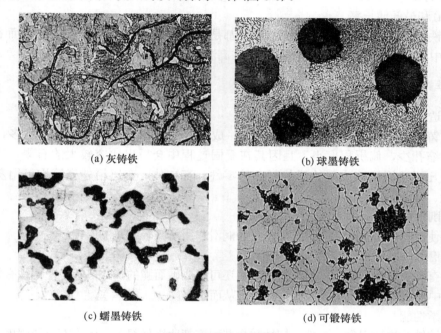

| (a) 灰铸铁 | (b) 球墨铸铁 |

| (c) 蠕墨铸铁 | (d) 可锻铸铁 |

图 6-6　4 种铸铁的组织

(1)灰铸铁。铸铁中石墨呈片状存在，这类铸铁的力学性能虽然不高，但它的生产工艺简单、价格低廉，故工业上应用最广。

灰铸铁牌号用"HT+最低抗拉强度"表示。例如，HT100 表示最小抗拉强度为 100MPa 的灰口铸铁。

(2)球墨铸铁。球墨铸铁是在浇铸前往铁水中加入一定量的球化剂(Mg、Ce 及其他稀土)进行球化处理，并加入少量的孕育剂(硅铁或硅钙合金)以促进石墨化，浇铸后得到球状石墨的铸铁。铸铁中石墨呈球状存在。它不仅在力学性能方面比灰口铸铁高，而且还可以通过热处理进一步提高其力学性能，所以它在生产中的应用日益广泛。

球墨铸铁牌号用"QT+最低抗拉强度-最小延伸率"表示。例如，QT400-18 表示 $\sigma_{bmin}=400MPa$，$\delta_{min}=18$ 的球墨铸铁。

(3)蠕墨铸铁。铸铁中石墨呈蠕虫状存在，即其石墨形态介于片状与球状之间。其力学性能也介于灰铸铁与球墨铸铁之间。这种铸铁是 20 世纪 70 年代发展起来的一种新型铸铁。

蠕墨铸铁牌号用"RuT+最低抗拉强度"(MPa)表示。

(4)可锻铸铁。铸铁中石墨呈团絮状存在。其力学性能(特别是韧性和塑性)较灰口铸铁高,并接近于球墨铸铁。它是将铁水先浇铸成白口铸铁件,然后经石墨化退火而得到石墨呈团絮状形态的一种铸铁,其强度较灰口铸铁高,塑性比灰口铸铁好,且有一定的塑性变形能力,因此又被称为展性铸铁、韧性铸铁,其可锻铸铁也是由此而得名。实际上它是不能经过锻造加工的,只是因为其较灰口铸铁有一定的韧性。

可锻铸铁牌号有"KT"——"可锻铸铁"、"KTH"——"黑心可锻铸铁"、"KTB"——"白心可锻铸铁"、"KTZ"——"珠光体可锻铸铁"。其代号后面加的数字分别表示最低抗拉强度(MPa)和最低伸长率。

灰铸铁、球墨铸铁、蠕墨铸铁中的石墨都是由液态铁水冷却时通过洁净过程而得到的,可锻铸铁中的石墨则是由白口铁中的 Fe_3C 在高温下的分解而得到的。

2. 性能特点

1)铸造性能

灰口铸铁的含碳量高(2.5%～4.0%C),成分接近共晶点,熔点比钢低得多,流动性好,分散缩孔少,偏析程度小。且因其在凝固过程中会析出比容较大的石墨,所以收缩率也小,凡无法用锻造成型的形状复杂的零件、汽缸体、变速箱外壳等均可用灰口铸铁铸造而成。

2)切削性能

石墨使切削容易脆断,同时石墨本身的润滑作用可减轻刀具的磨损。

3)耐磨性与减振性

石墨有利于滑润和储油,磷含量的增加还可形成硬而脆的磷共晶等,使铸铁有好的耐磨性。铸铁中的石墨能将振动能转变为热能,从而消振。

4)力学性能

灰口铸铁的抗拉强度、塑性、韧性和疲劳强度都比钢低得多,因为石墨的强度、塑性几乎为零,石墨的存在减小了基体的有效面积,且石墨本身可以看成是一个个孔洞和裂纹,破坏了基体的连续性,所以可把灰口铸铁看成是布满孔洞和裂纹的钢。

铸铁的硬度和抗压强度主要取决于基体组织,而与石墨无关,抗压强度超过抗拉强度2.5～4倍,在压力负荷下石墨不起裂纹作用。

此外,由于石墨可以看成是孔洞和裂纹,故灰口铸铁对零件表面缺陷和缺口不敏感,即缺口敏感度小。

提高灰口铸铁的力学性能必须从两方面着手:一是在铸造时通过孕育处理(或变质处理)、球化处理、蠕化处理等方法,改变石墨的形态、大小、数量及分布状况;二是通过合金化的热处理改变基体组织。

热处理只改变灰口铸铁的基体组织,而不改变原始组织中的石墨形态和分布。对于灰口铸铁,由于片状石墨显著降低力学性能,因此,对它进行调质、等温淬火等强化型热处理效果不显著,故灰口铸铁的热处理主要有退火、正火和表面热处理;相反,对球墨铸铁则不同,石墨的割裂作用大大减小,基体可充分发挥作用,因此,通过热处理可以显著改善其力学性能,故球墨铸铁可以像钢一样进行退火、正火、调质、等温淬火、感应加热表面淬火、表面化学热处理等。

思 考 题

6.1　何谓合金钢？它与碳钢相比有哪些优缺点？

6.2　合金结构钢按用途分为几类，在使用性能上各有何特点？

6.3　何谓不锈钢？不锈钢有哪几种类型？

6.4　轴承钢为什么要用铬钢？为什么对非金属夹杂限制特别严格？

6.5　为什么合金工具钢的耐磨性也比碳素工具钢高？

6.6　什么叫铸铁的石墨化？其影响因素有哪些？

6.7　分析石墨形态对铸铁性能的影响。

6.8　何谓灰口铸铁？灰口铸铁有哪几种类型？

6.9　分析超高强度钢在飞机结构中的应用。

第7章　有色金属及其合金

有色金属通常是指钢铁材料以外的各种金属材料，又称为非铁材料。有色金属具有许多优良的性能，如密度小、比强度大、比模量高、耐热、耐腐蚀以及良好的导电性、导热性。有色金属在金属材料中占有重要地位，其中铝、镁、钛等金属及其合金在运载火箭、卫星、飞机、汽车、船舶上获得广泛应用。

7.1　铝及铝合金

纯铝具有银白色金属光泽，面心立方结构，密度为 $2.72g/cm^3$，熔点为 660.4℃，纯铝的强度和硬度都很低，不适宜作为结构材料使用。向铝中加入硅、铜、镁、锰等合金元素而形成铝合金则具有较高的强度，若再经过冷变形加工或热处理，还可进一步提高强度。铝合金具有密度小、比强度高、好的导热性及耐蚀性等优点，是飞机机体、运载火箭箭体等装备结构的主要工程材料。

7.1.1　铝合金的强化

1. 固溶强化

固溶强化是通过加入合金元素与铝形成固溶体，使其强度提高。常用的合金元素有 Mg、Cu、Zn、Mn、Si 等。它们既与铝可形成有限固溶体，又有较大固溶度，固溶强化效果好，同时成为铝合金的主要合金元素。

2. 时效强化(沉淀硬化)

强化铝合金的热处理方法主要是固溶处理(淬火)加时效。要获得较强的沉淀硬化效果，需具备一定条件：加入铝中的元素应有较高的极限溶解度，且该溶解度随温度降低而显著减小；淬火后形成过饱和固溶体，在时效过程中能析出均匀、弥散的共格或半共格的过渡区、过渡相，它们在基体中能形成较强烈的应变场。

3. 过剩相(第二相)强化

合金中合金元素的含量超过极限溶解度时，会有部分未溶入基体(固溶体)的第二相存在，亦称为过剩相。过剩相在铝合金中多为硬而脆的金属间化合物，同样阻碍位错运动，使合金强度、硬度升高，塑性、韧性下降；但过剩相的数量超过一定限度，会使合金变脆，强度降低。

4. 细化组织强化

通过向合金中加入微量合金元素，或改变加工工艺及热处理工艺，使固溶体基体或过剩相细化，既能提高合金强度，又会改善其塑性和韧性。例如，变形铝合金主要通过变形和再结晶退火实现晶粒细化；铸造铝合金可通过改变铸造工艺和加入微量元素来实现合金晶粒和过剩相的细化。

5. 冷变形强化

对合金进行冷变形，能增加其内部的位错密度，阻碍位错运动，提高合金强度。这对不能热处理强化的铝合金提供了强化途径和方法。

7.1.2　铝合金的分类

根据铝合金的成分和生产工艺特点，通常将工业用铝合金分为变形铝合金和铸造铝合金。铝合金一般具有如图 7-1 所示的相图，凡位于相图上 D 点成分以左的合金，在加热至高温时能形成单相固溶体组织，合金的塑性较高，适用于压力加工，称为变形铝合金；凡位于 D 点成分以右的合金，可以形成共晶组织，塑性较差，不宜塑性加工，但液态流动性较高，适用于铸造，所以称为铸造铝合金。

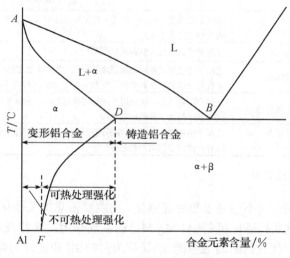

图 7-1　铝合金分类示意图

在变形铝合金中，位于 F 点以左成分的合金，在固态始终是单相的，不能进行热处理强化，被称为热处理不可强化的铝合金。成分在 F 和 D 之间的铝合金，由于合金元素在铝中有溶解度的变化会析出第二相，可通过热处理使合金强度提高，称为热处理强化铝合金。

1. 变形铝合金

我国变形铝合金的牌号采用 4 位字符体系命名，第一位数字表示合金系，第二位（英文大写字母）表示合金的改型，第三位和第四位数字表示合金的编号。

变形铝及铝合金的分类见表 7-1。通常在变形铝合金牌号后面还附加表示加工与热处理状态的代号，表 7-2 为基础状态及代号。细分状态代号采用基础状态代号+阿拉伯数字，如 T4 表示固溶处理+自然时效状态；T9 则表示固溶处理+人工时效+冷加工状态。

表 7-1 铝合金分类

组别	牌号系统
纯铝(铝含量不小于 99.00%)	1×××
以铜为主要合金元素的铝合金	2×××
以锰为主要合金元素的铝合金	3×××
以硅为主要合金元素的铝合金	4×××
以镁为主要合金元素的铝合金	5×××
以镁和硅为主要合金元素并以 Mg_2Si 相为强化相的铝合金	6×××
以锌为主要合金元素的铝合金	7×××
以其他合金元素为主要合金元素的铝合金	8×××
备用合金组	9×××

表 7-2 铝合金的基础状态

代号	名称	说明与应用
F	自由加工状态	适用于在成型过程中,对加工硬化和热处理条件无特殊要求的产品,对该状态产品的力学性能不作规定
O	退火状态	适用于经完全退火获得最低强度的加工产品
H	加工硬化状态	适用于通过加工硬化提高强度的产品,产品在加工硬化后可经过(也可不经过)使强度有所降低的附加热处理。H 代号后面必须跟有两位或 3 位阿拉伯数字
W	固溶热处理状态	一种不稳定状态,仅适用于经固溶热处理后,室温下自然时效的合金,该状态代号仅表示产品处于自然时效阶段
T	热处理状态 (不同于 F、O、H)	适用于热处理后,经过(或不经过)加工硬化达到稳定状态的产品。T 代号后面必须跟有一位或多位阿拉伯数字

2. 非热处理强化铝合金

顾名思义,该类铝合金不能通过热处理强化,而主要依靠加工硬化、固溶强化(Al-Mg)、弥散强化(Al-Mn)或这几种强化机制(Al-Mg-Mn)的共同作用,其特点在于具有很高的塑性、较低的或中等的强度、优良的耐腐蚀性能(故又称为防锈铝)和良好的焊接性能,适合于压力加工和焊接。该类铝合金主要包括:Al-Mn 系防锈铝合金(代号 3×××)、Al-Mg 系防锈铝合金(代号 5×××)。

1)Al-Mn 系防锈铝合金(代号 3×××系列)

最典型的合金就是 3A21 铝合金,以 Mn 为主要的强化合金元素,具有一定的强度、良好的塑性及工艺性能。3A21 合金在室温下组织主要为 α 固溶体和在晶界上形成的少量 α+Al_6Mn 共晶体。由于 α 固溶体和 Al_6Mn 相电极电位几乎相等,所以具有非常良好的耐腐蚀性能。退火状态时的 3A21 抗拉强度≤165MPa,伸长率为 15%。适于制造油管、油箱等,是航空航天领域中导管、雷达波导元件等主要材料。

2)Al-Mg 系防锈铝合金(代号 5×××系列)

以 Mg 作为主要的强化元素,与 Al-Mn 系(3×××)铝合金合称为防锈铝,是不可热处理强化的铝合金,退火后为单相固溶体。Mg 在 Al 中的固溶度较大(最大 15at%),但是 Mg 含量超过 8wt%时会析出脆性较大的化合物相 Al_3Mg_2,导致合金塑性大幅度下降,因此 Al-Mg 系合金 Mg 含量一般控制在 8wt%以内,并且配合加入其他元素,如 Si、Mn、Ti 等。少量的

Si 可改善 Al-Mg 合金的流动性，减少焊接裂纹倾向；Mn 的加入能增强固溶强化效果，改善耐蚀性能；V 和 Ti 的加入可细化晶粒，提高强度和塑性。

5×××系列铝合金特点是密度低，抗蚀性、焊接性和塑性好，易于加工成型，有良好的低温性能；但强度较低，只能通过冷变形产生加工硬化来提高一定的强度，切削加工性能较差。该类合金主要用于焊接零件、构件、容器、管道、蒙皮及经深冲和弯曲的零件制品。5A02 铝合金常用于制造飞机和汽车油箱、油管、以及交通车辆、船舶的钣金件，仪表、街灯支架与铆钉、五金制品、电器外壳等。5083 铝合金在非热处理合金中具最高强度，耐蚀性、熔接性良好。该类合金用于需要有高的抗蚀性、良好的可焊性和中等强度的场合，如船舶、舰艇、车辆用材、汽车和飞机板焊接件、需严格防火的压力容器、制冷装置、电视塔、钻探设备、交通运输设备、导弹元件、装甲等。5A06 铝合金是我国航空航天领域应用极其广泛的一种铝合金，其含镁量为 5.8%～6.8%，是我国空间技术领域卫星、飞船等飞行器壳体的主体材料。我国运载火箭贮箱的第一代主体结构材料也采用 5A06 铝合金。

3. 可热处理强化铝合金

该类合金能够通过热处理充分发挥沉淀强化效果，合金强度较高，是航空航天领域主要应用的铝合金。该类合金包括：Al-Cu 系铝合金(代号 2×××，又称为硬铝)、Al-Mg-Si 系铝合金(代号 6×××，又称为锻铝)、Al-Zn 系铝合金(代号 7×××，又称为超硬铝)和 Al-Li 系铝合金等。

1) Al-Cu 系铝合金(代号 2×××)

Al-Cu 系合金(又称为硬铝合金)主要合金元素为 Cu，其次还包括 Mg、Mn 和 Si 等元素，从而形成 Al-Cu、Al-Cu-Mg 和 Al-Cu-Mg-Mn 系铝合金和 Al-Cu-Si-Mg 系列铝合金。

Al-Cu 系铝合金主要合金元素为 Cu，其他合金元素如 Mg、Mn 含量较少。主要的合金包括 2A01、2A10、2A13、2A16、2A20、2004、2011、2219 等，其中 2219 铝合金 Cu 含量最高(5.8～6.8wt%)，沉淀强化相为 θ(Al_2Cu)相，具有高比强度、高断裂韧度、优异的高温和低温性能，在 T87 热处理状态下抗拉强度和屈服强度分别超过 475MPa、395MPa，伸长率达到了 10%，在航空航天领域具有广阔的应用前景，是欧美国家第二代运载火箭低温贮箱用结构材料，我国长征五号运载火箭低温贮箱主体结构材料就采用了 2219 铝合金。

Al-Cu-Mg 系(包括 Al-Cu-Mg-Mn 系)主要合金元素是 Cu 和 Mg，还有少量 Mn 以及其他元素等，由于 Cu 和 Mg 在铝中能够形成 θ(Al_2Cu)、S(Al_2CuMg)等强化相，因而合金可以热处理强化，强化效果随着主强化相(S 相)增多而增大，但塑性下降。加入 Mn 可减少 Fe 的有害作用，提高耐腐蚀性。该类合金包括 2A11、2A21、2A25、2A49、2A02、2A04、2A06、2A12、2B12、2024、2124、2524 等，典型代表有 2A11(又称为标准硬铝)，既具有较高的强度，又有足够的塑性和冷变形性能，但抗腐蚀性能较差，一般采用纯铝包覆可以得到有效保护。2A12(2024)铝合金强度和耐热性能均高于 2A11，主要用于制作各种高负荷的零件和构件，如飞机蒙皮，壁板，隔框，翼肋，翼梁，铆钉等 150℃以下工作零件，是航空航天领域极其重要的结构材料。2524 是 2024 系列中最新发展的、性能最好的合金，其韧性和抗疲劳性能均较 2024 有重大改善，已经成功应用于波音 777 客机。

Al-Cu-Si-Mg 系主要合金元素为 Cu 和 Si，还有少量 Mg 和 Mn 等次要合金元素，主要强化相为 θ(Al_2Cu)相、S(Al_2CuMg)相和 β(Mg_2Si)相，具有优良的热塑性和成型性，适合于锻造和压力加工，但耐腐蚀性和焊接性较差。在我国变形铝合金原分类中与 Al-Mg-Si(6×××) 系合金同属于锻铝系列，主要的合金包括 2A14、2A50、2A70、2A80、2A90 等，典型代表为 2A14 铝合金，主要用于制造承受高负荷或较大型的锻件，是目前航空航天工业中应用最多的铝合金之一，是运载火箭、导弹主体结构材料。我国长征系列运载火箭贮箱多数采用 2A14 铝合金作为结构材料。

2）Al-Mg-Si 系铝合金（代号 6×××）

Al-Mg-Si 系铝合金主要合金元素为 Mg 和 Si，主要强化相为 β(Mg$_2$Si) 相。合金性能主要特点是：强度中等、耐腐蚀性能好（可热处理强化铝合金系列中唯一没有应力腐蚀开裂的铝合金）、焊接性能优良、冲击韧性高、对缺口不敏感；缺点在于淬火后，若在室温停放一段时间，强度容易下降（停放效应）。最大特点是塑性加工性能优异，目前全世界有 70% 以上的铝挤压加工材是用 6××× 系合金生产的，其成分质量分数范围为：0.3%～1.3% Si，0.35%～1.4% Mg。应用较为广泛的牌号：6082、6063、6061、6005、6A02 等。当前 6063、6082、6061、6005 等 4 种合金及其变种已经占据了 6××× 系合金的统治地位（80% 以上）。

6××× 系列铝合金为了提高强化效果，Mg 和 Si 的质量比应为 1.73；当 Mg 含量过剩时，Mg$_2$Si 在固溶体中的溶解度会降低，影响其强化效果；而当 Si 含量过剩，合金虽稍有晶间腐蚀倾向，但容易析出时效强化相 β 而导致合金强度升高。随着 6××× 铝合金中 Mg$_2$Si 含量的升高，强度也随着升高。根据 Mg$_2$Si 含量的不同，可以将 6××× 铝合金分为三类。

第一类合金的 Mg$_2$Si 含量为 0.8%～1.2%，组织为 α(Al)+Mg$_2$Si，典型的合金有 6063、6063A、6463、6101、6101A 等。合金抗拉强度为 160～220MPa，伸长率大于 12%，加工性能好，阳极氧化处理效果好。典型代表是 6063 铝合金，具有特别优良的可挤压性和可焊接性，抗蚀性高、没有应力腐蚀倾向，特别是焊接后抗蚀性不降低。6063 是建筑门窗型材的首选材料，铝合金散热结构、雷达波导管等需要真空钎焊且要求具有较高性能的结构常采用 6063 铝合金。

第二类合金的 Mg$_2$Si 含量为 1.3%～1.5%，组织为 α(Al)+Mg$_2$Si+W(Al$_4$CuMg$_5$Si$_4$)，典型合金有 6N01、6061 等。合金抗拉强度为 230～290MPa，伸长率大于 10%，具有良好的塑性和优良的耐蚀性，无应力腐蚀开裂倾向，其焊接性优良，耐蚀性及冷加工性好。6061 铝合金可用于制造卡车、塔式建筑、船舶、电车、夹具、机械零件、精密加工等用的管、棒、形材、板材也可以用于低压武器和飞机结构。

第三类合金的 Mg$_2$Si 总量在 1.5% 以上，其组织为 α(Al)+Mg$_2$Si+Si，典型合金有 6005、6005A、6082、6A02、6070、6181、6351 等，合金抗拉强度可达到 260～320MPa，伸长率大于 8%。6005 挤压型材与管材，用于要求强高大于 6063 合金的结构件，如梯子、电视天线等；6082 主要用于交通运输和结构工程工业，如桥梁、起重机、屋顶构架、运输机、运输船等；当前 6005 和 6005A、6082 铝合金是高速列车车体结构用主体材料。6A02 用于制造飞机发动机零件，形状复杂的锻件与模锻件，要求有高塑性和高抗蚀性的机械零件等。

3）Al-Zn 系铝合金（代号 7×××）

Al-Zn 系铝合金主要合金元素为 Zn、Mg、Cu，形成 Al-Zn-Mg 系和 Al-Zn-Mg-Cu 系两个系列的铝合金。

Al-Zn-Mg 系铝合金主要合金元素为 Zn 和 Mg，二者含量之和一般不超过 7.5%（质量分数)，随着 Zn、Mg 含量的升高，合金强度升高，塑韧性和抗应力腐蚀性能下降，主要的强化相包括 η 相($MgZn_2$)和 T 相($Mg_3Zn_3Al_2$)两种，具有较高的力学性能(抗拉强度为 330～412MPa、屈服强度为 216～343MPa)和良好的塑性(伸长率为 10%～17%)和良好的焊接性能，被广泛应用于焊接构件的制作，如交通运输车辆、装甲板、舰艇和大型压力容器和热交换器等。主要合金有：7003、7005、7020、7039、7N01、7A52 等。7N01 和 7003 是当前高速列车车体关键部件用材料，如车架枕梁、端面梁、底座、侧面骨架等承重的焊接结构。7A52 铝合金是我国重要的装甲铝合金，抗弹性能与美国的 7039、苏联的 1911 合金相当，具有良好的焊接性能，但抗应力腐蚀性能有待提高。

　　Al-Zn-Mg-Cu 系铝合金的主要合金元素为 Zn、Mg、Cu，主要的强化相包括 θ 相(Al_2Cu)、S 相(Al_2CuMg)、η 相($MgZn_2$)和 T 相($Mg_3Zn_3Al_2$)，它是室温强度最高的铝合金，经固溶处理和时效后，其强度达 680MPa，其比强度已相当于超强度钢，故名超硬铝；此外，之所以称之为超硬铝，还是因为 2××× 系列中 Al-Cu-Mg 系为硬铝，因此为了提高其强度在 Al-Cu-Mg 基础上又增加了 Zn 强化元素，而且强度高于硬铝，故称之为超硬铝。Al-Zn-Mg-Cu 铝合金主要有：7049、7050、7055、7075、7A03、7A04、7A05、7A09 等，是航空、航天、兵器、交通运输领域最重要的结构材料之一，如飞机机身框架、机翼蒙皮、舱壁、桁条、加强筋、肋、托架、起落架支承部件、座椅导轨、铆钉等高强度结构件。缺点是抗疲劳性能较差，对应力集中敏感，有明显的应力腐蚀倾向，耐热性较差。7075 铝合金具有固溶处理后塑性好，热处理强化效果优异，150℃以下有高强度，且低温强度特别优异等优点，T6 热处理状态下室温抗拉强度和屈服强度分别是 572MPa 和 503MPa，伸长率达到了 11%；因而尽管还存在焊接性能差、应力腐蚀开裂倾向、需经包铝或其他保护处理后使用等缺点，但是自 20 世纪 40 年代末期开始应用于飞机制造业，至今仍在航空工业上得到广泛应用铝合金。

　　4)Al-Li 系铝合金

　　铝锂合金是一种以锂为主要合金元素的变形铝合金，主要有 Al-Li-Cu(代号 2×××)、Al-Li-Mg、Al-Li-Cu-Mg(代号 8×××)三个体系，具有低密度、高比强度和比刚度、优异的低温性能、良好的疲劳性能和耐腐蚀性能及超塑成型性能等优点，缺点是可焊性差、各向异性、塑韧性较低。

　　Al-Li-Cu 系列铝锂合金的牌号为 2×××，是按照 Al-Cu 系列牌号编写的，最著名的是 2020 铝锂合金，是最早实现工程应用的一种铝锂合金。二十世纪七八十年代发展了第二代 Al-Li-Cu 系铝锂合金 2090、2091，其存在各向异性、不可焊、塑韧性及强度水平较低等缺点。20 世纪 90 年代以后发展了 2097、2197、2195、2198 铝锂合金，其中 2195 应用于发现者号航天飞机外贮箱，使其运载能力提高了 3.6t。

　　Al-Li-Cu-Mg 系列铝锂合金的牌号为 8×××，Cu 和 Mg 含量都较低。典型合金代表就是英国 Alcan 公司的 8090 和 8091 合金。

　　Al-Li-Mg 系列铝锂合金是 20 世纪 60 年代后期苏联研制，典型代表是 1420 合金，密度低于 2020，而弹性模量更高，且有优良的焊接性能，可采用氩弧焊、电子束焊、离子焊和电阻焊，是目前应用最为成熟的 Al-Li 合金。1421、1423、1424 等合金强度、抗腐蚀性和焊接性更优。

4. 铸造铝合金

用来制作铸件的铝合金称为铸造铝合金。它的力学性能不如变形铝合金，但铸造性能好，适宜各种铸造成型，生产形状复杂的铸件。为使合金具有良好的铸造性能和足够的强度，加入合金元素的量比在变形铝合金中的要多，总量为 8%～25%。合金元素主要有 Si、Cu、Mg、Mn、Ni、Cr、Zn 等，故铸造铝合金的种类很多，主要有 Al-Si 系、Al-Cu 系、Al-Mg 系、Al-Zn 系四类，其中 Al-Si 系应用最广泛。

我国铸造铝合金的代号用"铸铝"的汉语拼音字首"ZL"及其后面的 3 位数字组成。其中，第一位数字表示合金系列(1 为 Al-Si 系，2 为 Al-Cu 系，3 为 Al-Mg 系，4 为 Al-Zn 系)，第二位和第三位数字表示合金顺序号。常用的铸造铝合金有 ZL102、ZL201 等。

7.2　铜及铜合金

铜及铜合金具有优异的物理化学性能、良好的加工性能以及特殊的使用性能，在电气工业、仪表工业、造船工业及机械制造工业部门中获得了广泛的应用。

7.2.1　纯铜

纯铜是玫瑰红色金属，表面形成氧化铜膜后，外观呈紫红色，故常称为紫铜。纯铜的密度为 $8.96g/cm^3$，熔点为 1083.4℃，具有面心立方结构。纯铜主要用于制作电工导体以及配制各种铜合金。

工业纯铜中含有锡、铋、氧、硫、磷等杂质，它们都使铜的导电能力下降。铅和铋能与铜形成熔点很低的共晶体(Cu＋Pb)和(Cu＋Bi)，共晶温度分别为 326℃和 270℃，分布在铜的晶界上。进行热加工时(温度为 820～860℃)，因共晶体熔化，破坏晶界的结合，使铜发生脆性断裂(热裂)。硫、氧与铜也形成共晶体($Cu＋Cu_2S$)和($Cu＋Cu_2O$)，共晶温度分别为 1067℃和 1065℃，因共晶温度高，它们不引起热脆性。但由于 Cu_2S、Cu_2O 都是脆性化合物，在冷加工时易促进破裂(冷脆)。

根据杂质的含量，工业纯铜可分为四种：T1、T2、T3、T4。"T"为铜的汉语拼音字头，编号越大，纯度越低。

纯铜除工业纯铜外，还有一类称为无氧铜，其含氧量极低，不大于 0.003%，牌号有 TU1、TU2，主要用来制作电真空器件及高导电性铜线。这种导线能抵抗氢的作用，不发生氢脆现象。纯铜的强度低，不宜直接用作结构材料。

7.2.2　黄铜

铜锌合金或以锌为主要合金元素的铜合金称为黄铜。黄铜具有良好的塑性和耐腐蚀性、良好的变形加工性能和铸造性能，在工业中有很强的应用价值。按化学成分的不同，黄铜可分为普通黄铜和特殊黄铜两类。

1. 普通黄铜

普通黄铜是铜锌二元合金，黄铜的含锌量对其力学性能有很大的影响。当 Zn≤32%时，室温组织为单相α固溶体(锌溶入铜中)，随着含锌量的增加，强度和伸长率都升高；当 Zn>32% 时，因组织中出现 β 相(CuZn)，塑性开始下降，而强度在 Zn=45%附近达到最大值；含 Zn 更高时，黄铜的组织全部为 β 相，强度与塑性急剧下降。

普通黄铜分为单相黄铜和双相黄铜两种类型。从变形特征来看，单相黄铜适宜于冷加工，而双相黄铜只能热加工。常用的单相黄铜牌号有 H80、H70、H68 等，"H" 为黄铜的汉语拼音字首，数字表示平均含铜量，它们的组织为 α，塑性很好，可进行冷、热压力加工，适于制作冷轧板材、冷拉线材、管材及形状复杂的深冲零件。而常用双相黄铜的牌号有 H62、H59 等，退火状态组织为 α+β。由于室温 β 相很脆，冷变形性能差，而高温 β 相塑性好，因此，它们可以进行热加工变形。通常将双相黄铜热轧成棒材、板材，再经机加工制造各种零件。

2. 特殊黄铜

为了获得更高的强度、抗蚀性和良好的铸造性能，在铜锌合金中加入铝、铁、硅、锰、镍等元素，形成各种特殊黄铜。

特殊黄铜的编号方法是 "H＋主加元素符号＋铜含量＋主加元素含量"。特殊黄铜可分为压力加工黄铜(以黄铜加工产品供应)和铸造黄铜两类，其中铸造黄铜在编号前加 "Z"。例如，HPb60-1 表示平均成分为 60%Cu、1%Pb、其余为 Zn 的铅黄铜；ZCuZn31A12 表示平均成分为 31%Zn、2%Al、余为 Cu 的铝黄铜。

7.2.3 青铜

青铜原指铜锡合金，但是，工业上习惯把铜基合金中不含锡而含有铝、镍、锰、硅、铍、铅等特殊元素组成的合金也称为青铜，所以青铜实际上包含锡青铜、铝青铜、铍青铜、硅青铜等。青铜也可分为压力加工青铜(以青铜加工产品供应)和铸造青铜两类。青铜的编号规则是："Q＋主加元素符号＋主加元素含量(＋其他元素含量)"，"Q" 表示青的汉语拼音字头。例如，QSn4-3 表示成分为 4%Sn、3%Zn、其余为 Cu 的锡青铜。铸造青铜的编号前加 "Z"。

1. 锡青铜

锡青铜是我国历史上使用得最早的有色合金，也是最常用的有色合金之一。它的力学性能与含锡量有关。当 Sn≤5%～6%时，Sn 溶于 Cu 中，形成面心立方晶格的 α 固溶体，随着含锡量的增加，合金的强度和塑性都增加。当 Sn≥5%～6%时，组织中出现硬而脆的 δ 相(以复杂立方结构的电子化合物 $Cu_{31}Sn_8$ 为基的固溶体)，虽然强度继续升高，但塑性却会下降。当 Sn>20%时，由于出现过多的 δ 相，使合金变得很脆，强度也显著下降。因此，工业上用的锡青铜的含锡量一般为 3%～14%。Sn<5%的锡青铜适宜于冷加工使用，含锡 5%～7%的锡青铜适宜于热加工，含锡大于 10%的锡青铜适合铸造。除 Sn 以外，锡青铜中一般含有少量 Zn、Pb、P、Ni 等元素。Zn 提高低锡青铜的力学性能和流动性；Pb 能改善青铜的耐磨性能和切削加工性能，但降低力学性能；Ni 能细化青铜的晶粒，提高力学性能和耐蚀性；P 能提高青铜的韧性、硬度、耐磨性和流动性。

2. 铝青铜

以铝为主要合金元素的铜合金称为铝青铜。铝青铜的强度和抗蚀性比黄铜和锡青铜还高，它是锡青铜的代用品，常用来制造弹簧、船舶零件等。

　　铝青铜与上述介绍的铜合金有明显不同的是可通过热处理进行强化。其强化原理是利用淬火能获得类似于钢的马氏体的介稳定组织，使合金强化。铝青铜有良好的铸造性能，在大气、海水、碳酸及大多数有机酸中具有比黄铜和锡青铜更高的耐蚀性；此外，还有耐磨损、冲击时不发生火花等特性。但铝青铜也有缺点，它的体积收缩率比锡青铜大，铸件内容易产生难熔的氧化铝，难于钎焊，在过热蒸汽中不稳定。

3. 铍青铜

　　以铍为合金化元素的铜合金称为铍青铜。它是极其珍贵的金属材料，热处理强化后的抗拉强度可高达 1250～1500MPa，HB 可达 350～400，远远超过任何铜合金，可与高强度合金钢媲美。铍青铜的含铍量为 1.7%～2.5%，铍溶于铜中形成 α 固溶体，固溶度随温度变化很大，它是唯一可以固溶时效强化的铜合金，经过固溶处理和人工时效后，可以得到很高的强度和硬度。

　　铍青铜具有很高的弹性极限、疲劳强度、耐磨性和抗蚀性，导电、导热性极好，并且耐热、无磁性，受冲击时不发生火花，因此，铍青铜常用来制造各种重要弹性元件、耐磨零件(钟表齿轮，高温、高压、高速下的轴承)及防爆工具。但铍是稀有金属，价格高昂，在使用上受到限制。

7.3　镁及镁合金

　　镁的自然储量仅次于铝和铁。纯镁为银白色，密度为 1.74g/cm³，熔点为 651℃，具有密排六方结构，强度较低。实际应用时，通过加入合金元素，产生固溶强化、时效强化、细晶强化及过剩相强化作用，以提高合金的力学性能、抗腐蚀性能和耐热性能。镁合金中常加入的合金元素有 Al、Zn、Mn、Zr 及稀土元素。

　　镁合金分为变形镁合金和铸造镁合金两大类。

7.3.1　变形镁合金

　　按化学成分，此类合金分为 Mg-Mn 系变形镁合金、Mg-Al-Zn 系变形镁合金和 Mg-Zn-Zr 系变形镁合金三类。我国变形镁合金牌号用字母 MB 及数字表示，数字为顺序号。

　　Mg-Mn 系合金有 MB1 和 MB8 两个牌号。该类合金具有良好的耐腐蚀性能和焊接性能，可进行冲压、挤压等塑性变形加工，一般在退火状态下使用，其板材用于制作蒙皮、壁板等焊接结构件，模锻件可制作外形复杂的耐蚀件。

　　Mg-Al-Zn 系合金共有五个牌号，即 MB2、MB3、MB5、MB6 和 MB7。这类合金强度较高、塑性较好。其中，MB2 和 MB3 因具有较好的热塑性和耐蚀性，故应用较多，其余 3 种合金因应力腐蚀倾向性较明显，且工艺塑性较差，应用受限。

　　Mg-Zn-Zr 系合金只有 MB15 一种合金，该合金抗拉强度和屈服强度明显高于其他镁合金，为高强变形镁合金，是航空等工业中应用最多的变形镁合金。MB15 合金可进行热处理强化，通常经热挤压等热变形加工后直接进行人工时效，时效温度一般为 160～170℃，保温 10～24h。MB15 主要以棒材、型材和锻件的形式制作室温下承受载荷较大的零构件，使用温度不超过 150℃；同时因焊接性能较差，所以一般不用作焊接结构。

7.3.2　铸造镁合金

铸造镁合金分为高强度铸造镁合金和耐热铸造镁合金两大类。铸造镁合金牌号用字母 ZM 及数字表示，数字为顺序号。

属于高强铸造镁合金的有 Mg-Al-Zr 系的 ZM1、ZM2、ZM7 和 ZM8。这些合金具有较高的常温强度、良好的塑性和铸造工艺性能，适于铸造各种类型的零构件，但耐热性较差，使用温度不能超过 150℃。其中，ZM5 合金为航空和航天工业中应用最广的铸造镁合金，一般在淬火或淬火加人工时效状态下使用，可用于制造飞机、发动机、卫星及导弹仪器舱中承受较高载荷的结构件或壳体。

耐热铸造镁合金属于 Mg-Re-Zr 系列（镁-稀土合金），合金牌号为 ZM3、ZM4 和 ZM6。该类合金具有良好的铸造工艺性能，热裂倾向小，铸件致密性高。合金的常温强度和塑性较低，但耐热性高，长期使用温度为 200～250℃，短时使用温度可达 300～350℃。

7.4　钛及钛合金

钛的资源丰富，在地球中的储藏量位于铝、铁、镁之后居第四位。钛的突出优点是比强度高、耐热性好、抗蚀性能优异。钛及其合金已成为航空、航天、冶金、造船及化工工业重要的结构材料。但是，钛的化学性质非常活泼，因此钛及其合金的熔炼、浇铸、焊接和部分热处理皆应在真空或惰性气体中进行。

钛是一种银白色的过渡族元素，其密度小（4.588g/cm³），熔点高（1668℃）。钛具有同素异构转变，882.5℃以下为密排六方的 α-Ti，高于 882.5℃为体心立方的 β-Ti。为了提高钛的力学性能，满足现代工业对其要求，一般通过合金化的方法获取所需性能。

钛合金按退火态组织一般分为 α、β 和 α+β 三类，并分别称之为 α 钛合金、β 钛合金、和 α+β 钛合金。钛合金牌号用字母 T（钛的汉语拼音字首）和 A、B 或 C 及数字表示，A、B 或 C 分别代表 α 型、β 型和 α+β 型合金，数字为顺序号。

7.4.1　α 钛合金

α 钛合金中主要合金元素有 Al、Sn、Zr 等，它们主要起固溶强化作用，有时也加入少量 β 稳定元素。退火组织为单相 α 固溶体或 α 固溶体+微量金属间化合物。此类合金不能热处理强化，强度较低，但焊接性能好，在 300～550℃具有优良的耐热性及抗氧化性，可通过冷变形强化。

α 钛合金的牌号与工业纯钛相同，其中 TA1-TA3 为工业纯钛；TA4 主要做钛合金的焊丝；TA5 合金含微量硼使弹性模量提高；TA6（Ti-5Al）合金强度稍高，可制作 400℃以下工作的零件（锻件及焊件）和飞机蒙皮、骨架等；TA7 和 TA8 是应用较多的 α 钛合金。

7.4.2　β 钛合金

β 钛合金中含有较多的 β 稳定元素，主要有 Mn、Cr、Mo、V 等，可达 18%～19%，合金淬透性优异。目前工业应用的主要为亚稳定 β 钛合金，即退火组织为 α+β 两相，而淬火后得到介稳定的单一 β 相。因 β 相系体心立方晶格，故该类合金冷成型性优良。合金时效时析

出弥散的 α 相，使强度显著提高，同时有高的断裂韧性。它属于可热处理强化的高强度钛合金（σ_b 可达 1372～1470MPa），但该合金密度大，组织不够稳定，耐热性差，其工作温度一般不超过 200℃；且焊接性能差、生产工艺复杂，故应用受限。

我国常用的 β 钛合金有 TB1 和 TB2。TB1 和 TB2 均经淬火及时效处理后使用，前者经两次时效处理后可获得优良的综合力学性能。它们多以板材和棒材供应，主要用来制造飞机结构零件及螺栓、铆钉、轴、轮盘等。

7.4.3　α+β 钛合金

该类合金是同时加入 α 稳定元素和 β 稳定元素，主要有 Mo、V、Mn、Cr、Fe 等，一般加入量为 2%～6%，不超过 10%。室温时稳定组织为 α+β 两相，以 α 相为主，β 相不超过 30%。它兼有 α 和 β 钛合金两者的优点，耐热强度和工业塑性均较好，且可热处理强化。该类合金生产工艺较简单，可通过调整成分和选择不同的处理方法，在很宽的范围内改变合金的性能，故应用广泛，但其组织不够稳定，焊接性能不如 α 钛合金。

这类合金牌号达 10 种以上，分别属于 Ti-Al-Mg 系（TC1，TC2）、Ti-Al-V 系（TC3、TC4 和 TC10）、Ti-Al-Cr 系（TC5、TC6）和 Ti-Al-Mo 系（TC8、TC9）等。

TC4（Ti-6Al-4V）合金是现今应用最多、最广的一种钛合金，经热处理后具有良好的综合力学性能，强度较高，塑性良好。对要求较高强度的零件可进行淬火加时效处理。该合金在 400℃时有稳定的组织和较高的蠕变抗力，又有很好的抗海水和抗热盐应力腐蚀的能力，故广泛用于制作在 400℃长期工作的零件，如航空发动机压气机盘和飞机叶片、火箭发动机外壳及其他结构锻件和紧固件。

钛合金的热处理有去应力的低温退火、恢复塑性的再结晶退火和强化合金的淬火与时效。

7.5　滑动轴承合金

7.5.1　滑动轴承合金及特点

滑动轴承合金是指用于制造滑动轴承轴瓦及内衬的材料。滑动轴承在工作时，承受轴传给它的一定压力，并和轴颈之间摩擦而产生磨损。由于轴的高速旋转，工作温度升高，故对用作轴承的合金，首先要求它在工作温度下具有足够的抗压强度和疲劳强度、良好的耐磨性、一定的塑性及韧性，其次还要求它具有良好的耐蚀性、导热性和较小的膨胀系数。

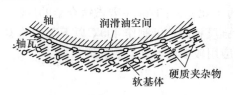

图 7-2　轴承合金结构示意图

为了满足上述要求，轴承合金应该是在软的基体上分布着硬质点，如图 7-2 所示；或者在硬基体上分布着软质点。当机器运转时，软基体受磨损而凹陷，硬质点就凸出于基体上，减小轴与轴瓦间的摩擦系数，同时使外来硬物能嵌入基体中，使轴颈不被擦伤。软基体能承受冲击和振动，并使轴与轴瓦很好地磨合。采取硬基体上分布软质点，也可达到上述目的。

7.5.2　常用滑动轴承合金

常用的轴承合金按主要化学成分可分为锡基、铅基、铝基和铜基等，前两种称为巴氏合金，其编号方法为："ZCh＋基本元素符号＋主加元素符号＋主加元素含量＋辅加元素含量"，其中"Z""Ch"分别是"铸"（造轴）、"承"的汉语拼音字首。例如，ZChSnSb11-6 表示含 11.0%Sb、6%Cu 的锡基轴承合金。

1. 锡基轴承合金（锡基巴氏合金）

锡基轴承合金是一种软基体硬质点类型的轴承合金。它是以锡、锑为基础，并加入少量其他元素的合金。其常用的牌号有 ZChSnSb11-6、ZChSnSb8-4、ZChSnSb4-4 等。

锡基轴承合金具有良好的磨合性、抗咬合性、嵌藏性和耐蚀性，浇铸性能也很好，因而普遍用于浇铸汽车发动机、气体压缩机、冷冻机及船用低速柴油机的轴承和轴瓦。锡基轴承合金的缺点是疲劳强度不高，工作温度较低（一般不大于 150℃），价格高。

2. 铅基轴承合金（铅基巴氏合金）

铅基轴承合金是以 Pb-Sb 为基的合金，但二元 Pb-Sb 合金有比重偏析，同时锑颗粒太硬，基体又太软，性能并不好，通常还要加入其他合金元素，如 Sn、Cu、Cd、As 等。常用的铅基轴承合金为 ZChPbSb-16-16-1.8，它含有 15%～17%Sn、15%～17%Sb、1.5%～2.0%Cu 及余量的 Pb。

铅基轴承合金的硬度、强度、韧性都比锡基轴承合金低，但摩擦系数较大，价格较低，铸造性能好，常用于制造承受中、低载荷的轴承，如汽车、拖拉机的曲轴以及连杆轴承和电动机轴承，但其工作温度不能超过 120℃。

铅基、锡基巴氏合金的强度都较低，需要把它镶铸在钢的轴瓦（一般用 08 钢冲压成型）上，形成薄而均匀的内衬才能发挥作用。这种工艺称为挂衬。

3. 铝基轴承合金

铝基轴承合金是一种新型减磨材料，具有密度小、导热性好、疲劳强度高和耐蚀性好的优点。它原料丰富，价格低，广泛用在高速、高负荷条件下工作的轴承。按化学成分可分为铝锡系（Al-20%Sn-1%Cu）、铝锑系（Al-4%Sb-0.5%Mg）和铝石墨系（Al-8Si 合金基体＋3%～6%石墨）3 类。

铝锡系轴承合金具有疲劳强度高、耐热性和耐磨性良好等优点，因此，适用于制造高速、重载条件下工作的轴承。铝锑系轴承合金适用于载荷不超过 20MN/m^2、滑动线速度不大于 10m/s 的工作条件。铝石墨系轴承合金具有优良的自润滑作用、减振作用以及耐高温性能，适用于制造活塞和机床主轴的轴承。

铝基轴承合金的缺点是膨胀系数较大，抗咬合性低于巴氏合金。它一般用 08 钢做衬背，一起轧成双合金带使用。

4. 铜基轴承合金

铜基轴承合金通常有锡青铜与铅青铜。铅青铜中常用的牌号是 ZCuPb30，其室温组织为

Cu+Pb，铜为硬基体，颗粒状铅为软质点，是硬基体上分布软质点的轴承合金。锡青铜中常用的牌号是 ZCuSn10P1，其室温组织为 α+δ+Cu_3P，α 固溶体为软基体，δ 相及 Cu_3P 为硬质点，是软基体上分布硬质点的轴承合金。

　　铜基轴承合金具有高的疲劳强度和承载能力、优良的耐磨性、良好的导热性、低摩擦系数，能在 250℃以下正常工作，适合于制造高速、重载下工作的轴承，如高速柴油机、航空发动机轴承等。

5. 多层轴承合金

　　多层轴承合金是一种复合减磨材料。它综合了各种减磨材料的优点，弥补其单一合金的不足，从而组成二层或三层减磨合金材料，以满足现代机器高速、重载、大批量生产的要求。例如，将锡锑合金、铅锑合金、铜铅合金、铝基合金等之一与低碳钢带一起轧制，复合而成双金属。为了进一步改善顺应性、嵌镶性及耐蚀性，可在双层减磨合金表面上再镀上一层软而薄的镀层，这就构成了具有更好减磨性及耐磨性的三层减磨材料。这种多层合金的特点都是利用增加钢背和减少减磨合金层的厚度以提高疲劳强度，采用镀层来提高表面性能。

7.6　高温合金

7.6.1　高温合金及其特点

　　高温合金主要用于各种热机的承力构件上，而其中使用环境要求最苛刻，对材料性能考验最全面的要数涡轮发动机。现代航空、宇航、舰艇、电站、机车、火箭等使用的各种涡轮发动机，大多有燃烧室、涡轮、加力燃烧室和尾喷管等四大热部件，航空发动机热端部件中，火焰筒、涡轮叶片、导向叶片和涡轮盘更是典型代表。

　　高温合金根据成分、组织和成型工艺不同，有不同的分类方法。按基体元素分类，以铁为主，加入的合金元素总量超过 50%的铁基合金称为铁基高温合金；以镍为主或以钴为主的合金分别称为镍基或钴基高温合金。按制备工艺分类，有变形高温合金、铸造高温合金和粉末冶金高温合金。按强化方式分类，有固溶强化型、沉淀强化型、氧化物弥散强化型、纤维强化型等。

　　高温合金强化途径有固溶强化、析出相强化和晶界强化，还有氧化物弥散强化等。高温合金中常见的合金元素有铝、钛、铌、碳、钨、钼、钽、钴、锆、硼、铈、镧、铪等。对高温合金来说，有的以固溶强化，有的以固溶强化和时效沉淀强化相结合，或以三种强化途径来综合提高合金的高温性能。

　　高温合金性能主要取决于成分和合金的组织结构。

　　我国高温合金牌号的表示方法为：前缀+材料分类号+合金编号+后缀。前缀为表示合金基本特性类别的汉语拼音字母，例如变形高温合金的前缀为"GH"，单晶高温合金的前缀为"DD"。材料分类号用一位阿拉伯数字表示，合金编号表示同一材料类别内的编号。后缀表示某种特定工艺或特定化学成分等的英文字母符号，特殊需要时才添加。

7.6.2 常用高温合金

1. 铁基高温合金

铁基高温合金广义地来讲是指那些用于 600～850℃的以铁为基的奥氏体型耐热钢和高温合金。以铁为基的奥氏体型耐热钢和高温合金在 600～850℃条件下具有一定强度、抗氧化性和抗燃气腐蚀能力。

这类合金主要是以 γ 相单相组织来应用的,如制造燃烧室、火焰筒、稳定器等各类板材。常用的铁基高温合金主要有 GH1140、GH1035、GH15、GH16 等。

2. 镍基高温合金

涡轮喷气发动机各种热部件使用的材料中,镍基高温合金占有很大比重。镍基高温合金的高温综合性能比低合金钢和不锈钢优异得多,它们一般含 30%～75%的镍和 30%以下的铬。

镍基高温合金的强化方式主要有固溶强化和沉淀硬化。

1)固溶强化镍基合金

固溶强化型合金是最初发展的镍基高温合金,合金中铬含量较高,而强化相形成元素铝、钛的含量相对较低。常用的固溶强化型合金主要有 GH3039、GH3044、GH3128、GH22 等。该类合金的主要热处理方法是固溶处理,通过固溶处理达到强化目的。固溶处理后,合金组织为单相奥氏体,组织稳定,时效倾向性小;具有良好的抗氧化性能,焊接性能好。

2)沉淀硬化镍基合金

决定镍基高温合金优异性能的是其显微组织特征,关键强化作用来自有序面心立方金属间化合物相 γ′(Ni_3Al、Ti)。铝、钛是 γ′相主要形成元素,通过 γ′在基体内弥散分布,从而强化合金。

此类合金的高温强度主要取决于合金中加入铝、钛形成 γ′相的总量。镍基高温合金中 Ti 与 Al 比也是很重要的。在一般高温合金中含(Al+Ti)8%左右。一般在低温和中温使用的合金往往 Ti 与 Al 的比高些,在高温下使用的合金则低些,甚至不加钛,单独加铝。

合金的含量提高使加工性能变差,难以锻造成型,可采用真空精密铸造方法生产镍基合金零件,如定向凝固工艺制造定向结晶、单晶、共晶高温合金叶片。

航空发动机热端构件常用沉淀硬化镍基合金主要有 GH4033、GH163、GH4169、GH141 等。

3. 钴基高温合金

钴基合金中主要的合金元素是铬、镍、钨、钼和铁,也含有少量的钛、铝、铌和微量硼。钴基合金中也含有一定量的碳,铬是钴基合金的重要合金元素。钴与铬可以形成一系列不同组织结构的相,能显著提高钴的室温和高温力学性能。

与镍基合金比较,钴基高温合金的高温强度与耐热腐蚀性能优于镍基合金,使用温度比镍基合金可提高约 55℃。钴基合金的不足之处是价格较高,低温(200～700℃)的屈服强度较低。

常用的钴基合金主要有 GH188 和 GH605。

7.7　特殊性能合金

7.7.1　金属间化合物

金属间化合物是指金属和金属之间、类金属和金属原子之间以共价键形式结合生成的化合物，其原子的排列遵循某种高度有序化的规律。当它以微小颗粒形式存在于金属合金的组织中时，将会使金属合金的整体强度得到提高，特别是在一定温度范围内，合金的强度随温度升高而增强，这就使金属间化合物材料在高温结构应用方面具有极大的潜在优势。

过去，人们曾把金属中存在的一些金属间化合物视为有害的因素，因为它会阻碍组成金属材料的许许多多小晶粒之间的相对移动，使材料变脆。然而金属间化合物因阻碍晶粒移动，在使材料变脆的同时，也提高了材料的强度和耐热性。从火箭发动机到发电用的燃气轮机，要提高工作效率都需要提高工作温度（最高的需要超过 3000℃）。各种超音速飞机、航天飞机在飞行中其表面同空气的摩擦，会产生非常高的温度（可达到 1800℃）。这些应用场合都要求有新的性能更好的耐热材料。而钴基、镍基等传统的耐热合金，几乎已达到性能的极限。于是，转而从过去被视为禁区的金属间化合物寻找出路，便成为希望所在。

对金属间化合物的研究表明，由于它的特殊晶体结构，其具有固溶体材料所没有的性能。例如，固溶体材料通常随着温度的升高而强度降低，但某些金属间化合物的强度在一定范围内反而随着温度的升高而升高，这就使它有可能作为新型的高温结构材料的基础。

目前已经知道的金属间二元（两种元素）化合物以及金属与稀土金属间的化合物超过 2 万多种，但得到开发应用的不到 1%，而已经用到结构上（主要用于核反应堆的高温结构）的则较少。

金属间化合物是近年来各国均非常重视发展的一种理想的高温结构材料。美国是第一个对金属间化合物燃气轮机涡轮叶片进行试验的国家，在该技术领域居领先地位。金属间化合物的主要特点是耐高温、比强度高、优异的抗氧化性和耐疲劳性。

国外开发和应用研究重点材料有 Ti_3Al、$TiAl$、Ni_3Al、$NiAl$、Fe_3Al、$FeAl$ 和 $MoSi_2$，近年来在 Ti_3Al 和 Ni_3Al 的研制方面取得较大进展，这两种材料已进入应用阶段。

Ti_3Al 的最高使用温度达 816℃，可用于制造发动机涡轮支承环、叶片、盘和喷管零件。

$TiAl$ 金属间化合物合金密度低，只有高温合金的一半，又具有优异的高温比强度、比刚度、抗蠕变、抗氧化以及抗燃烧等性能，是新一代航空航天飞行器发动机理想的轻质高温结构材料。$TiAl$ 的使用温度可达 982～1038℃，用其制造部件能减重 50%，可显著提高发动机的推重比。其缺点是室温塑性低。图 7-3 为钛铝化合物在先进航空发动机上的应用计划。

Ni_3Al 由于添加硼和引入高温强化相，已使其延伸率达到 35%。它主要用于汽轮机部件和航空航天紧固件，日本在 Ni_3Al 中加入 0.02%～0.05%（质量分数）硼，使其室温延伸率达 40%～50%。

$NiAl$ 合金密度低（5.9g/cm³），熔点高，导热性好，抗氧化性好，使用温度可达 1100～1200℃，是制造涡轮叶片的理想材料，它可使涡轮转子减重 40%。其存在的问题是室温塑性和高温强度低。

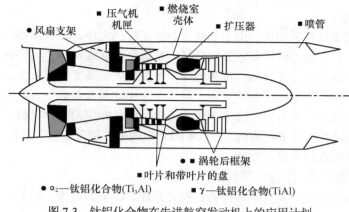

图 7-3　钛铝化合物在先进航空发动机上的应用计划

金属间化合物存在的主要问题仍然是低温脆性和高温强度偏低，目前解决这两个问题的主要途径是合金化和复合化，今后需要进一步突破这两项关键技术。

7.7.2　非晶态合金

物质就其原子排列方式来说，可以划分为晶体和非晶体两类。如果材料中的原子排列有序，该材料就是晶态材料；如果原子排列杂乱无章，这种材料就是非晶态材料。在我们接触的物质中，木材、塑料和玻璃等都属于非晶态材料。对于金属来说，通常情况下，金属及合金在从液体凝固成固体时，原子总是从液体的混乱排列转变成整齐的排列，即成为晶体。但是，如果金属或合金的凝固速度非常快，原子来不及整齐排列便被冻结了，最终的原子排列方式类似于液体，是混乱的，这就是非晶合金。

非晶合金原子的混乱排列情况类似于玻璃，所以又称为金属玻璃。任何物质只要它的液体冷却足够快，原子来不及整齐排列就凝固，那么原子在液态时的混乱排列被迅速冻结，就可以形成非晶态。但是，不同的物质形成非晶态所需的冷却速度大不相同。例如，普通的玻璃只要慢慢冷却下来，得到的玻璃就是非晶态的。而单一的金属则需要高达 $1×10^8℃/s$ 以上的冷却速度才能形成非晶态。由于目前工艺水平的限制，实际生产中难以达到如此高的冷却速度，也就是说，单一的金属难以从生产上制成非晶态。

为了获得非晶态的金属，一般将金属与其他物质混合形成合金。这些合金具有两个重要性质：第一，合金的成分一般在冶金学上的所谓"共晶"点附近，它们的熔点远低于纯金属，如纯铁的熔点为 1538℃，而铁硅硼合金的熔点一般为 1200℃以下；第二，由于原子的种类多了，合金为液体时它们的原子更加难以移动，在冷却时更加难以整齐排列，也就是说，更加容易被"冻结"成非晶态。有了上面的两个重要条件，合金才可能比较容易地形成非晶态。例如，铁硼合金只需要 $1×10^6℃/s$ 的冷却速度就可以形成非晶态。

非晶合金的优点主要有以下三点。

(1)高强韧性。

明显高于传统的钢铁材料，可以作为复合增强材料。国外已经把块状非晶合金应用于高尔夫球击球拍头和微型齿轮。非晶合金丝材能用在结构零件中，起强化作用。另外，非晶合金具有优良的耐磨性，再加上它们的磁性，可以制造各种磁头。

（2）优良的磁性。

与传统的金属磁性材料相比，由于非晶合金原子排列无序，没有晶体的各向异性，而且电阻率高，因此，具有高的磁导率、低的损耗，是优良的软磁材料，代替硅钢、坡莫合金和铁氧体等作为变压器铁心、互感器、传感器等，可以大大提高变压器效率，缩小体积，减轻重量，降低能耗。非晶合金的磁性能实际上是迄今为止非晶合金最主要的应用领域。和其他磁性材料相比，非晶合金具有很宽的化学成分范围，而且即使同一种材料，通过不同的后续处理能够很容易地获得所需要的磁性。所以非晶合金的磁性能是非常灵活的，选择余地很大，为电力电子元器件的选材提供了方便。

（3）简单的制造工艺，节能、环保。

以传统的薄钢板为例，从炼钢、浇铸、钢锭开坯、初轧、退火、热轧、退火、酸洗、精轧、剪切到薄板成品，需要若干工艺环节、数十道工序。由于环节多，工艺繁杂，传统的钢铁企业都是耗能大户和污染大户，有"水老虎"和"电老虎"之称。而非晶合金的制造是在炼钢之后直接喷带，只需一步就制造出了薄带成品，工艺大大简化，节约了大量宝贵的能源，同时无污染物排放，对环境保护非常有利。

非晶态合金是电力、电子、计算机、通信等高新技术领域的关键材料。

在电子技术中，非晶态合金以其高效、低损耗、高导磁等优异的物理性能有力促进了电子元器件向高频、高效、节能、小型化方向的发展，并可部分替代传统的硅钢、坡莫合金和铁氧体等材料。可以预测，在未来的电子技术中非晶态合金将占据十分重要的位置。因而，非晶态合金又被称为跨世纪的新型功能材料。

在电力技术中，采用非晶态合金作为铁心材料的配电变压器，其空载损耗可比同容量的硅钢芯变压器降低 $60\%\sim80\%$。美国通过使用这种变压器每年可节约近 $50\times10^9 kW\cdot h$ 的空载损耗，节能产生的经济效益约为 35 亿美元。同时，减少电力损耗也就降低了发电的燃料消耗，从而减少了诸如 CO_2、SO_2 等有害气体的排放量。因而，非晶态合金又被誉为绿色环保材料。我国是世界上能源消费增长最快的国家，同时也是能源紧缺国家，为满足社会可持续发展和保护生态环境的需要，发展这种新型变压器显得尤为重要。

非晶态钎焊料是一种新型的焊接材料，它是由液态金属通过急冷凝固而制得的。非晶态钎焊料与晶态钎焊料相比具有材质纯净、组织均匀、可显著提高钎焊质量等优点，它不但能有效替代晶态钎焊材料，还能在许多领域中解决一些用晶态钎焊料难以解决的问题。非晶态钎焊料主要包括高温镍基、中温铜基和低温钎焊料，可广泛用于航空航天、机电、能源、医疗器械、精密仪器等领域。

7.7.3　形状记忆合金

一般金属材料受到外力作用后，首先产生弹性变形，达到屈服点就产生塑性变形，应力消除后留下永久变形。但有些材料，在产生了塑性变形后，经过合适的热过程，能够恢复到变形前的形状，这种现象称为形状记忆效应。具有形状记忆效应的金属一般是两种以上金属元素组成的合金，称为形状记忆合金。

形状记忆合金的结构尚未完全探明，为什么金属会记住某些固定形状的问题还没有完全搞清楚。据科学家推测，金属的结晶状态，在被加热和冷却时是不同的，虽然外表没有变化，然而在一定温度下，金属原子的排列方式会发生突变，这称为相变。能引起记忆合金形状改变的条件是温度。分析表明，这类合金存在着一对可逆转变的晶体结构。例如，含有 Ti 和 Ni 各为 50%的记忆合金，有两种晶体结构，一种是菱形的，另一种是立方体的，这两种晶体结构相互转变的温度是一定的。高于这一温度，它会由菱形结构转变为立方体结构；低于这一温度，又由立方体结构转变为菱形结构。晶体结构类型改变了，它的形状也就随之改变。

形状记忆合金可以分为 3 种。

(1)单程记忆效应。形状记忆合金在较低的温度下变形，加热后可恢复变形前的形状，这种只在加热过程中存在的形状记忆现象，称为单程记忆效应。

(2)双程记忆效应。某些合金加热时恢复高温相形状，冷却时又能恢复低温相形状，称为双程记忆效应。

(3)全程记忆效应。加热时恢复高温相形状，冷却时变为形状相同而取向相反的低温相形状，称为全程记忆效应。

目前已开发成功的形状记忆合金有 TiNi 基形状记忆合金、铜基形状记忆合金、铁基形状记忆合金等。

记忆合金在航空航天领域内的应用有很多成功的范例。人造卫星上庞大的天线可以用记忆合金制作。发射人造卫星之前，将抛物面天线折叠起来装进卫星体内，火箭升空把人造卫星送到预定轨道后，只需加热，折叠的卫星天线因具有"记忆"功能而自然展开，恢复抛物面形状。

传统的次口径脱壳穿甲弹依靠空气进入弹托前端进气口产生的气动力使弹托与弹芯分离，可靠性较差。在弹托结构中应用镍钛形状记忆合金分离垫片，可较好地解决弹托分离问题。当炮弹离开炮口的瞬间，分离垫片因在炮膛内被加热到相变温度以上，而从马氏体相转变成奥氏体相，使其在马氏体相下的变形态恢复到原来的形态，从而同时朝侧向和径向产生大的推力，使弹托与弹芯分离。由于不靠气动力分离弹托，简化了结构，也降低了弹托的质量。

记忆合金在临床医疗领域内有着广泛的应用。例如，人造骨骼、伤骨固定加压器、牙科正畸器、各类腔内支架、栓塞器、心脏修补器、血栓过滤器、介入导丝和手术缝合线，记忆合金在现代医疗中正扮演着不可替代的角色。

7.7.4　难熔金属及其合金

1. 钼及其合金

钼是一种熔点高达 2650℃的难熔金属。钼在高温下具有较高的抗拉强度、抗蠕变强度和良好的耐热性，热膨胀系数低，热导率高，电导率也高，同时对液态金属、钾、钠、铋和铯及其熔盐有良好的抗蚀性。

钼广泛应用于炼制各类合金钢、不锈钢、耐热钢、工具钢、铸铁、轧辊、超级合金和有色金属等的添加剂。在各类合金钢中，钼的含量为 0.1%～10%。钼在大多数情况下与其他合金的添加剂，如铬、锰、钨、铌和钒等一起使用。在不锈钢中，添加 1%～4%钼，可增强不锈钢在腐蚀环境中的耐蚀能力。在氧化环境中，钼可促进迅速形成氧化铬的保护层(不锈钢的基本性质)。在工具钢中，添加 0.5%～10%钼，可提高工具钢的热硬性、耐磨性和耐冲击性。

金属钼主要应用于电子工业，制作高功率真空管、磁控管、加热管、X 射线管和闸流管的元件等。钼及其合金也用于制造钼坩埚、耐热元件和各式各样的辅助元件。钼与钴、镍、钨、铝和铁一起用来制造各种高性能合金。

钼合金由于有极好的耐热性能和高温力学性能，可用于制造航空发动机的火焰导向器和燃烧室，宇航器液体火箭发动机的喉管、喷嘴和阀门，重返飞行器的端头，卫星和飞船的蒙皮、船翼、导向片和保护涂层材料。钼热胀系数低、导热性能好，在太阳辐射光强烈作用下尺寸稳定性特别好，用金属钼网做成人造卫星天线可以保持其完全抛物面的外形，而较石墨复合天线重量更轻。巡航式导弹使用钼涂层材料做汽轮转子，在 1300℃ 高温下工作，转速高达 40000～60000r/min，已显示出良好的效果。

钼的中子吸收截面小，有较好的强度，对核燃料有较好的稳定性，抗液体金属腐蚀性好。例如，Mo-Re 合金可用于制造空间核反应堆的热离子能量转换器包套材料、加热器、反射器和其他的丝或薄板元件。

在钼中添加 Ti、Zr、C 的氧化物或碳化物，形成弥散强化合金 TZM。TZM 合金除应用在宇航和核工业外，还可以做 X 射线旋转阳极零件、压铸模具和挤压模具，在挤压铜基合金时，其操作温度可在 870～1200℃。TZM 合金还非常适合用于制造不锈钢热穿孔顶头，穿孔钢管内壁质量好，使用寿命长。加入少量稀土元素的 TZM 合金有较高的再结晶温度，再结晶时的延性较普通钼材高 5 倍，也有良好的应用前景。

含钛、锆和碳的钼合金(MT-104)，含铪和碳的钼合金(HCM)及含钨、铪和碳的钼合金(HMW)均有较高的强度，可加工成棒、板、锻坯和其他制品，大有用武之地。Mo-30W 是一种固溶体合金，熔点达到 2800℃ 以上，在锌冶炼中用于熔融金属泵阀和轴、核燃料提纯和电镀等设备管路、搅拌轴、叶轮泵。在钨高比重合金(90W-7Ni-3Fe)中加入一定量的钼，其强度和硬度都随钼含量而增高，其延性则不断降低，能大大改善作为穿甲弹武器材料的性能。

2. 铌及其合金

铌为灰白色金属，熔点为 2468℃，沸点为 4742℃，密度为 8.57g/cm³。纯铌为立方体心结构，在真空中加热时强烈喷溅。铌具有良好的抗蚀性，常温下缓慢溶于氢氟酸；在氧气中红热的铌也不会完全氧化；强热下能与氯、硫、氮、碳等元素直接化合。

铌在合金钢中能提高钢在高温时的抗氧化性，还可用于制造高温金属陶瓷。国外 20 世纪 60 年代开始发展铌基合金，主要用于核设施和航空航天工业，现已在通信卫星、人体成像设备和各种高温部件上得到应用。铌合金的特点是，可在比镍基合金高数百度的温度下保持有效的强度，但氧化和长时蠕变敏感性限制了它的大量应用。

应用比较多的铌合金有 C-103(Nb-10Hf-1Ti)、Nb-1Zr、PWC-11(Nb-1Zr-0.1C)、WC-3009(Nb-30Hf-9W)、FS-85(Nb-28Ta-10W-1Zr)等。

在 1100～1500℃ 的航空航天应用中，C-103 合金用途广泛，它的强度高，很好的冷成型性和焊接性使它可被制成型状极复杂的构件，如推力锥和高温阀门。

由于 C-103 基本上没有氧化抗力，其构件都要涂以硅化物涂层。硅化物涂层中除含有硅外，一般含有铪、铬、铁和镍。由于其热膨胀系数的明显差异，涂层中有大量微裂纹，幸而这些裂纹在高温使用中没有大的扩展。带涂层的 C-103 成功地应用于燃气涡轮发动机的加力燃烧室鱼鳞片。这些鱼鳞片位于发动机尾端，在加力燃烧室形成高温衬套，它们要在 1200～1300℃ 持续工作 100h。

美国拟将铌合金用于空天飞机的高温部件,用于制造高超音速进气边缘和鼻锥,作为"热管"系统,把高温区(如高超音速进气边缘)的极高热量通过辐射传到较冷区域。一个 500g 的铌热管可以消散 10kW 的热量,因而使其构件可在 1250~1350℃等温区工作。

3. 钽合金

钽为黑灰色金属,有延展性,熔点为 2996℃,沸点为 5425℃,密度为 16.6g/cm^3,金属钽具有体心立方结构。钽的热膨胀系数很小。除此之外,它的韧性很强,比铜还要优异。

钽的化学性质特别稳定,常温下除氢氟酸外不受其他无机酸碱的侵蚀;高温下能溶于浓硫酸、浓磷酸和强碱溶液中;金属钽在氧气流中强烈灼烧可得五氧化二钽;常温下能与氟反应;高温下能与氯、硫、氮、碳等单质直接化合。

钽最早用于制灯丝,后被钨丝代替;化学工业中钽用于制造耐酸设备;由于钽不被人体排斥,可用作修复骨折所需的金属板、螺钉等,还用于制造外科刀具和人造纤维的拉线模等。

钽耐发射药的化学侵蚀,热传导率比较低,延性高,是取代硬铬层的优良防烧蚀磨损材料。采用溅射镀钽新工艺,可使大口径火炮身管的耐烧蚀磨损寿命较镀铬火炮身管提高 8 倍。

钽是提炼超强钢、耐蚀钢和耐热钢合金的重要元素,可以提供发展火箭、宇宙飞船、喷气飞机等空间技术必需的特殊材料。用钽和钨制成的无磁性合金广泛适用于电气工业,特别是钽和碳组成的碳化钽,具有极大的硬度,即使是高温条件下和金刚石也不相上下。用它做成的车刀,可高速切削许多坚硬的合金;用它制成的各种钻头,可以替代最坚硬的合金或金刚石。

4. 钨合金

钨是熔点最高的金属,其熔点高达 3410℃。钨合金在 1900℃的高温下,强度仍有 430MPa。在这样的高温下,无论是钢还是耐热的超级合金都熔化成液体了。钨具有优异的物理、力学、抗腐蚀和核性能。

钨的最重要应用之一是白炽灯灯丝。钨是制备具有超硬性能的硬质合金的主要元素,硬质合金主要用于金属切削刀具、量具、重要的模具、采掘设备、石油勘探用的钻头、冷轧箔材的轧辊等。

钨合金在火箭、导弹、返回式宇宙飞船以及原子能反应堆等尖端科技上有重要应用。钨合金主要用来制造不需要冷却的各种类型火箭发动机喉衬;渗银钨做成喷管可经受 3100℃以上的高温,用于多种类型的导弹和飞行器;钨纤维复合材料制作的火箭喷管能耐 3500℃或更高温度,在化工工业中可做耐腐蚀设备和部件。以钨、镍、铁或钴等元素为主要成分的粉末冶金钨重合金是制造穿甲弹的主要材料之一。这种材料没有放射性和毒性,因此发展前景好于弹用铀合金。W-Cu 合金可作为微电子散热材料、熔融反应器的分流盘材料和弹头材料(穿甲弹内衬)。

7.7.5　稀土金属及其应用

在元素周期表中,有一类元素称为稀土元素,它们的外层电子结构基本相同,有些内层电子所具有的能量又很相近,在光、电、磁等方面具有独特的性质。稀土元素包括原子序数 57~71(从镧至镥,称为镧系元素)的 15 种元素以及钪和钇,共 17 种元素。

稀土元素是 18 世纪沿用下来的名称,因为当时认为这些元素稀有,它们的氧化物既难溶解于水又难熔化，外表很像"土"，因而称之为稀土元素。稀土元素也常称为稀土金属。实际上，稀土金属并不稀少，它们在地壳中的含量比某些常见金属元素还要高。我国拥有丰富的稀土元素资源，在已探明的世界稀土资源中，80%分布在我国，并且品种齐全。

稀土金属广泛应用于冶金、石油化工、玻璃陶瓷、荧光材料、电子材料、医药、农业等领域。稀土金属可以用来做引火合金(如打火石)、永磁材料、超导材料、染色材料、发光材料、微量元素肥料等。

稀土金属既可以单独使用，也可以混合稀土的形式使用。在合金中加入适量稀土金属或稀土金属的化合物，就能大大改善合金的性能。例如，稀土金属及其合金在炼钢中起脱氧、脱硫作用，能使两者的含量都降低到0.001%以下，并改变夹杂物的形态，细化晶粒，从而改善钢的加工性能，提高强度、韧性、耐磨性、耐热性、耐腐蚀和抗氧化性。稀土金属及其合金用于制造高强灰口铸铁和蠕墨铸铁，能改变铸铁中石墨的形态，改善铸造工艺，提高铸铁的力学性能。在青铜和黄铜冶炼中添加少量的稀土金属能提高合金的强度、伸长率、耐热性和导电性。在铸造铝硅合金中添加1%～1.5%的稀土金属，可以提高高温强度。在铝合金导线中添加稀土金属，能提高抗拉强度和耐腐蚀性。Fe-Cr-Al电热合金中添加0.3%的稀土金属，能提高抗氧化能力，增加电阻率和高温强度。在钛及其合金中添加稀土金属能细化晶粒，降低蠕变率，改善高温抗腐蚀性能。

作为储氢材料，稀土金属合金充当氢的载体，氢被储放在金属原子间的空隙中。这种方法可以获得比液态氢气的密度还大的存储密度，而且使用过程也很安全，是解决汽车未来能源问题的一个方向。用稀土合金做的镍氢电池具有高容量、长寿命、可快充放电、使用安全、无污染等特点，被称为"绿色电池"。电池应用于几乎所有的电子产品(如移动电话、收/录音机、计算机、照相机、游戏机等)，也已作为动力用于电动汽车及航天器中。

用稀土合金做的永磁材料具有极强的永磁特性，可以广泛应用于小到手表、照相机、录音机、激光唱盘机、影碟机、摄像机等，大到计算机、汽车、发电机、医疗器械、悬浮列车等方面。用这种材料做的电子或电器产品的体积可以大幅度减小，这就像半导体取代电子管减小体积一样，在航天和航空开发方面尤其具有价值。

思　考　题

7.1　根据二元铝合金一般相图，说明铝合金是如何分类的。

7.2　简述铝合金强化的热处理方法。

7.3　铜合金主要分为哪几类？分析锡青铜的主要性能特点及应用。

7.4　钛合金分哪几类？简述钛合金的性能与应用。

7.5　滑动轴承合金应具有哪些性能？为确保这些性能，滑动轴承合金应具有什么样的组织？

7.6　分析铝合金、钛合金用于航空航天结构的优势。

7.7　讨论高温合金在航空发动机制造中的应用情况。

7.8　分析形状记忆合金的原理。

7.9　什么是非晶态合金？其性能如何？

7.10　难熔金属及其合金有哪些用途？

7.11　调研稀土金属及其应用情况。

第 8 章　高分子材料

高分子材料又称为聚合物材料，是以高分子化合物(聚合物)为主要组分的材料的总称。高分子材料具有独特的结构和优异性能，已成为现代工程和社会生活中不可缺少的材料。

8.1　高分子材料的结构

8.1.1　高分子材料的组成

高分子是由碳、氢、氧、硅、硫等元素组成的分子量足够高的有机化合物。常用高分子材料的分子量在几百到几百万。高分子化合物的分子量虽然很大，但其化学组成并不复杂，都是由一种或几种简单的低分子化合物通过共价键重复连接而成，称为分子链或大分子链。高聚合物的结构主要是指大分子链的结构。

作为高分子材料的主要组分，高分子化合物是由低分子化合物在一定条件下聚合而成的，如聚乙烯塑料就是由乙烯聚合而成的高分子材料。

$$n(CH_2 = CH_2) \xrightarrow{\text{聚合}} [—CH_2—CH_2—]_n$$

在这里，低分子化合物(如乙烯，$CH_2=CH_2$)称为单体，大分子链重复排列的结构单元(如[—CH_2—CH_2—])称为链节，链节重复排列的个数 n 称为聚合度。显然，聚合度越大，高聚物的大分子链越长，其相对分子质量也就越大。

可见，高聚物与具有明确相对分子质量的低分子化合物不同，同一高聚物因其聚合度不同，大分子链的长短各异，其相对分子质量也就各不相同。通常所说高聚物的相对分子质量是指其相对分子质量的统计平均值。例如，聚氯乙烯[—CH_2—$CHCl$—]$_n$ 的相对分子质量为 $20000 \sim 160000$。

作为高聚物单体的低分子化合物必然具备不饱和的键。例如，各种烯烃类化合物、环状化合物和含有特殊官能团的化合物，在聚合反应中能形成两个以上的新键，把单体低分子变成链节连接成大分子链；否则不能聚合成大分子链，也就不能形成高聚物。

在高分子链中，原子以共价键结合，这种结合力称为主价力。高分子链内组成元素不同，原子间共价键的结合力不同，聚合物的性能因而不同。

在高聚物大分子之间一般是由分子来链接的，(靠分子间力连接的)这一结合力——范德华力，称为次价力。

虽然单体小分子之间的范德华力很小，仅为共价键的 $1/100 \sim 1/10$，然而高聚物中，大分子链是由很多链节组成的，链节之间的次价力大体和单体小分子之间的次价力相等。大分子链间的次价力又等于组成大分子的各链节(或单体)间次价力之和，显然聚合度达几千甚至几万的高聚物大分子之间的次价力必然远远超过大分子内部的主价力。

大分子之间的次价力对高聚物的性能有很大的影响。随着聚合度的增大，次价力增大，高聚物的强度、耐热性增大，溶解性和成型工艺性能变差。因此，控制聚合度、调整次价力大小是控制和调整高聚物性能的有效途径之一。

8.1.2　大分子链结构

金属材料的性能是由它的组织结构决定的，同样，对非金属材料也不例外，高分子材料的性能特点仍然是由其组织结构决定的。大分子链的结构包括大分子结构单元的化学组成、链接方式、空间构型等。

1. 大分子链的化学组成

大分子链的化学元素主要有碳、氢、氧、硅等，其中碳是形成大分子链的主要元素。大分子链的组成不同，高聚合物的性能就不同。图 8-1 为聚乙烯(PE)的分子链结构。

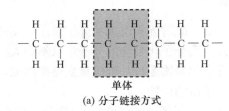

单体

(a) 分子链接方式

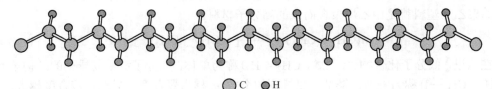

◯ C　● H

(b) 分子链接构型

图 8-1　聚乙烯的分子链结构

2. 大分子链的构形与构象

1) 大分子链的构形

所谓构形是指组成大分子链的链节在空间排列的几何形状。大分子链的几何形态主要有线型、支化型和体型(或网型)三种结构。

(1) 线型结构。

线型结构的整个分子犹如一条长链，如图 8-2(a)所示。这种结构通常卷曲成不规则的团状，受拉伸时则呈直线状。线型结构的高聚合物具有良好的弹性和塑性，在适当的溶剂中可以溶解，加热可软化或熔化。因此，线型结构的高聚合物易于加工成型，并可重复使用。

(2) 支化型结构。

大分子主链上带有一些长短不一的支链分子[图 8-2(b)]，或与主链交联[图 8-2(c)]，这样的大分子称为支化高分子。支化高分子的性能与线型高分子的性能相似，但由于支链的存在，分子与分子之间堆砌不紧密，增加了分子之间的距离，使分子之间的作用力减小，分子链容易卷曲，从而提高了高聚合物的弹性和塑性，降低了结晶度、成型加工温度和强度。

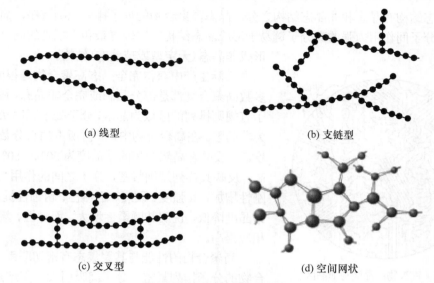

图 8-2　高聚物的结构示意图

（3）体型（或网型）结构。

体型大分子的结构是大分子链之间通过支链或化学键交联起来，在空间呈网状，也称为网状结构[图 8-2（d）]。具有体型结构的高分子化合物，主要特点是脆性大，弹性和塑性差，但具有较好的耐热性、难溶性、尺寸稳定性和强度，加工时只能一次成型（即在网状结构形成之前进行）。热固性塑料、硫化橡胶等属于这种类型结构的高聚合物。

2）大分子链的构象

和其他物质分子一样，高聚物的分子链在不停地运动，这种运动是由单链内旋转引起的。大分子链是由成千上万个原子经共价键连接而成的，其中以单键连接的原子，由于热运动，两个原子可做相对旋转，即在保持键角、键长不变的情况下，单键做旋转，称为内旋转。

这种由于单键内旋转所产生的大分子链的空间形象称为大分子链的构象。

正是这种极高频率的单键内旋转随时改变着大分子链的构象，使线型高分子键在空间很容易呈卷曲状或线团状。在拉力作用下，呈卷曲状或线团状的线型高分子链可以伸展拉直，外力去除后，又缩回到原来的卷曲状或线团状。这种能拉伸、回缩的性能称为分子链的柔性，这就是高聚物具有弹性的原因。

分子链的柔性受很多因素影响。由于不同元素原子之间共价键的键长和键能不同，故不同元素组成的大分子链内旋转能力不同，柔性也不同。例如，C—O、C—N、Si—O 键内旋转能力比 C—C 键容易。对于同一种分子链，链越长、链节数越多，参与内旋转的单键越多，柔性越好，强度升高时，分子热运动增加内旋转变得容易，柔性增加。

总之，分子链内旋转越容易，其柔性越好。分子链柔性对聚合物的性能影响很大。一般柔性分子链聚合物的强度、硬度和熔点较低，但弹性和韧性好；刚性分子链聚合物则相反，其强度、硬度和熔点较高，而弹性和韧性差。

8.1.3　聚集态结构

高分子链的聚集态结构是指高分子材料本体内部高分子链之间的几何排列状态。高分子链的聚集态结构有晶态和非晶态结构之分。晶态高聚合物的分子排列规则有序，简单的高分子链以及分子间作用力强的高分子链易于形成晶态结构；比较复杂和不规则的高分子链往往形成非晶态(无定型或玻璃态)结构。

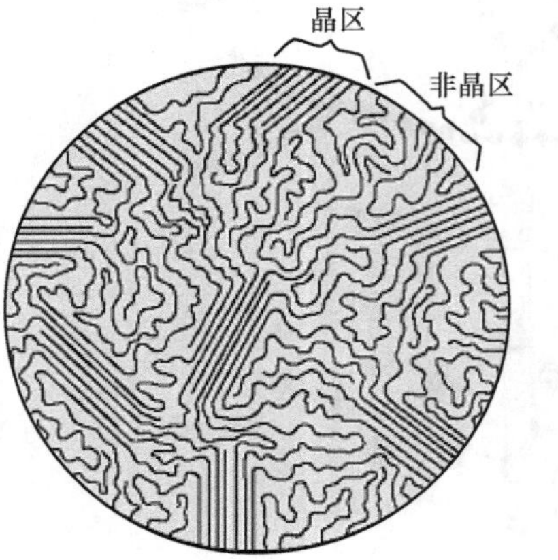

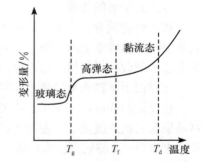

图 8-3　高聚物的晶区与非晶区

实际生产中获得完全晶态高聚合物是很困难的，大多数高聚合物都是部分晶态或完全非晶态。图 8-3 中分子有规则排列的区域为晶区，分子处于无序状态的区域为非晶区。在高聚合物中，晶区所占的百分数称为结晶度。一般晶态高聚合物的结晶度为 50%～80%。结晶度高，反映其排列规则紧密，分子之间的作用力强，因而刚性增加，其强度、硬度、耐热性、耐蚀性提高；反之，结晶度降低，说明其顺柔性增大，而弹性、塑性和韧性相应提高。

高聚合物的性能与其聚集态有密切联系。晶态高聚合物的分子排列紧密，分子间吸引大，其熔点、密度、强度、刚度、硬度、耐热性等性能好，但弹性、塑性和韧性较低。非晶态聚合物的分子排列无规则，分子链的活动能力大，其弹性、延伸率和韧性等性能好。部分晶态高聚合物性能介于晶态和非晶态高聚合物之间，通过控制结晶可获得不同聚集态和性能的高聚合物。

高聚物的化学结构越简单，对称性越高，分子之间的作用力越大，其结晶度越高；反之，结晶度减少。例如，聚乙烯比聚氯乙烯结晶度高。无论是无定形(非晶态)高聚物还是结晶高聚物，随温度的变化其物理、力学状态会发生变化。高聚物在恒定外力作用下，随着温度的变化可能出现玻璃态、高弹态和黏流态 3 种不同的物理力学状态(图 8-4)。

(1)玻璃态。当温度低于 T_g 时，高聚物大分子链以及链段被冻结而停止热运动，只有链节能在平衡位置做一些微小振动而呈玻璃态。在玻璃态下，随着温度的升高，高聚物的变形量增加很小，而且这种变形是可逆的，当外力去除后能够恢复原来的形状，这种可以恢复的微小变形称为普弹变形。

图 8-4　非晶聚合物的温度-变形曲线

通常把具有普弹变形的玻璃态高聚物称为塑料，或者说塑料的工作状态是属于玻璃态，提高 T_g，可以扩大塑料使用的温度范围。

(2)高弹态。温度超过 T_g 时，高聚物由玻璃态转为高弹态。处于高弹态的高聚物，由于温度较高，大分子链中的链段可以自由运动，使高聚物在外力作用下，能够产生一种缓慢、量值较大、又可恢复的弹性变形，称为高弹变形。

通常把处于高弹态的高聚物称为橡胶。因此，降低 T_g，橡胶的工作状态是高弹态；提高 T_f，可以使橡胶的工作温度范围扩大。室温下处于玻璃状态的高聚物称为塑料，处于高弹态的高聚物称为橡胶。

实质上塑料和橡胶是以它们的玻璃化温度 T_g 在室温以上还是在室温以下而区分的，T_g 在室温以下的高聚物是橡胶，它在使用温度下时处于高弹态，如天然橡胶 $T_g = -73℃$，工作温度为-50～$+120℃$；顺丁橡胶 $T_g = -150℃$，工作温度为-70～$140℃$。T_g 在室温以上的高聚物是塑料，它在使用温度下处于玻璃态，如聚氯乙烯 $T_g=87℃$，聚苯乙烯 $T_g=80℃$，有机玻璃 $T_g=100℃$。

（3）黏流态。当温度达到 T_f 以后，高聚物由高弹态进入黏流态。处于黏流态的高聚物，不仅链段的热运动加剧，而且整个大分子链还可以发生相对的滑动位移，使高聚物发生不可逆的黏流变形或塑性变形，因此，黏流态是高聚物成型的工艺状态。当温度高于 T_d 时，高聚物分解，大分子链受到破坏，这是热成型应该避免的温度。

8.2　高分子材料的性能

高聚物与一般低分子化合物相比，在聚集状态组织结构上有很大的不同，因而在性能上具有一系列的特征。

8.2.1　力学性能

1. 强度

高聚物的抗拉强度平均约为 $100MPa$，是其理论值的 $1/200$。因为高聚物中分子链排列不规则，内部含有大量杂质、空穴和微裂纹，所以高分子材料的强度比金属低得多，但因其密度小，所以其比强度并不比金属低。

2. 弹性

高弹性和低弹性模量是高分子材料所具有的特性，即弹性变形大，弹性模量小，而且弹性随温度升高而增大。图 8-5 为玻璃态聚合物在不同温度下的拉伸曲线，温度由高到低为：④>③>②>①。

若在试样断裂前停止拉伸，除去外力，则试样已发生的大形变无法完全恢复；只有让试样的温度升到 T_g 附近时，形变方可恢复。因此，这种大形变在本质上是一种高弹性形变，而不是黏流形变，其分子机理主要是高分子的链段运动，它只是在大外力的作用下的一种链段运动。为区别于普通的高弹性形变，可称之为强迫高弹性。

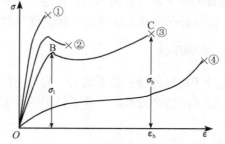

图 8-5　玻璃态聚合物于不同温度下的应力-应变曲线

玻璃态聚合物存在一个特征温度 T_b，只要温度低于 T_b，玻璃态高聚物就不能发生强迫高弹性形变，而必定发生脆性断裂，这个温度称为脆化温度 T_b。

3. 黏弹性

高分子材料的高弹性变形不仅和外加应力有关，还和受力变形的时间有关，即变形与外力的变化不是同步的，有滞后现象，且高聚物的大分子链越长，受力变形时用于调整大分子链构象所需的滞后时间也就越长。这种变形滞后于受力的现象称为黏弹性。

高聚物的黏弹性表现为蠕变、应力松弛、内耗 3 种现象。

具有黏弹性的高聚物制品，在恒定应力作用下，随着时间的延长会发生蠕变和应力松弛，导致形状、尺寸变化而失效。如果外加应力是交变循环应力，因变形和恢复过程的滞后，使大分子之间产生内摩擦形成所谓的"内耗"，内耗的存在使变形所产生的那一部分弹性能来不及释放，以摩擦热能的形式放出，导致制品温度升高而失效；另外，内耗可以吸收振动波，使高聚物制品具有较高的减振性。

4. 耐磨性

高聚物的硬度比金属低，但耐磨性比金属好，尤其塑料更为突出。塑料的摩擦系数小而且有些塑料本身就有润滑性能；而橡胶则相反，其摩擦系数大，适合于制造要求较大摩擦系数的耐磨零件，如汽车轮胎等。

8.2.2 物理、化学性能

1. 绝缘性

高聚物以共价键结合的，不能电离，导电能力低，即绝缘性高。塑料和橡胶是电机、电器必不可少的绝缘材料。

2. 耐热性

耐热性是指材料在高温下长期使用保持性能不变的能力。高分子材料中的高分子链在受热过程中容易发生链移动或整个分子链移动，导致材料软化或熔化，使性能变坏。

3. 导热性

固体的导热性与其内部的自由电子、原子、分子的热运动有关。高分子材料内部无自由电子，而且分子链相互缠绕在一起，受热时不易运动，故导热性差。

4. 热膨胀性

高分子材料的线膨胀系数大，为金属的 $3 \sim 10$ 倍。这是由于受热时，分子间的缠绕程度降低，分子间结合力减小，分子链柔性增大，故加热时高分子材料产生明显的体积和尺寸的变化。

5. 化学稳定性

高聚物中没有自由电子，不会受电化学腐蚀。其强大的共价键结合使高分子不易遭破坏，又由于高聚物的分子链是纠缠在一起的，许多分子链的基团被包在里面，纵然接触到能与其分子中某一基团起反应的试剂时，也只有露在外面的基团才比较容易与试剂起化学反应，所以高分子材料的化学稳定性好，在酸、碱等溶液中表现出优异的耐腐蚀性能。

6. 老化

高聚物及其制品在储运、使用过程中，由于应力、光、热、氧气、水蒸气、微生物或其他因素的作用，其使用性能变坏，逐渐失效的过程称为老化，如变硬、变脆、变软或发黏。

造成高聚物老化的原因主要是在各种外因的作用下，引起大分子链的交联或分解。交联结果使高聚物变硬、变脆、开裂；分解的结果是使高聚物的强度、熔点、耐热性、弹性降低，出现软化、发黏、变形等。防老化的措施有如下几种。

(1) 表面防护，使其与外界致老化因素隔开。

(2) 减少大分子链结构中的某些薄弱环节，提高其稳定性，推迟老化过程。

(3) 加入防老化剂，使大分子链中上的活泼基团钝化，变成比较稳定的基团，以抑制链式反应的进行。

8.3　常用高分子材料

高分子材料按来源分为天然、半合成(改性天然高分子材料)和合成高分子材料。天然高分子是生命起源和进化的基础。人类社会一开始就利用天然高分子材料作为生活资料和生产资料，并掌握了其加工技术。例如，利用蚕丝、棉、毛织成织物，用木材、棉、麻造纸等。19 世纪 30 年代末期，进入天然高分子化学改性阶段，出现半合成高分子材料。1907 年出现合成高分子酚醛树脂，标志着人类应用合成高分子材料的开始。目前，人工合成的有机高分子材料如塑料、合成橡胶、合成纤维等发展十分迅速，已成为一个品种繁多的庞大的工业门类，具有广阔的应用前景。

8.3.1　塑料

塑料是以天然或合成的高分子化合物(树脂)为主要成分的材料，它具有良好的可塑性，在室温下能保持形状不变。塑料按高分子化学和加工条件下的流变性能，可分为热塑性和热固性塑料。

1. 热塑性塑料

热塑性塑料是指在特定温度范围内具有可反复加热软化、冷却硬化特性的塑料品种。

(1) 聚乙烯(PE)。聚乙烯系由单体乙烯聚合而成，一般可分为低密度聚乙烯(LDPE)和高密度聚乙烯(HDPE)两种。LDPE 因其分子量、密度及结晶度较低，质地柔软，且耐冲击，常用于制造塑料薄膜、软管等。HDPE 因其分子量、密度及结晶度均较高，比较刚硬、耐磨、耐蚀，绝缘性也较好，所以可用于制造结构材料，如耐蚀管等。

(2) 聚氯乙烯(PVC)。聚氯乙烯是以氯乙烯为单体制得的高聚物。由于 PVC 大分子链中存在极性基因氯原子，故增大了分子间作用力，同时 PVC 大分子链的密度较高，故其强度、刚度及硬度均高于 PE。PVC 在加入少量添加剂时，可制得软、硬两种 PVC。硬质 PVC 塑料具有较高的强度、良好的耐蚀性、耐油性和耐水性，常用于化工、纺织工业和建筑业中。软质 PVC 塑料由于坚韧柔软，耐挠曲，弹性和电绝缘性好，吸水率低，难燃及耐候性好等，广泛用于制造农用塑料薄膜、包装材料、防雨材料及电线电缆的绝缘层，工业用途十分广泛。

(3) 聚丙烯(PP)。聚丙烯是以丙烯为单体聚合制得的高聚物。PP 的相对密度小(塑料中最轻的)，耐热性能良好(可以加热至 150℃不变形)，强度、刚度、硬度高，电绝缘性优良(特别是对于高频电流)，可用于机械、化工、电气等工业。

(4) ABS 塑料。ABS 塑料是丙烯腈(A)、丁二烯(B)、苯乙烯(S) 3 种单体的三元共聚物，三个单体量可任意变化，制成各种树脂。ABS 兼有 3 种组元的共同性能，A 使其耐化学腐蚀、耐热，并有一定的表面硬度，B 使其具有高弹性和韧性，S 使其具有热塑性塑料的加工成型特性和改善电性能，因此，ABS 塑料是一种原料易得、综合性能良好、价格低廉、用途广泛的"坚韧、质硬、刚性"材料。ABS 塑料在机械、电气、纺织、汽车、飞机、轮船等制造工业及化工方面获得广泛应用。

(5)聚酰胺(PA，俗称尼龙或锦纶)。聚酰胺是指主链节含有极性酰胺基因的高聚物，最初用于制造纤维的原料，后来由于 PA 具有强韧、耐磨、自润滑、使用温度范围宽等优点，成为最早发现能承受载荷的热塑性塑料，也是目前工业中应用广泛的一种工程塑料。PA 广泛用来代替铜及其他有色金属制造机械、化工、电器零件，如柴油发动机燃油泵齿轮、水泵、高压密封圈、输油管等。

(6)聚甲醛(POM)。聚甲醛是由甲醛或散聚甲醛聚合而成的线型高密度、高结晶性高聚物。POM 的疲劳强度、耐磨性和自润滑性比大多数工程塑料要好，并且还有高弹性模量和强度，吸水性小，同时尺寸稳定性、化学稳定性及电绝缘性也好，是一种综合性能良好的工程材料。POM 主要用于代替有色金属及合金(如 Cu、Zn、Al 等)制造各种结构零部件，应用量最大的是汽车工业、机械制造、精密机器、电器通信设备乃至家庭用具等领域。

(7)聚四氟乙烯(PTFE 或 F-4，俗称塑料王)。聚四氟乙烯是单体四氟乙烯的均聚物，是一种线型结晶型高聚物。PTFE 的性能特点是突出的耐高低温性能(长期使用温度为−180～260 ℃)、极低的摩擦系数，因而可作为良好的减磨、自润滑材料；优越的化学稳定性，不论是强酸、强碱还是强氧化物对它都不起作用，其化学稳定性超过了玻璃、陶瓷、不锈钢、金及铂，故有"塑料王"之称；具有优良的电性能，是目前所有固体绝缘材料中介电损耗最小的。PTFE 主要用于特殊性能要求的零部件，如化工设备中的耐蚀泵。

2. 热固性塑料

热固性塑料是指在特定温度下加热或通过加入固化剂可发生交联反应变成不溶塑料制品的塑料品种。

(1)酚醛塑料(PF)。酚醛塑料是以酚醛树脂为主，加入添加剂而制成的。它是酚类化合物和醛类化合物经缩聚而成，其中以苯酚与甲醛缩聚而得的酚醛树脂最为重要。PF 具有一定的强度和硬度，绝缘性能良好，兼有耐热、耐磨、耐蚀的优良性能，但不耐碱，性脆。PF 广泛应用于机械、汽车、航空、电器等工业部门，用来制造各种电气绝缘件，较高温度下工作的零件，耐磨及防腐蚀材料，并能代替部分有色金属(铝、紫铜、青铜等)制造零件。

(2)环氧塑料(EP)。环氧塑料是由环氧树脂加入固化剂填料或其他添加剂后制成的热固性塑料。环氧树脂是很好的胶黏剂，有"万能胶"之称。在室温下容易调和固化，对金属和非金属都有很强的胶黏能力。EP 具有较高的强度、较好的韧性，在较宽的频率和温度范围内具有良好的电性能，通常具有优良的耐酸、碱及有机溶剂的性能，还能耐大多数霉菌、耐热、耐寒，在苛刻的热带条件下使用具有突出的尺寸稳定性等。用环氧树脂浸渍纤维后，于 150 ℃和 130～140MPa 的压力下成型，亦称为环氧玻璃钢，常用于制造化工管道和容器，以及汽车、船舶和飞机等的零部件。

8.3.2　橡胶

橡胶是一种在使用温度范围内处于高弹态的高聚物材料。由于它具有良好的伸缩性、储能能力和耐磨、隔声、绝缘等性能，因而广泛用于弹性材料、密封材料、减磨材料、防振材料和传动材料，使之在促进工业、农业、交通、国防工业的发展及提高人民生活水平等方面，起到其他材料所不能替代的作用。

1. 橡胶的组成

纯橡胶的性能随温度的变化有较大的差别，高温时发黏，低温时变脆，易于溶剂溶解。因此，其必须添加其他组分且经过特殊处理后制成橡胶材料才能使用。其组成如下所述。

（1）生胶。它是橡胶制品的主要组分，对其他配合剂来说起着黏结剂的作用。使用不同的生胶，可以制成不同性能的橡胶制品，其来源可以是天然的，也可以是合成的。

（2）橡胶配合剂。主要有硫化剂、硫化促进剂、防老剂、软化剂、填充剂、发泡剂及染色剂。加入配合剂是为了提高橡胶制品的使用性能或改善加工工艺性能。

2. 橡胶的种类

1）天然橡胶

天然橡胶是橡树上流出的胶乳，经过凝固、干燥、加压等工序制成生胶，橡胶含量在90%以上，是以异戊二烯为主要成分的不饱和状态的天然高分子化合物。

天然橡胶有较好的弹性，弹性模量为3～6MPa；具有较好的力学性能，硫化后拉伸强度为17～29MPa；有良好的耐碱性，但不耐浓强酸，还具有良好的电绝缘性。其缺点是耐油差，耐臭氧，老化性差，不耐高温。它被广泛用于制造轮胎等橡胶工业。

2）合成橡胶

（1）丁苯橡胶。其耐磨性、耐油性、耐热性及抗老化性优于天然橡胶，并可以任意比例与天然橡胶混用，价格低廉。其缺点是生胶强度低，黏结性差，成型困难，弹性不如天然橡胶。它主要被用于制造轮胎、胶带、胶管等。

（2）顺丁橡胶。由丁二烯聚合而成，弹性、耐磨性、耐热性、耐寒性均优于天然橡胶。其缺点是强度低，加工性差，抗断裂性差。它主要被用于制造轮胎、胶带、减振部件、绝缘零件等。

（3）氯丁橡胶。它由氯丁二烯聚合而成，具有高弹性、高绝缘性、高强度，并耐油、耐溶剂、耐氧化、耐酸、耐热、耐燃烧、抗老化等，有“万能橡胶”之称。其缺点是耐寒性差、密度大、生胶稳定性差。它主要被用于制造输送带、风管、电缆、输油管等。

（4）乙丙橡胶。它由乙烯和丙烯共聚而成，结构稳定，抗老化、绝缘性、耐热性、耐寒性好，并耐酸碱。其缺点是耐油性差，黏结性差，硫化速度慢。它主要被用于制造轮胎、输送带、电线套管等。

（5）丁腈橡胶。它由丁二烯和丙烯腈共聚而成，耐油、耐热、耐燃烧、耐磨、耐火、耐碱、耐有机溶剂、抗老化性好。其缺点是耐寒性差，脆化温度为-10～-20℃，耐酸性和绝缘性差。它主要被用于制造耐油制品，如油桶、油槽、输油管等。

（6）硅橡胶。它由二基硅氧烷与其他有机硅单体共聚而成，具有高的耐热和耐寒性，在-100～350℃保持良好的弹性，抗老化、绝缘性好。其缺点是强度低，耐磨、耐酸碱性差，价格高。它主要被用于制造飞机和宇航中的密封件、薄膜和耐高温的电线、电缆等。

（7）氟橡胶。它是以碳原子为主链，含有氟原子的聚合物。其化学稳定性高，耐蚀性居各类橡胶之首；耐热性好，最高使用温度为 300℃。其缺点是价格高，耐寒性差，加工性不好。它主要被用于制造国防和高技术中的密封件和化工设备等。

8.3.3　纤维

纤维材料指的是在室温下分子的轴向强度很大，受力后变形较小，在一定温度范围内力学性能变化不大的高聚物材料。

纤维材料分为天然纤维与化学纤维两大类，而化学纤维又可分为人造纤维和合成纤维两种。人造纤维是以天然高分子纤维素或蛋白质为原料经过化学改性而制成的。合成纤维是以合成高分子为原料通过拉丝工艺而得到的，主要有以下几种。

(1) 聚酰胺纤维(耐伦或尼龙，在我国习惯称锦纶)。其韧性强，弹性高，重量轻，耐磨性好，润湿时强度下降很少，染色性好，抗疲劳性也好，较难起皱等。

(2) 聚酯纤维(涤纶或"的确良")。它是生产量最多的合成纤维。以短纤维、纺纱和长丝供应市场，广泛与其他纤维进行混纺。其特点是强度高、耐磨、耐蚀、疏水性好，润滑时强度完全不降低。干燥时强度大致与锦纶相等，弹性模量大，热变定性特别好，经洗耐穿，耐光性好，可与其他纤维混纺。

(3) 聚丙烯腈纤维(奥纶，开司米纶，俗称腈纶)。这类纤维几乎都是短纤维。它具有质轻、保温性优良的特点。此外，其强韧而富弹性，软化温度高，吸水率低，但强度不如锦纶和涤纶。

(4) 维尼纶。维尼纶的学名是聚乙烯醇(PVA)纤维，和耐纶一样，商品名"维尼纶"已成为通用名。它具有与天然纤维棉花相似的特性，几乎都是短纤维。

8.3.4　胶黏剂

1. 胶黏剂的组成

胶黏剂是一种多组分的材料，它一般由黏结物质、固化剂、增韧剂、填料、稀释剂、改性剂等组分配制而成。每种具体的胶黏剂的组成主要决定于胶的性质和使用要求。

黏结物质也称为黏料，它是胶黏剂中的基本组分，起黏结作用，其性质决定了胶黏剂的性能、用途和使用条件。一般多用各种树脂、橡胶类及天然高分子化合物作为黏结物质。

固化剂是促使黏结物质通过化学反应加快固化的组分，它可以增加胶层的内聚强度。有的胶黏剂中的树脂，如环氧树脂，若不加固化剂，本身不能变成坚硬的固体。固化剂也是胶黏剂的主要成分，其性质和用量对胶黏剂的性能起着重要的作用。

增韧剂是用于提高胶黏剂硬化后黏结层的韧性，提高其抗冲击强度的组分。常用的有邻苯二甲酸二丁酯、邻苯二甲酸二辛酯等。

稀释剂又称溶剂，主要是起降低胶黏剂黏度的作用，以便于操作，提高胶黏剂的湿润性和流动性。常用的有机溶剂有丙酮、苯、甲苯等。

填料一般在胶黏剂中不发生化学反应，它能使胶黏剂的稠度增加，降低热膨胀系数，减少收缩性，提高胶黏剂的抗冲击韧性和机械强度。常用的品种有滑石粉、石棉粉、铝粉等。

改性剂是为了改善胶黏剂的某一方面性能，以满足特殊要求而加入的一些组分。例如，为增加胶结强度可加入偶联剂，还可以分别加入防老化剂、防腐剂、防霉剂、阻燃剂、稳定剂等。

2．常用胶黏剂

（1）环氧树脂胶黏剂。其基料主要使用环氧树脂，应用最广泛的是双酚 A 型。环氧树脂胶黏剂以其独特的优异性能和新型环氧树脂、新型固化剂和添加剂的不断涌现，而成为性能优异、品种众多、适应性广泛的一类重要的胶黏剂。由于环氧树脂胶黏剂的黏结强度高、通用性强，有"万能胶""大力胶"之称，已在航空航天、汽车、机械、建筑、化工、轻工、电子、电器以及日常生活领域得到广泛的应用。

环氧树脂胶黏剂的胶黏过程是一个复杂的物理和化学过程，胶接性能(强度、耐热性、耐腐蚀性、抗渗性等)不仅取决于胶黏剂的结构、性能、被黏物表面的结构及胶黏特性，而且和接头设计、胶黏剂的制备工艺和储存以及胶接工艺密切相关，同时还受周围环境(应力、温度、湿度、介质等)的制约。用相同配方的环氧胶黏剂胶接不同性质的物体，采用不同的胶接条件，或在不同的使用环境中，其性能会有极大的差别，应用时应充分给予重视。

（2）酚醛改性胶黏剂。酚醛改性胶黏剂主要有酚醛-聚乙烯醇缩醛胶黏剂、酚醛-有机硅树脂胶黏剂和酚醛-橡胶胶黏剂。其制备是用增韧剂改进酚醛树脂。酚醛树脂具有优良的耐热性，但较脆，添加增韧剂既可改善脆性，又可保持其耐热性。

改性酚醛树脂胶黏剂可用作结构胶黏剂，黏结金属与非金属，制造蜂窝结构、刹车片、砂轮、复合材料等，在汽车、拖拉机、摩托车、航空航天、机械、军工、船舶等工业部门都获得了广泛的应用。还可用于其他胶黏剂的改性，提高耐老化性、耐水性和黏结强度。

（3）α-氰基丙烯酸酯胶。α-氰基丙烯酸酯胶是单组分、低黏度、透明、常温快速固化胶黏剂，又称"瞬干胶"。其主要成分是 α-氰基丙烯酸酯，再加一些辅助物质如稳定剂、增稠剂、增塑剂、阻聚剂等。配胶时应尽可能隔绝水蒸气，包装容器也应用透气性小或不透气的。国产胶种有 501、502、504、661 等。

α-氰基丙烯酸酯胶对绝大多数材料都有良好的黏结能力，是重要的室温固化胶种之一；不足之处是反应速度过快，耐水性较差，脆性大，耐温低(<70℃)，保存期短，耐久性不好，故配胶时要加入相应的助剂，多用于临时性黏结。

3．胶接及应用

胶接是利用胶黏剂分子间的内聚力及与被粘物表面间的黏合力，将同种或异种材料连接形成接头的方法。胶接的基本原理是胶黏剂与被粘材料表面之间发生了机械、物理或化学的作用，胶接接头由胶黏剂及胶黏剂与被粘材料表面之间的过渡区组成(图 8-6)。

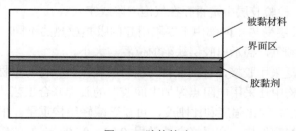

被黏材料

界面区

胶黏剂

图 8-6　胶接接头

胶接工艺包括配胶和涂敷、固化和质量检验等环节。

1) 配胶

配胶质量直接影响胶接件的胶接性能，必须准确称取各组分的重量（误差不超过 2%～5%）。胶黏剂配制量多少，应根据涂敷量多少而定，且在活性期内用完。配制过程中，应由专人负责，做好详细的批号、重量、配胶温度及其他各种工艺参数记录。制作过程必须搅拌均匀。

2) 涂敷

涂敷前稀释可以降低胶黏剂黏度，改善胶液涂敷性，但会延长胶接周期，使固化时间延长，甚至导致固化不便而影响胶接质量；添加填料，可以提高胶液黏度和胶接强度等；如果配制气温降低，可以采用水浴加热或烘和预热的办法，搅拌均匀，便可降低胶液自身黏度。

涂敷方法主要有刷涂法、刀刮法、滚涂法、喷涂法（静电喷涂法）、熔融法等。

3) 固化

胶黏剂的固化通过物理方法，如溶剂的挥发，乳液凝聚和熔融体冷却与化学方法。

（1）热熔胶。高分子熔融体在浸润被粘表面之后通过冷却就能发生固化。

（2）溶液胶黏剂。随着溶剂的挥发、溶液浓度不断增大，逐渐达到固化，并具有一定强度。

（3）乳液胶。乳液胶主要是聚醋酸乙烯酯及其共聚物和丙烯酸酯的共聚物。由于乳液中的水逐渐渗透到多孔性被粘物中并挥发掉，使乳液浓度不断增大，最后由于表面张力的作用，使高分子胶体颗粒发生凝聚。当环境温度较高时，乳液凝聚成连续的胶膜，而环境温度低与最低成膜温度，就形成白色的不连续胶膜。

（4）压力。压力有利于胶黏剂对表面的充分浸润，以及排除胶黏剂固化反应产生的低分子挥发物，并控制胶层厚度。黏度大的胶黏剂往往胶层较厚，固化压力的调节控制胶层的厚度范围。在涂胶后放置一段时间，这叫作预固化。待胶液黏度变大，施加压力，以保证胶层厚度的均匀性。

（5）温度。胶黏剂和被粘物表面之间需要发生一定的化学作用，这就是需要足够高的温度才能进行。固化温度过低，胶层交联密度过低，固化反应不完全；固化温度过高，易引起胶液流失或使胶层脆化，导致胶接强度下降。加热有利于胶黏剂与胶接件之间的分子扩散，能有利于形成化学键的作用。

4) 质量检验

（1）固化检验。对热固性胶用丙酮滴在已固化的胶层表面上，浸润 1～2min，如无粘手现象，则证明已经完全固化。

（2）加压检验。对管道、箱体等进行压力密封实验。

（3）超声波检验。检验胶层中是否存在气泡缺陷或空穴等。

（4）加热检验。胶层受热，内部由于缺陷引起的吸热放热的不同，利用液晶依此温度微小变化，显示不同的颜色，揭示出胶层缺陷的位置与大小。

飞机钣金结构广泛采用胶接，包括板材与板材的胶接、板材与型材的胶接等。在一些高强度铝合金板点焊结构中还采用电阻点焊加中间胶层的胶焊联合工艺。蜂窝结构是典型的胶接结构（图 8-7），具有高的比强度和比刚度，可显著减轻结构重量。根据所用材料可分为金属蜂窝结构和非金属蜂窝结构。金属蜂窝通常用 0.02～0.10mm 厚的铝合金箔制造，制造蜂窝结构需要三种胶黏剂：粘接蜂窝芯的芯条胶，面板与蜂窝芯粘接的面板胶和稳定蜂窝芯（如纸蜂窝和玻璃钢蜂窝）的浸润胶。制造蜂窝的胶黏剂通常使用改性酚醛、改性环氧树脂。

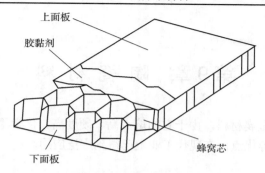

图 8-7　蜂窝结构示意图

运载火箭和导弹结构也广泛采用胶接技术。如我国长征系列运载火箭就大量采用了铝合金蜂窝结构及玻璃纤维增强复合材料夹层蜂窝材料。导弹弹头防热层一般由层状复合材料胶接而成。火箭与导弹结构用胶黏剂必须具有耐特殊及极端环境所要求的性能。

卫星天线(各种零件)、容器、防热层(用于重返大气层)、发射装置零件、电子元件和组合件、管状桁架等结构都采用了胶接。如卫星回收舱由防热层与金属壳体套装胶接而成，要求套装胶黏剂不仅具有一定的粘接强度和室温固化特性，还必须具有低的弹性模量、良好的柔性和在高低温范围内足够的伸长率，以调节结构层和防热层之间由于线膨胀系数不同而引起的应力。

思 考 题

8.1　分析大分子链的形态对高聚物性能的影响。

8.2　高分子材料的聚集态结构有何特点？

8.3　高分子材料在不同温度下呈现哪几种物理状态？每种状态下有什么特点及实际意义？

8.4　什么是高分子材料的黏弹性？

8.5　什么是高分子材料的老化？造成老化的原因是什么？

8.6　比较热塑性塑料和热固性塑料的性能特点及应用。

8.7　什么是 ABS 塑料？在工程中有哪些应用？

8.8　天然橡胶和合成橡胶的性能特点及应用有何区别？

第9章　陶瓷材料

陶瓷是一种无机非金属材料，由于它的熔点高、硬度高、化学稳定性高，具有耐高温、耐腐蚀、耐摩擦、绝缘等优点，在现代工业上已得到广泛应用。

9.1　陶瓷的结构

陶瓷是由金属(类金属)和非金属元素形成的化合物。这些化合物中的粒子主要以共价键或离子键相键合。陶瓷的结构中同时存在着晶体相和玻璃相，还存在一些气相(气孔)，如图 9-1 所示。

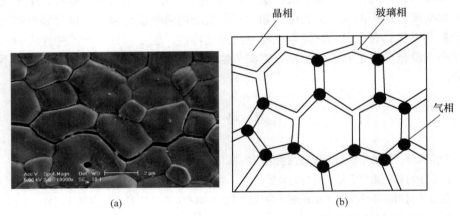

图 9-1　陶瓷的结构

9.1.1　晶体相

晶体相主要是离子键或共价键结合的氧化物结构或硅酸盐结构。晶体相是陶瓷的主要组成相，对其性能起决定性作用。这些晶体中，非金属原子半径较大，组成晶体格架，金属原子半径较小，存在于间隙中。由于结构中不存在自由电子，因此陶瓷材料一般不导电。

氧化物是大多数陶瓷特别是特种陶瓷的主要组成和晶体相。大多数氧化物结构是由氧离子排列成简单立方、面心立方或密排六方的晶体结构，而金属阳离子则位于其间隙之中，主要是以离子键结合。

硅酸盐是传统陶瓷的主要原料，也是陶瓷材料中的重要晶体相，是由硅氧四面体$[SiO_4]^{4-}$为基本结构单元所组成。硅酸盐的结合键是以离子键为主，兼有共价键的混合键。硅氧四面体的结构如图 9-2 所示。硅氧四面体是可以独立存在的结构，但由于其四个顶点分布着氧离子(为负离子)，还可与别的阳离子结合，形成不同连接方式的硅酸盐结构。

晶体相的晶粒大小对材料的力学性能有很大的影响。它与金属材料相似，晶粒越细小，强度越高，裂纹扩展越不容易。

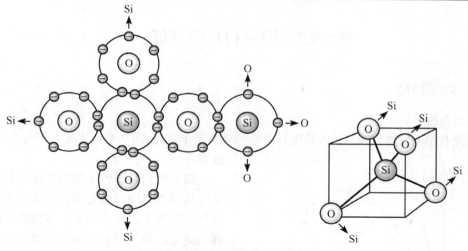

图 9-2 硅氧四面体结构示意图

9.1.2 玻璃相

玻璃相是陶瓷烧结时各组成物及杂质产生一系列物理、化学变化后形成的一种非晶态物质，它的结构是由离子多面体(如硅氧四面体)构成短程有序排列的空间网络。在陶瓷中常见的玻璃相有 SiO_2、B_2O_3 等，如硅氧四面体组成不规则的空间网，形成石英玻璃的骨架[图 9-3(a)]；而石英晶体中的硅氧四面体是规则排列的[图 9-3(b)]。

玻璃相可以将分散的晶体相黏结在一起，抑制晶相长大，并可以填充气孔。但是玻璃相的强度较低，热稳定性较差，导致陶瓷在高温下产生蠕变。因此，工业陶瓷必须控制玻璃相的含量，一般为 20%~40%。

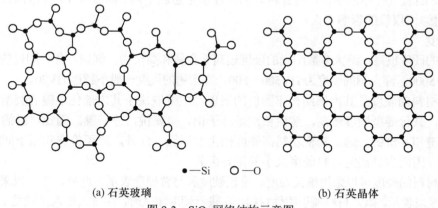

●—Si ○—O

(a) 石英玻璃   (b) 石英晶体

图 9-3 SiO_2 网络结构示意图

9.1.3 气相

气相是指陶瓷组织内部残留下来的气孔。陶瓷材料中有 5%~10%的气孔，气孔降低了材料的力学性能，也造成电击穿强度下降。除保温陶瓷和化工用过滤陶瓷外，均应控制气孔数量。

9.2　陶瓷材料的性能

9.2.1　力学性能

1）弹性模量

陶瓷有很高的弹性模量，多数陶瓷的弹性模量高于金属（图 9-4），比高聚物高 2～4 个数量级。

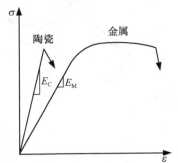

图 9-4　陶瓷材料与金属材料的拉伸应力-应变曲线

陶瓷材料在弹性范围内的应力与应变关系服从胡克定律。陶瓷的弹性变形实际上是在外力作用下，原子在平衡位置产生微小位移的结果。弹性模量反映的是原子间距的微小变化所需外力的大小。弹性变形所需的外力与原子间结合力及结合能有关，因此，影响弹性模量的重要因素是原子间结合力，即化学键。由于陶瓷材料具有强大的化学键，其具有很高的弹性模量。

陶瓷的组成相不同时，其弹性模量也不同。各种陶瓷材料的弹性模量的顺序大致为：碳化物>氮化物≈硼化物>氧化物。物质熔点的高低反映其原子间结合力的大小。一般说来，弹性模量与熔点成正比，弹性模量随温度的升高而降低。对于陶瓷材料而言，特别是加热到 1/2 熔点温度以上后，由于晶界产生滑移，弹性模量会急剧下降。例如，热压 Si_3N_4 从室温升到 1400℃时，其弹性模量从 314GPa 下降到 255GPa。陶瓷材料的致密度也是影响其弹性模量的重要因素，随着气孔率的增加，陶瓷材料的弹性模量急剧下降。晶粒大小和表面状态（如粗糙度等），对弹性模量的影响不大。

2）硬度

陶瓷的硬度很高，绝大多数陶瓷的硬度远高于金属和高聚物。例如，各种陶瓷的硬度多为 HV1000～5000，淬火钢的硬度为 HV500～800，高聚物的硬度一般不超过 HV20。

陶瓷材料的硬度是其内部结构牢固性的表现，主要取决于其内部化学键的类型和强度。简单来说，共价键型硬度最高，然后依次是离子键、金属键、分子键。陶瓷材料的化学键主要有离子键和共价键，这是陶瓷材料高硬度的主要原因。此外，原子价态和原子间距决定化学键强度，因而也是决定材料硬度大小的重要因素。

陶瓷材料的硬度可以采用维氏硬度、洛氏硬度和努普硬度表示。此外，还可以采用划痕法的莫氏硬度来表示。陶瓷材料属于脆性材料，在进行硬度测试时，在压头压入区域发生压缩剪断等复合破坏的伪塑性变形，因此，陶瓷材料的硬度与强度很难对应，但与耐磨性有密切关系。

3）强度

陶瓷材料的键合力强，弹性模量和硬度高，它的强度理应很高。然而陶瓷的成分、组织都不那么纯，内部杂质多，存在各种缺陷，且有大量气孔，致密度小，致使它的实际抗拉强度比它本身的理论强度要低得多。金属材料的实际抗拉强度和理论强度的比值为 1/50～1/3，而陶瓷可达 1/100 以下。

陶瓷材料的抗拉强度虽然低，但它的抗压强度却比较高。陶瓷的抗压强度通常是抗拉强度的 10～20 倍。这是由于陶瓷受压时，气孔不易导致裂纹的扩展而造成的。

陶瓷一般具有优于金属的高温强度，高温抗蠕变能力强，且有很高的抗氧化性，适宜做高温材料。

4）塑性与韧性

陶瓷在室温下几乎没有塑性（图 9-4）；但在高温慢速加载的条件下，特别是组织中存在玻璃相时，陶瓷也能表现出一定的塑性。

材料的塑性变形与它的晶体结构有密切的关系。不同的晶体结构有不同的滑移系统，而滑移系统越多，则越易产生塑性变形。陶瓷材料的滑移系统均较少，因为陶瓷材料都是化合物，它们大部分是由正、负离子互相吸引的离子键或者是互相共有一部分外层电子而具有方向性的共价键组成。离子键要求正、负离子电价平衡，所以正、负离子相间排列。滑移时，异类离子相吸，同类离子相斥，斥力极大，导致了离子键破坏。而共价键除了有方向性外，还有饱和性，并具有确定的键长和键角，晶体结构很复杂，滑移会使共价键破断。

大量气孔的存在使陶瓷塑性变形能力差，是其呈脆性断裂的宏观原因。

滑移系统少是由陶瓷结构决定的，很难改变；而气孔多则是由坯料质量和工艺过程决定的，是可以改进的。这也是改善陶瓷脆性的途径之一。

有些陶瓷在高温时滑移系统会增多，所以会表现出一定的塑性变形能力。例如，MgO 在低温时只有两个滑移系统，而高温时有五个滑移系统，所以低温时呈脆性，高温时有一定的延展性。

9.2.2 物理性能

1）热膨胀、导热性和抗热振性

多数陶瓷的热膨胀系数较小。热膨胀系数的大小与结合键强弱和晶体结构密切相关。结合键强的材料热膨胀系数较低，结构较紧密的材料热膨胀系数较大，所以陶瓷的热膨胀系数比高聚物低，比金属低得多。

陶瓷的热传导主要通过原子的热振动。由于没有自由电子的传热作用，陶瓷的导热性比金属差；同时，陶瓷中的气孔对传热不利，所以陶瓷多为较好的绝热材料。但有些陶瓷具有良好的导热性，如氧化铍等。

抗热振性是指材料在温度急剧变化时抵抗破坏的能力，一般用急冷到水中不破裂所能承受的最高温度来表达，如日用陶瓷的抗热振性为 220℃。抗热振性与热膨胀系数、导热性和韧性有关。热膨胀系数大、导热性差、韧性低的材料抗热振性不高。多数陶瓷的导热性和韧性低，所以抗热振性差。但也有些陶瓷具有高的抗热振性，如碳化硅等。

2）导电性

陶瓷的导电性能变化范围很大。多数陶瓷具有良好的绝缘性能，因为它们不像金属那样有可以自由运动的电子，是传统的绝缘材料，但有些陶瓷具有一定的导电性。随着科学技术的发展，具有各种导电性能的陶瓷不断出现，如压电陶瓷、半导体陶瓷、超导陶瓷等。

3）光学特性

陶瓷材料由于有晶界、气孔的存在，一般是不透明的。但近些年来，由于烧结机制的研究和控制晶粒直径技术的进展，可将某些原是不透明的氧化物陶瓷烧结成能透光的透明陶瓷。

有些陶瓷不仅具有透光性，而且具有导光性、光反射性等功能，可做透明材料、红外光学材料、光传输材料、激光材料等，称为光学陶瓷。

9.2.3　化学性能

陶瓷的结构非常稳定,很难同介质中的氧发生作用。例如,在以离子晶体为主的陶瓷中,金属原子被氧原子所包围,被屏蔽在其紧密排列的间隙之中,不但室温下不会氧化,甚至在1000℃以上的高温下也不会氧化。

陶瓷对酸、碱、盐等的腐蚀有较强的抵抗能力,也能抵抗熔融的有色金属(如铝、铜等)的侵蚀。但在有些情况下,如高温熔盐和氧化渣等会使某些陶瓷材料受到腐蚀破坏。

9.3　陶瓷的生产工艺

陶瓷制品的生产过程主要包括配料、成型、烧结三个阶段。烧结是通过加热使粉体产生颗粒黏结,经过物质迁移使粉体产生高强度并导致致密化和再结晶的过程。陶瓷由晶体、玻璃体和气孔组成,显微组织及相应的性能都是经烧结后产生的。烧结过程直接影响晶粒尺寸与分布、气孔尺寸与分布等显微组织结构。

9.3.1　陶瓷粉末及制备

陶瓷材料及制品通常是由多种原料组分(主要原料、添加剂、助熔剂)按一定配方比例,通过物理或化学方法制备成组分均匀的粉体,再经成型、烧结而制得。因此,原料和粉体是高性能新型陶瓷重要的物质基础。

通常把颗粒大小介于 $10^{-3} \sim 10^{-1} \mu m$ 的粒子称为粉末颗粒或原始颗粒(一次颗粒)。由大量粉末颗粒组成的聚合体称为粉末体,简称粉体。在粉体中,原始颗粒之间存在着大量的孔隙。晶粒(A)、颗粒(B)、聚合体(C)的区别如图 9-5 所示。

最简单的陶瓷粉体制备方法,是将各种具有一定细度的原料,按一定配方比例,同置于一个磨罐中混合、研磨,这是机械混合制粉法。但新型陶瓷,在其主晶相中,通常必须形成某种特殊的化合物,或某种特殊的固溶体,为了达到这个目的,就产生了烧结反应法、溶液反应法、溶胶-凝胶法等各种制备陶瓷粉体的方法。

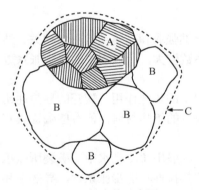

图 9-5　粉末体示意图

9.3.2　陶瓷粉末成型

1. 干压成型

压制成型有干压成型、湿压成型、等静压成型等。干压成型是将粉料装入钢模内,通过模冲对粉末施加压力,压制成具有一定形状和尺寸的压坯的成型方法(图 9-6)。卸模后将坯体从阴模中脱出。

由于压制过程中粉末颗粒之间、粉末与模冲、模壁之间存在摩擦,使压力损失而造成压坯密度不均匀分布(图 9-7),故常采用双向压制并在粉料中加入少量有机润滑剂(如油酸),有时加入少量黏结剂以增强粉料的黏结力。该方法一般适用于形状简单、尺寸较小的制品。

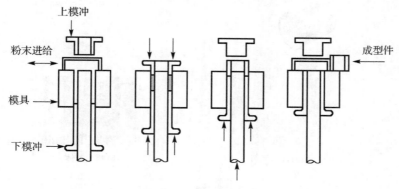

图 9-6　压制成型示意图

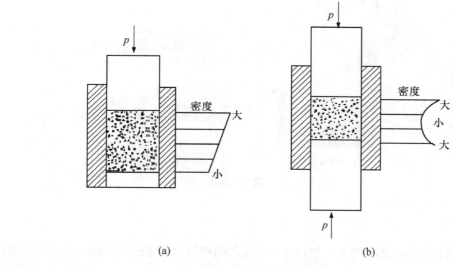

(a)　　　　　　　　　　　(b)

图 9-7　双向压制示意图

2. 注浆成型

注浆成型方法是将陶瓷颗粒悬浮于液体中，然后注入多孔质模具，由模具的气孔把料浆中的液体吸出，而在模具内留下坯体(图 9-8)。

注浆成型的工艺过程包括料浆制备、模具制备和料浆浇注三个阶段。料浆制备是关键工序，要求其具有良好的流动性、足够小的黏度、良好的悬浮性、足够的稳定性等。最常用的模具为石膏模，近年来也有用多孔塑料模的。料浆浇注入模并吸出其中液体后，拆开模具取出注件，去除多余料，在室温下自然干燥或在可调温装置中干燥。

该成型方法可制造形状复杂、大型薄壁的制品。另外，金属铸造生产的型芯使用、离心铸造、真空铸造、压力铸造等工艺方法也被引用于注浆成型，并形成了离心注浆、真空注浆、压力注浆等方法。离心注浆适用于制造大型环状制品，而且坯体壁厚均匀；真空注浆可有效去除料浆中的气体；压力注浆可提高坯体的致密度，减少坯体中的残留水分，缩短成型时间，减少制品缺陷，是一种较先进的成型工艺。

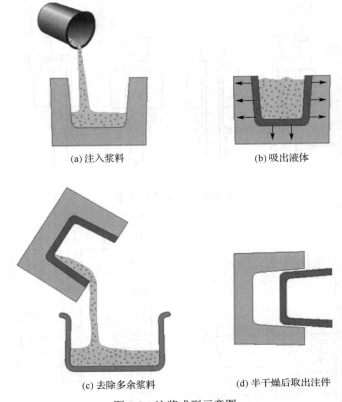

(a) 注入浆料 (b) 吸出液体

(c) 去除多余浆料 (d) 半干燥后取出注件

图 9-8　注浆成型示意图

3. 热压成型

利用蜡类材料热熔冷固的特点，把粉料与熔化的蜡料黏合剂迅速搅和成具有流动性的料浆，在热压铸机中用压缩空气把热熔料浆注入金属模，冷却凝固后成型。这种成型操作简单，模具损失小，可成型复杂制品，但坯体密度较低，生产周期长。

4. 注射成型

将粉料与有机黏结剂混合后，加热混炼，制成粒状粉料，用注射成型机在 130～300℃温度下注射入金属模具中，冷却后黏结剂固化，取出坯体，经脱脂后就可按常规工艺烧结。这种工艺成型简单，成本低，压坯密度均匀，适用于复杂零件的自动化大规模生产。

9.3.3　烧结及后处理

烧结是指生坯在高温加热时发生一系列物理、化学变化(水的蒸发、硅酸盐分解、有机物及碳化物的气化、晶体转型及熔化)，并使生坯体积收缩，强度、密度增加，最终形成致密、坚硬的具有某种显微结构烧结体的过程。常见的烧结方法有常压法、热压法、热等静压法、反应烧结法等。

1）常压烧结

此法为常用烧结方法，无特殊的气氛，在常压下烧成，适用于无特殊要求的新型陶瓷制品的生产。为了降低烧结温度，缩短烧成时间，需引入添加剂和使用易于烧结的粉料。常压烧结工艺简单，成本低。

2）热压烧结

热压烧结是对较难烧结的粉料或生坯在模具内施加压力，同时升温烧结的工艺。

热压烧结的加热方式有电阻直接加热、电阻间接加热、感应间接加热、感应直接加热 4 种。

热压烧结用的模具材料有石墨、氧化铝和碳化硅等。石墨可承受 70MPa 压力，1500～2000 ℃的温度；氧化铝模可承受 200MPa 压力。

3）热等静压烧结

热等静压烧结工艺是将粉末压坯或装入包套的粉料放入高压容器中，在高温和均衡压力的作用下，将其烧结为致密体。

4）反应烧结

反应烧结法是通过多孔坯件同气相或液相发生化学反应，使坯件质量增加，孔隙减小，并烧结成具有一定强度和尺寸精度的成品的一种烧结工艺。

烧结后的陶瓷由于其表面状态、尺寸偏差、使用要求等的不同，需要进行一系列的后续加工处理。常见的处理方式主要有表面施釉、加工及表面金属化。

陶瓷的施釉是指通过高温方式，在瓷件表面烧附一层玻璃状物质使其表面具有光亮、美观、致密、绝缘、不吸水、不透水及化学稳定性好等优良性能的一种工艺方法。按其功能的差别可以分为装饰釉、黏合釉、光洁釉等。

施釉工艺包括釉浆制备、涂釉、烧釉三个过程。按配方称料后，加入适量的水湿磨，出浆后采用浸蘸法、浇上法、涂刷法或喷洒等方法使工件涂上一层厚薄均匀的釉浆，待烘干后入窑烧成。釉料可以直接涂于生坯上一次烧成，也可以在烧好的瓷件上施涂，另行烧成。

9.4 常用陶瓷材料

陶瓷按其原料的来源不同可分为普通陶瓷(传统陶瓷)和特种陶瓷(先进陶瓷)。普通陶瓷是以天然硅酸盐矿物为原料(黏土、长石、石英)，经过原料加工、成型、烧结而成，因此，又称为硅酸盐陶瓷。特种陶瓷是采用纯度较高的人工合成化合物(如 Al_2O_3、ZrO_2、SiC、Si_3N_4、BN)经配料、成型、烧结而制得。

9.4.1 氧化物陶瓷

1. 氧化铝陶瓷

氧化铝陶瓷的主要成分为 Al_2O_3 和 SiO_2。一般所说的氧化铝陶瓷实际上是含 Al_2O_3 在95%以上的氧化铝陶瓷。按 Al_2O_3 的含量不同可分刚玉瓷、刚玉和莫来石瓷，其中刚玉瓷中 Al_2O_3 的含量高达 99%。

氧化铝陶瓷的强度大大高于普通陶瓷，硬度很高，仅次于金刚石、立方氮化硼、碳化硼和碳化硅；耐高温性能好，刚玉瓷能在 1600℃的高温下长期使用，蠕变很小，也不会氧化；具有优良的电绝缘性能；由于铝、氧之间控合力很大，氧化铝又具有酸碱两重性，所以氧化铝陶瓷特别能耐酸碱的侵蚀。高纯度的氧化铝陶瓷也非常能抵抗金属或玻璃熔体的侵蚀，广泛用于冶金、机械、化工、纺织等行业，制造耐磨、抗蚀、绝缘和耐高温材料。

氧化铝的含量高于95%的陶瓷具有优异的电绝缘性能和较低的介质损耗特点，因而在电子、电器方面有十分广阔的应用领域，可用来做电子器材零件、电子管外壳等。而且，由于氧化铝不仅具有高的强度和耐热冲击性能、强的耐化学腐蚀能力，还具有高温下优良的电绝缘性能，所以，用氧化铝来制造火花塞是最合适的。至今氧化铝陶瓷在火花塞世界中仍占据着垄断地位。

透明氧化铝陶瓷对可见光和红外线有良好的透过性，同时具有高温强度高、耐热性好、耐腐蚀性强等特点，可用于制造高压钠灯灯管、红外检测窗口材料等。

2. 氧化锆（ZrO_2）陶瓷

ZrO_2有两种锆同素异形体立方结构（c相）、四方结构（t相）及单斜结构（m相）。根据所含相的成分不同，ZrO_2陶瓷可分为稳定ZrO_2陶瓷材料、部分稳定ZrO_2陶瓷。

1）稳定ZrO_2陶瓷

在氧化锆中加入某些氧化物（如CaO、MgO、Y_2O_3等）能形成稳定立方固溶体，不再发生相变，具有这种结构的氧化锆称为完全稳定氧化锆。

稳定ZrO_2陶瓷耐火度高，比热与导热系数小，是理想的高温隔热材料，可以用来做高温炉内衬，也可作为各种耐热涂层。

稳定ZrO_2陶瓷化学稳定性好，高温时仍能抗酸性和中性物质的腐蚀，但不能抵抗碱性物质的腐蚀。元素周期表中第Ⅴ、Ⅵ、Ⅶ族金属元素与其不发生反应，可以用来作为熔炼这类金属的坩埚。

纯ZrO_2是良好的绝缘体，由于其明显的高温离子导电特性，可作为2000℃使用的发热元件、高温电极材料，还可用来制造产生紫外线的灯。

此外，利用稳定ZrO_2的氧离子传导特性，可制成氧气传感器，进行氧浓度的测量。

2）部分稳定ZrO_2陶瓷

减少加入的氧化物数量，使部分氧化物以四方相的形式存在，由于这种材料只使一部分氧化锆稳定，所以称为部分稳定氧化锆。

部分稳定ZrO_2陶瓷由双相组织组成，具有非常高的强度、断裂韧性和抗热冲击性能，被称为"陶瓷钢"。同时其热传导系数小，隔热效果好，但热膨胀系数又比较大，比较容易与金属部件匹配，目前在陶瓷发动机中用于制造气缸内壁、活塞、缸盖板部件。

部分稳定ZrO_2陶瓷还可用于制造采矿和矿物工业的无润滑轴承、喷砂设备的喷嘴、粉末冶金工业所用的部件、制药用的冲压模等。

氧化锆中四方相向单斜相的转变可通过应力诱发产生。当受到外力作用时，这种相变将吸收能量而使裂纹尖端的应力场松弛，增加裂纹扩展阻力，从而大幅度提高陶瓷材料的韧性。部分稳定ZrO_2陶瓷可用于各种高韧性、高强度工业与医用器械。例如，纺织工业落筒机用剪刀、羊毛剪、磁带生产中的剪刀、微电子工业用工具。此外，由于其不与生物体发生反应，也可用作生物陶瓷材料。

3. 氧化镁(MgO)陶瓷

氧化镁陶瓷的主晶相为 MgO，氧化镁晶格中离子堆积紧密，排列呈强烈的对称性。氧化镁的熔点高达 2800℃，密度为 3.58g/cm³，莫氏硬度为 6。

氧化镁陶瓷的电化学性能优良，这与它的晶格结构有关。氧化镁陶瓷中紧密堆积的离子在高压、高频电场下，甚至在高温下也不易产生振动，所以不易形成空位。氧化镁陶瓷的介电强度高，介电损耗低。高温时的电阻率仍然很高(1300℃时为 107Ω・cm，1500℃时为 166Ω・cm)，所以氧化镁陶瓷可以用作高温绝缘材料。

氧化镁的另一个特点是在空气中，特别是在潮湿的气氛中易发生水化反应，生成 $Mg(OH)_2$。在制取和使用氧化镁陶瓷时必须重视这一情况，尽量降低和防止水化现象的产生。

氧化镁陶瓷是典型的碱性材料，几乎不被碱性物质侵蚀。Fe、Zn、Ni、V、Mo、Cu、Pt 等金属熔体均不会与氧化镁发生还原反应。氧化镁陶瓷可用于制造熔炼这些金属的坩埚，以及浇铸用的模具。

9.4.2 氮化物陶瓷

氮化物包括非金属和金属元素氮化物，它们是高熔点物质。氮化物陶瓷的种类很多，但都不是天然矿物，而是人工合成的。目前工业上应用较多的氮化物陶瓷有氮化硅(Si_3N_4)、氮化铝(AlN)、氮化硼(BN)、氮化钛(TiN)等。

1. 氮化硅陶瓷

氮化硅(Si_3N_4)是由 Si_3N_4 四面体组成的共价键固体。Si_3N_4 有两种晶型：一种是在 1100～1250℃生成的低温相，为 α 相；另一种是在加热到 1400～1600℃开始形成，到 1800℃完成的 β 相，即高温稳定相。这是一个不可逆的转变。两种晶型都属于六方晶系，α 相和 β 相的差别仅是四面体层的排列顺序不同，但性能上无明显差别。

氮化硅陶瓷有许多优点，所以用途非常广泛。

氮化硅的耐磨性能好，它是属于最坚硬的物质之一，莫氏硬度达到 9；同时具有自润滑性，摩擦系数小。氮化硅作为机械耐磨材料使用具有较大的潜力。

氮化硅的强度性能高。室温时反应烧结氮化硅的抗弯强度为 200MPa，热压氮化硅达到 800MPa 左右，甚至有高达 1200MPa 的，在陶瓷材料中处于领先地位。

氮化硅陶瓷材料的热膨胀系数小，而且强度高，因此，具有较好的抗热振性能和耐疲劳性能。在空气中把氮化硅从室温加热到 1000℃，然后急冷，这样反复几十次，它都不会发生破碎。

氮化硅的化学稳定性好，能抵抗除氢氟酸以外的各种酸，甚至是沸腾的盐酸、硝酸、硫酸和王水的腐蚀，也能耐各种碱的腐蚀，还能耐熔融的 Al、Pb、Sn、Ag、Au、Ni、黄铜等合金的腐蚀。

氮化硅还具有良好的电绝缘性，电阻率达到 1013Ω・cm，介电常数为 4.8～9.5，可以作为较好的绝缘材料。

由于氮化硅的性能优良，所以它在现代工业生产中以及高新技术领域中往往成为唯一可选用的材料。比如各种泵的密封材料，高温、高速的轴承，陶瓷切割刀具，汽车发动机部件等都是用它来做成的。

2. 氮化铝陶瓷

氮化铝(AlN)是一种具有六方纤锌矿结构的共价晶体，呈白色或灰白色，理论密度为 $3.26g/cm^3$，无熔点，在 2200～2250℃升华分解。氮化铝是综合性能优良的新型先进陶瓷材料，具有优良高热导率(理论热导率为 $319W \cdot m^{-1} \cdot K^{-1}$)、可靠的电绝缘性、低的介电常数和介电损耗、无毒以及与硅相匹配的线胀系数(293～773K，$4.8×10^{-6}$)等一系列优良特性，被认为是新一代高集成度半导体基片和电子器件封装的理想材料。此外，它还具有高强度、高硬度(12GPa)、高抗弯强度(300～400MPa)等良好的物理性能及优异的化学稳定性和耐腐蚀性能。即使在高温下，它仍具有较好的高温和化学稳定性，在空气中 1000℃、在真空中 1400℃时仍可保持稳定，因而成为一种具有广泛应用前景的无机材料。氮化铝可以用于制造熔融金属用坩埚、热电偶保护管、真空蒸镀用容器，也可用于制造真空中蒸镀金的容器、耐热砖等，特别适用于作为 2000℃左右氧化性电炉的炉衬材料。

3. 氮化硼陶瓷

氮化硼(BN)陶瓷主要有三种晶型，一种是六方氮化硼(HBN)，一种是立方氮化硼(CBN)，另一种是密排六方氮化硼，实际使用中以六方氮化硼为主。

1) HBN

六方晶系的氮化硼是常压下的稳定相，结构与石墨相类似。实际上，它是石墨结构中的 C 原子分别被 B 原子和 N 原子取代，所以有"白石墨"之称。

六方晶系的氮化硼呈白色粉末，很多物理性质也与石墨相似。其密度为 $2.27g/cm^3$，硬度低，莫氏硬度仅为 2；强度也较低，与滑石差不多。BN 的机械加工性能好，可以车、铣、刨、钻、磨，而且加工精度高，可以制备各种复杂形状的制品。HBN 具有自润滑性，可用于机械密封、高温固体润滑剂。

六方晶系的氮化硼膨胀系数小，而导热性能好，所以有良好的抗热振性能，是优良的耐热材料。

HBN 的化学稳定性好，它对熔融态的铁、钢、铝、镍、铜、硅、冰晶石等都保持良好的化学稳定性，既不润湿也不会发生作用，所以是较理想的坩埚材料及高温容器或管道材料。

HBN 的电绝缘性能好，电阻率高，高温下达到了 1016～1018Ω·cm，介电常数小；介电损耗也小；在 2000℃下，它仍然是绝缘体；而它又是热的良导体。所以 HBN 是电器工业和电子工业用的高温绝缘和散热材料。它可以用作火箭燃烧室的衬里、宇宙飞船的热屏蔽材料、各种加热器的衬套等。

2) CBN

CBN 为黑色、绿色或暗红色的晶体，硬度高，仅次于金刚石。一般是采用静压触媒法，在高温、高压条件下，使 HBN 转化为 CBN。

CBN 的表面原子不是 B 原子就是 N 原子。当表面是 B 原子时，B 的三个价电子与内部三个 N 原子成键；而表面是 N 原子时，N 的三个价电子与内部三个 B 原子成键，其余两个价电子是配对的未共有电子对，一般不与外来原子成键。而金刚石的表面碳原子尚有一个价电子可以同外来原子作用成键。所以，CBN 的化学稳定性比金刚石和硬质合金还要好。

CBN 还具有良好的导热性。由于 CBN 硬度高、热稳定性能好、化学稳定性好、导热性能优良，所以它是非常好的刀具材料。用 CBN 制作的刀具可以加工合金工具钢、高速钢、耐磨铸铁、各种镍基、钴基合金，使用寿命是硬质合金刀具和其他陶瓷刀具的数十倍。

9.4.3　碳化物陶瓷

典型的碳化物陶瓷材料有碳化硅（SiC）、碳化硼（B_4C）、碳化钛（TiC）、碳化锆（ZrC）等。碳化物的共同特点是熔点高，如碳化钛（TiC）熔点高达 3460℃、碳化钨（WC）为 2720℃、碳化锆（ZrC）为 3450℃，碳化硅（SiC）的气化点为 2600℃。除熔点很高外，碳化物陶瓷还具有较高的硬度。碳化硼硬度仅次于金刚石与立方氮化硼，属于最硬的材料，其显微硬度达到 4950kg/mm^2、碳化钛为 3200kg/mm^2、碳化硅为 3000kg/mm^2。同时，碳化物的脆性一般也较大。

碳化物陶瓷还具有良好的导电性、导热性及良好的化学稳定性。几乎大多数碳化物陶瓷在常温下不与酸发生反应，极少数碳化物即使加热亦不同酸发生化学反应。结构最稳定的碳化物陶瓷甚至于不受硝酸与氢氟酸混合酸的腐蚀，成为陶瓷材料中耐腐蚀的佼佼者。鉴于以上各种独特的优良性能，碳化物陶瓷作为耐热材料、超硬材料、耐磨材料和耐腐蚀材料，在尖端科学及工业领域应用前途非常广阔。

1. 碳化硅陶瓷

碳化硅（SiC）俗称金刚砂，又称碳硅石，是一种典型的共价键结合的化合物，它在自然界中几乎不存在，属于人工合成制造的陶瓷材料。纯 SiC 是无色透明的，含有 Fe、Si、B、Al 等杂质后，呈黄色、浅绿色或蓝黑色。

碳化硅和氮化硅的相似之处在于两者都具有 α 和 β 两种晶型。α-SiC 是六方晶系，为高温稳定型。β-SiC 是立方等轴晶系，为低温稳定型。β-SiC 向 α-SiC 转变的开始温度为 2100℃，转变速度较慢，到了 2400℃时，转变速度迅速提高。

碳化硅没有熔点，在常压下 2500℃时发生分解。它的化学稳定性好，在 1550℃温度下的抗氧化性能仍很好，但是在 800～1140℃下的抗氧化性能不高，因为在此温度范围内形成的表面氧化膜较疏松，而在小于 800℃和大于 1440℃时形成的氧化膜很致密，能牢固地与 SiC 表层结合在一起，保护 SiC 不被氧化。

碳化硅的硬度很高，莫氏硬度为 9.2～9.5，显微硬度为 33400MPa，仅次于金刚石、CBN 和 B_4C 少数几种物质，是常用的磨料材料之一，用于制造砂轮和各种磨具。

碳化硅陶瓷的强度性能高，在高温 1400℃时，它的抗弯强度仍在 500MPa 左右，一般陶瓷材料在 1200～1400℃时强度会剧烈降低；而金属材料更无法与碳化硅陶瓷相比，在这么高的温度下会严重被氧化，甚至产生熔融。所以碳化硅陶瓷可以用作耐火材料，如熔炉炉衬、坩埚、耐火砖等。

碳化硅陶瓷的抗蠕变性能好，热稳定性好，在大于 1500℃的环境下表现良好。它可用在空间技术的火箭发动机尾气喷管、燃烧室内衬，还可以用于制造燃气轮机的轴承和叶片。

纯 SiC 是电绝缘体，电阻率为 $1014\Omega \cdot cm$，加上它的耐高温性能，使它成为很好的发热元件材料，以及热电偶套管、炉管。

碳化硅的热导率很高，大约为 Si_3N_4 的 2 倍，所以该陶瓷还可以用于制造热交换器等。例如，锆重熔炉采用了 SiC 热交换器后，可省 38%的燃料。

2. 碳化硼陶瓷

碳化硼($B4C$)是一种黑色的粉末。碳化硼晶体中，碳原子和硼原子的原子半径均很小，且很接近，所以具有强的共价键结合。碳化硼陶瓷的莫氏硬度为 9.3，是仅次于金刚石和立方氮化硼的超硬材料，所以主要用于磨料和制作磨具。

碳化硼的熔点高，为 2450℃，密度低，仅为 $2.55g/cm^3$，是钢的 1/3。它可以用来制造防弹衣或防弹装甲。

碳化硼的化学稳定性好，具有好的耐酸、耐碱的能力，能用来制造化工行业中的耐酸、耐碱零件。

9.4.4 玻璃陶瓷材料

玻璃陶瓷，又称微晶玻璃，是综合玻璃和陶瓷技术发展起来的一种新型材料。它是将特定组成(含晶核剂)的玻璃进行晶化热处理，在玻璃内部均匀析出大量微小晶体并进一步长大，形成致密微晶相，玻璃相填充于晶界，得到像陶瓷一样的多晶固体材料，统称为玻璃陶瓷。该材料经人工智能化设计，其理化性能集中了玻璃和陶瓷的双重优点，既具有陶瓷的强度，又具有玻璃的致密性和耐酸、碱、盐的耐蚀性。从它的生产工艺来看，应该称它为玻璃，因为除去晶化热处理这道工序外，它和普通玻璃的制造方法完全相同；但从最后获得的产品来看，它是一种透明或不透明的多晶物质，在大多数情况下又非常像陶瓷。实际上，它是用玻璃工艺方法制得的陶瓷，所以称为玻璃陶瓷。

玻璃陶瓷为晶相和残余玻璃相组成的质地致密、无孔、均匀的混合体，通常晶体的大小可自纳米至微米级，晶体数量可达 50%～90%，具有高强度、低电导率、高介电常数、良好的机械加工性能、耐化学腐蚀性、热稳定性等。这些性能取决于晶体种类、数量，以及剩余玻璃相的组成和性能，并和晶化条件等密切相关。按成核或晶化处理不同分为光敏和热敏微晶玻璃。它可用于制造电路板、电荷存储管、光电倍增管的屏、导弹弹头、雷达天线罩、轴承、泵、反应堆中子吸收材料、绝缘支柱等。

由于玻璃陶瓷面板的制造工艺复杂，技术要求高，目前，高质量玻璃陶瓷生产工艺及控制技术基本上被国外所垄断，国内玻璃陶瓷生产工艺存在质量品质差、成品率低等问题。

思 考 题

9.1 什么叫陶瓷？普通陶瓷与特种陶瓷有什么不同？

9.2 为什么陶瓷具有较大的脆性？其防止措施有哪些？

9.3 陶瓷的热膨胀系数比高聚物低、比金属低得多的原因是什么？

9.4 陶瓷材料的生产工艺主要包括哪几个阶段？

9.5 碳化硅(SiC)陶瓷的性能如何？在工程中有哪些应用？

第10章 复合材料

复合材料是由两种或两种以上不同性能、不同形态的组分材料通过复合工艺而形成的一种多相材料。复合材料能够在保持各个组分材料的某些特点基础上，具有组分材料间协同作用所产生的综合性能。

10.1 概　述

复合材料的目的是使复合后的材料具有最佳的性能组合，其实质是各组分材料之间的结合与协同性。通过有效协同使复合材料性能较组分材料有显著提高，甚至产生组分材料不具备的性能。复合材料各组分的多样性以及体积分数的可变性，使得复合材料的性能可以在较大范围变化，特别有利于工程结构和零件所需的弹性模量、强度和韧性等综合性能控制。通过合理的材料复合设计，可充分发挥各种材料的优点，克服单一材料的不足，以满足工程结构或零件对材料性能的要求。

复合材料使用的历史可以追溯到古代，早期建筑用的土坯砖就是用稻草（或麦秸）和粘土组成的复合材料，稻草起增强黏土的作用。现代的钢筋混凝土是用钢筋、石料、沙子和水泥复合而成，钢筋、石料和沙子均具有增强作用。20世纪40年代，因航空工业的需要，发展了玻璃纤维增强塑料（俗称玻璃钢），从此出现了复合材料这一名称。复合材料对现代科学技术的发展，有着十分重要的作用。目前，复合材料在飞机、航天器、卫星、海上结构、管道、电子、汽车、船艇和体育用品方面得到了越来越广泛的应用。最引人注目的是复合材料在商用飞机制造中的应用得到迅速提升。如图10-1所示。波音787梦想飞机使用的复合材料约占飞机总重的50%左右，复合材料用量仅为12%。波音787梦想飞机采用了全复合材料机身，除了减重以外，机身采用整体对接结构，省去了约50000个原结构所需的紧固件。

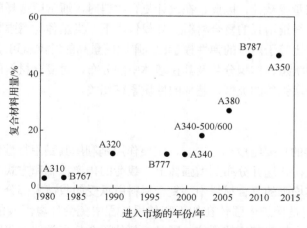

图10-1　复合材料在商用飞机制造中的应用

复合材料结构或零件的再生利用是比较困难的，会对环境产生些不利的影响。如目前发展最快、应用最高的聚合物基复合材料中绝大多数属易燃物，燃烧时会放出大量有毒气体，污染环境；成型时基体中的挥发成分即溶剂会扩散到空气中，造成污染。此外，复合材料由多种组分材料构成，难以分解成单一材料，不利于再生利用。随着社会对环境保护要求的不断提高，处理好材料应用与环境问题成为人类生存和发展的关键。因此，绿色材料成为未来的发展趋势，根据循环利用的要求，尽可能是单一品种材料，即便是复合材料也要尽量使用复合性少的材料。

10.2　复合材料的结构

复合材料的结构一般由基体与增强相组成，基体与增强相之间存在界面。图 10-2 为复合材料结构示意图。

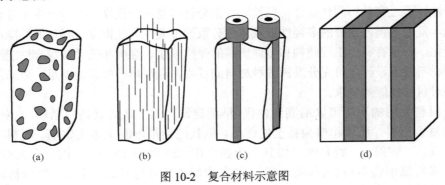

图 10-2　复合材料示意图

10.2.1　增强相

复合材料所采用的增强相主要有纤维、晶须和颗粒三种类型。纤维一般为合成纤维，晶须是含缺陷很少的单晶短纤维，颗粒主要是指具有高强度、高模量、耐热、耐磨、耐高温的陶瓷、石墨等非金属颗粒。

增强相主要用来承受载荷，因此，在设计复合材料时，通常所选择的增强相的弹性模量应比基体高。例如，纤维增强的复合材料在外载作用下，当基体与增强相应变量相同时，基体与增强相所受载荷比等于两者的弹性模量比，弹性模量高的纤维就可承受高的应力。此外，增强相的大小、表面状态、体积分数及其在基体中的分布，对复合材料的性能同样具有很大的影响，其作用还与增强体的类型、基体的性质紧密相关。

10.2.2　基体

基体是复合材料的重要组成部分之一，主要作用是利用其黏附特性固定和黏附增强体，将复合材料所受的载荷传递并分布到增强体上。载荷的传递机制和方式与增强体的类型和性质密切相关，在纤维增强的复合材料中，复合材料所承受的载荷大部分由纤维承担。

基体的另一作用是保护增强体在加工和使用过程中免受环境因素的化学作用和物理损伤，防止诱发造成复合材料破坏的裂纹。同时，基体还会起到类似于隔膜的作用，将增强体相互分开,这样即使个别增强体发生破坏断裂,裂纹也不易从一个增强体扩展到另一个增强体。因此,基体对复合材料的耐损伤和抗破坏、使用温度极限以及耐环境性能均起着十分重要的作用。正是由于基体与增强体的这种协同作用,才赋予复合材料良好的强度、刚度和韧性。

　　复合材料的基体主要有聚合物材料、无机非金属材料、金属材料等。

10.2.3　界面

　　复合材料中的界面起到连接基体与增强相的作用,界面连接强度对复合材料的性能有很大的影响。基体与增强相之间的界面特性决定着基体与增强相之间结合力的大小。一般认为,基体与增强相之间结合力的大小应适度,其强度只要足以传递应力即可。结合力过小,增强体和基体间的界面在外载作用下易发生开裂;结合力过大,又易使复合材料失去韧性。

　　研究表明,复合材料的界面是具有一定厚度的界面层(或称界面相,如图 10-3 所示),界面层设计是复合材料研制的重要方面。界面层设计就是根据基体和增强体的性质来控制界面的状态,以获得适宜的界面结合力。

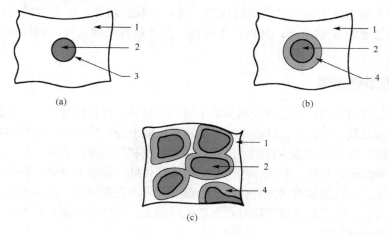

图 10-3　复合材料的界面

1-基体;2-增强相;3-界面;4 界面相

　　此外,基体与增强体之间还应具有一定的相容性,即相互之间不发生反应。例如,在聚合物基复合材料设计中,应重点改善增强体与基体之间的浸润性;金属基复合材料的界面设计时,应注意防止界面反应而生成脆性相;陶瓷基复合材料的界面设计需考虑韧性问题。

10.3　复合材料的增强原理

　　根据增强体类型,复合材料的增强原理主要包括颗粒增强原理、纤维增强原理以及晶须增强原理。

10.3.1　颗粒增强原理

　　颗粒增强复合材料是将粒子高度弥散地分布在基体中,使其阻碍塑性变形的位错运动(金属基体)或分子链运动(聚合物基体)。这种复合材料是各向同性的。

　　按照增强相颗粒的直径和体积分数，颗粒增强复合材料又可分为弥散颗粒增强复合材料和刚性纯颗粒增强复合材料。

　　弥散颗粒增强复合材料的颗粒直径范围为 0.01～0.10μm，体积分数为 0.01～0.15，这种材料中基体承受大部分载荷，颗粒的作用是阻碍基体的位错运动或分子链运动，从而使基体被强化，提高材料的强度和刚度。弥散颗粒增强复合材料的强化机理类似于合金的沉淀强化机理，两种材料中，承受载荷的主体均为基体。两者的不同在于，在合金的沉淀强化中，起强化作用的弥散相质点通过相变产生，当超过一定温度时，弥散相会发生重溶，导致强化作用降低，合金强度下降；而弥散颗粒增强复合材料中的增强颗粒随温度升高一般不会发生重溶，在高温下仍然可以保持其增强效果，使得复合材料的抗蠕变性能明显优于基体金属或者合金。该种复合材料的增强效果与弥散增强颗粒的尺寸、形状、体积分布、弥散分布状况以及与基体的结合力因素有关。

　　刚性纯颗粒增强复合材料的粒径范围为 1～5μm，体积分数为 0.25～0.90，这种复合材料的载荷由基体和颗粒共同承担，当颗粒比基体硬时，颗粒通过界面用机械约束方式限制基体变形，产生应力水平较高的流体静应力。随着外载的增加，压力也增大，能达到未受约束基体屈服强度的 3 倍以上，从而产生强化；当外载继续增大时，颗粒将开裂并导致基体发生破坏。

10.3.2　纤维增强原理

　　纤维增强复合材料是指以各种金属和非金属作为基体，以各种纤维作为增强材料的复合材料。在纤维增强复合材料中，纤维是材料的主要承载组分，它不仅能使材料显示出较高的抗拉强度和刚性，而且能够减少收缩，提高热变形温度和低温冲击强度。相对于纤维而言，基体的强度和弹性模量很低，它的作用主要是把增强体纤维黏结为整体，提高塑性和韧性，保护和固定纤维，使之能够协同发挥作用；当部分纤维产生裂纹时，基体能阻止裂纹扩展并改变裂纹扩展方向，将载荷迅速重新分布到其他纤维上，基体同时保护纤维不受腐蚀和机械损伤，并传递和承受切应力。

　　纤维增强复合材料中纤维的增强效果主要取决于纤维的特征、纤维与基体间的结合强度、纤维的体积分数、尺寸和分布。纤维增强复合材料的强度和刚性与纤维方向密切相关。纤维无规则排列时，能获得基本各向同性的复合材料。均一方向的纤维使材料具有明显的各向异性。纤维采用正交编织，相互垂直的方向均具有好的性能。纤维采用三维编织，可获得各方向力学性能均优的材料。

10.3.3　晶须增强原理

　　晶须是以单晶结构生长的直径小于 3μm 的短纤维，长径比为 10～1000。它的内部结构完整，原子排列高度有序，晶体缺陷少，是目前已知纤维中强度最高的一种，强度接近于相邻原子间成键力的理论值。常用的晶须有金属晶须、陶瓷晶须以及碳晶须。

　　晶须经表面处理后加入到基体中，能够均匀分散，起骨架作用，能克服连续长纤维在复杂模具中难以分布均匀、使材料表面光洁度差、加工时对模具磨损严重等缺点。晶须增强复合材料的强度是基体的强度和晶须的强度按体积的平均值。晶须强化作用主要有载荷传递强合机制和弥散强化机制。晶须还具有增韧作用，通过偏转效应、搭桥效应、微列效应等作用使脆性材料的韧性大增。晶须具有纤维状结构，当受到外力作用时较易产生形变，能够吸收冲击振动能量。同时，裂纹在扩展中遇到晶须便会受阻，裂纹得以抑制，从而起到增韧作用。

晶须在复合材料中的承载能力不如连续纤维，但晶须增强复合的强度、刚度和高温性能能够超过基体金属。晶须增强金属基复合材料可以采用压铸、半固态复合铸造以及喷射沉积工艺技术来制备，因而成本较低，应用范围最为广泛。

10.4　复合材料的性能

10.4.1　力学性能

1．比强度与比模量

复合材料的比强度(强度极限/密度)与比模量(弹性模量/密度)比其他材料高很多，这表明复合材料具有较高的承载能力。它不仅强度高，而且重量轻。因此，将此类材料用于动力设备，可大大提高动力设备的效率。

图 10-4 为传统材料与复合材料的比强度与比模量的对比。由此可见，复合材料的比强度和比模量高于传统材料，复合材料的强度与弹性模量变化的范围较大。表 10-1 给出了典型材料的比强度和比刚度。

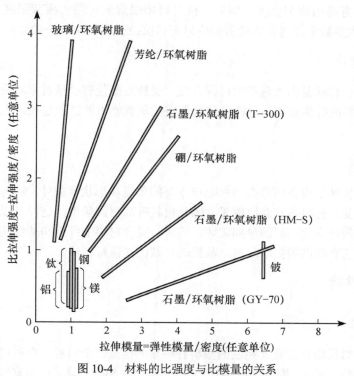

图 10-4　材料的比强度与比模量的关系

表 10-1　各种工程结构材料的性能比较表

工程结构材料	$\rho/(g \cdot cm^{-3})$	σ_b/MPa	E/MPa	比强度 $(\sigma_b/\rho)/$ $(m^2 \cdot s^{-2})$	比刚度 $(E/\rho)/$ $(m^2 \cdot s^{-2})$
钢	7.80	1010	206×10^3	129×10^3	26×10^6
铝合金	2.80	461	74×10^3	165×10^3	26×10^6
钛合金	4.50	942	112×10^3	209×10^3	25×10^6
玻璃钢	2.00	1040	39×10^3	520×10^3	20×10^6
碳纤维Ⅱ/环氧树脂	1.45	1472	137×10^3	1015×10^3	95×10^6
碳纤维Ⅰ/环氧树脂	1.60	1050	235×10^3	656×10^3	147×10^6
有机纤维/环氧树脂	1.40	1373	78×10^3	981×10^3	56×10^6
硼纤维/环氧树脂	2.10	1344	206×10^3	640×10^3	98×10^6
硼纤维/铝	2.65	981	196×10^3	370×10^3	74×10^6

2. 各向异性

纤维增强复合材料在弹性常数、热膨胀系数、强度等方面具有明显的各向异性。通过铺层设计的复合材料，可能出现各种形式和不同程度的各向异性。采用合理的铺层可在不同的方向分别满足设计要求，使结构设计得更为合理，能明显地减轻重量和更好地发挥结构的效能。

3. 抗疲劳性能

复合材料具有高的疲劳强度。例如，碳纤维增强聚酯树脂的疲劳强度为其拉伸强度的70%～80%，而大多数金属材料的疲劳强度只有其抗拉强度的40%～50%。

4. 破损安全性

纤维增强复合材料是由大量单根纤维合成，受载后即使有少量纤维断裂，载荷会迅速重新分布，由未断裂的纤维承担，这样可使构件丧失承载能力的过程延长，表明断裂安全性能较好。

5. 减振性能

工程结构、机械及设备的自振频率除与本身的质量和形状有关外，还与材料的比模量的平方根成正比。复合材料具有高比模量，因此也具有高自振频率，这样可以有效地防止在工作状态下产生共振及由此引起的早期破坏。同时，复合材料中纤维和基体间的界面有较强的吸振能力，表明它有较高的振动阻尼，故振动衰减比其他材料快。

10.4.2　理化性能

1. 耐热性能

树脂基复合材料耐热性要比相应的塑料有明显的提高。金属基复合材料的耐热性更显出其优越性(图 10-5)。例如，铝合金在 400℃时，其强度大幅度下降，仅为室温时的 6%～10%，而弹性模量几乎降为零。而用碳纤维或硼纤维增强铝，400℃时强度和弹性模量几乎与室温下保持同一水平。

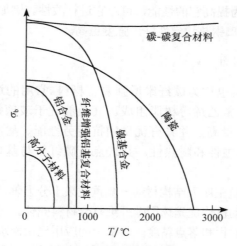

图 10-5　材料强度与温度的关系

2. 耐蚀性能

复合材料对各种化学物质的敏感程度不同，如常见的玻璃纤维增强塑料耐强酸、盐、醋，但不耐碱。复合材料的抗蚀性能可按制件的使用要求和环境条件要求，通过组分材料的选择和匹配、铺层设计、界面控制等材料设计手段，最大限度地达到预期目的，以满足工程设备的使用性能。

10.5　常用复合材料

10.5.1　聚合物基复合材料

聚合物基复合材料（亦称树脂基复合材料)是目前应用最广泛、消耗量最大的一类复合材料。该类材料主要以纤维增强的树脂为主。

1. 玻璃纤维-树脂复合材料

玻璃纤维-树脂复合材料通常称为玻璃钢。玻璃钢具有瞬时耐高温性能，它被用于人造卫星、导弹和火箭的外壳(耐烧蚀层)。玻璃钢不反射无线电波，微波透过性好，是制造雷达罩、声呐罩的理想材料。

按树脂的性质可分为热塑性玻璃钢和热固性玻璃钢两类。

（1)热塑性玻璃钢。它是由 20%～40%的玻璃纤维和 60%～80%的基体材料(如尼龙、ABS等)组成的，具有高强度和高冲击韧性、良好的低温性能及低热膨胀系数。

（2)热固性玻璃钢。它是由 60%～70%的玻璃纤维(或玻璃布)和 30%～40%的基体材料(如环氧、聚酯等)组成的。其主要特点是密度小、强度高，比强度超过一般高强度钢和铝合金、钛合金，耐磨性、绝缘性和绝热性好，吸水性低，防磁，微波穿透性好，易于加工成型。其缺点是弹性模量低，只有结构钢的 1/10～1/5，刚性差，耐热性比热塑性玻璃钢好但不够高，只能在 300℃以下工作。为提高它的性能，可对它进行改性。例如，以环氧树脂和酚醛树脂混溶做基体的环氧-酚醛玻璃钢热稳定性好，强度更高。

2. 碳纤维-树脂复合材料

碳纤维-树脂复合材料也称为碳纤维增强复合材料。常用的这类复合材料由碳纤维与聚酯、酚醛、环氧、聚四氟乙烯等树脂组成。其性能优于玻璃钢，密度小、强度高、弹性模量高、比强度和比模量高，并具有优良的抗疲劳性能、耐冲击性能、良好的自润滑性、减振性、耐磨性、耐蚀性和耐热性。其缺点是碳纤维与基体的结合力低，各向异性严重。

碳纤维复合材料用作航空航天结构材料，减重效果十分显著，显示出无可比拟的巨大应用潜力。当前先进固体发动机均优先选用碳纤维复合材料壳体。采用碳纤维复合材料可提高弹头携带能力，增加有效射程和落点精度。飞机上的应用已由次承力结构材料发展到主承力结构材料。例如，美国的 F-18、F-22 战斗机大量采用高强度、耐高温的树脂基复合材料。法国的"阵风"机翼大部分部件和机身的一半都采用了碳纤维复合材料。图 10-6 为美国 F-18 战斗机应用复合材料(图中涂黑的部分)的情况。

图 10-6　复合材料在 F-18 战斗机上的应用

3. 碳化硅纤维-树脂复合材料

碳化硅与环氧树脂组成的复合材料，具有高的比强度和比模量，抗拉强度接近碳纤维-环氧树脂复合材料，而抗压强度为其两倍。因此，它是一种很有发展前途的新材料，主要用于航空航天工业。

4. 芳纶(Kevlar)纤维-树脂复合材料

它是由芳纶有机纤维与环氧、聚乙烯、聚碳酸酯、聚酯等树脂组成的。其中，最常用的是芳纶纤维与环氧树脂组成的复合材料，其主要性能特点是抗拉强度较高，与碳纤维-环氧树脂复合材料相似，延性好，与金属相当；耐冲击性超过碳纤维增强塑料，有优良的疲劳抗力和减振性，其疲劳抗力高于玻璃钢和铝合金，减振能力是钢的 8 倍，是玻璃钢的 4～5 倍。它用于制造飞机机身、雷达天线罩、轻型舰船等。

10.5.2　金属基复合材料

金属基复合材料的基体大多采用铝及铝合金、铜及铜合金、钛及钛合金、镁及镁合金、镍合金等。金属基复合材料的增强材料要求高强度和弹性模量(抵抗变形及断裂)、高抗磨性(防止表面损伤)与高化学稳定性(防止与空气和基体发生化学反应)。

1. 纤维增强金属基复合材料

纤维增强金属基复合材料通常是由低强度、高韧性的基体与高强度、高弹性模量的纤维组成的。常用的纤维有硼纤维、碳化硅纤维、碳纤维、氧化铝纤维、钨纤维、钢丝等，装备结构常用的是铝基复合材料，主要类型有以下几种。

(1) 碳纤维增强金属基复合材料。碳纤维-铝复合材料具有高比强度和比模量、较高的耐磨性、较好的导热性和导电性、较小的热膨胀和尺寸变化。碳纤维-铝复合材料在宇航和军事方面得到应用。例如，采用碳纤维-铝复合材料制造的卫星用波导管具有良好的刚性和极低的热膨胀系数，比原碳纤维-环氧树脂复合材料轻 30%。

(2) 氧化铝纤维增强金属基复合材料。氧化铝纤维-铝复合材料具有高比强度和比模量、高疲劳强度及高耐蚀性，因此，在飞机、汽车工业上得到应用。

(3) 碳化硅纤维增强金属基复合材料。碳化硅纤维是一种高熔点、高强度、高弹性模量的陶瓷纤维。它以碳纤维作底丝，用二甲基二氯硅烷反应生成聚硅烷，经聚合生成聚碳硅烷纺丝，再烧结产生碳化硅纤维尼可纶。

碳化硅纤维尼可纶-铝复合材料是由于尼可纶的密度与铝十分相近，因此能容易地制造非常稳定的复合材料，并且强度较高，在 400℃ 以下随着温度的升高，强度降低也不大，可作为飞机材料。

(4) 硼纤维增强金属基复合材料。硼纤维-铝复合材料具有高比强度和比模量，因此在飞机部件、喷气发动机、火箭发动机上得以应用。早在 20 世纪 70 年代，美国就把硼纤维-铝复合材料用到航天飞机轨道器主骨架上，比原设计的铝合金主骨架减重 44%。这种复合材料用于航空发动机风扇和压气机叶片，飞机和卫星构件，减重效果达 20%～60%。

(5) 钨纤维增强金属基复合材料。钨是高熔点金属，钨纤维比其他纤维的密度高，但其抗拉强度/密度却大大超过其他纤维。例如，镍基高温合金在 1090℃ 温度下 100h 的持久强度为 100MPa，而用钨、钨-二氧化钍（W-ThO2）和钨-铪-碳（W-Hf-C）纤维增强后，其强度可分别提高至原来的 1.5 倍、2 倍和 3 倍。因此，钨纤维增强高温合金在发动机热端部件制造中有应用前景。图 10-7 为钨纤维增强高温合金叶片制备工艺过程示意图。

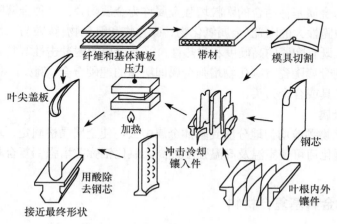

图 10-7 钨纤维增强高温合金叶片制备工艺过程示意图

2. 颗粒增强金属基复合材料

颗粒增强金属基复合材料是由一种或多种陶瓷颗粒或金属基颗粒增强体与金属基体组

成的先进复合材料。此种材料一般选择具有高模量、高强度、高耐磨和良好的高温性能，并且在物理、化学上与基体相匹配的颗粒为增强体，通常为碳化硅、氧化铝、硼化铁等陶瓷颗粒，有时也用金属颗粒作为增强体。

颗粒增强金属基复合材料具有良好的力学性能、物理性能和优异的工艺性能，可采用传统的成型工艺进行制备和二次加工。颗粒增强金属基复合材料的性能一般取决于增强颗粒的种类、形状、尺寸和数量、基体金属的种类和性质以及材料的复合工艺。

1)碳化硅颗粒增强铝基复合材料

碳化硅颗粒增强铝基复合材料是目前金属基复合材料中最早实现大规模产业化的品种。此种复合材料的密度仅为钢的 1/3，钛合金的 2/3，与铝合金相近；其比强度较铝合金高，与钛合金相近，模量略高于钛合金，比铝合金高很多。此外，SiCp-Al 复合材料还具有良好的耐磨性能(与钢相似，比铝合金大 1 倍)，使用温度最高可达 300~350℃。

碳化硅颗粒增强铝基复合材料目前已批量用于汽车工业和机械工业中，制造大功率汽车发动机和柴油发动机的活塞、活塞环、连杆、刹车片等；同时，还可用于制造火箭、导弹构件、红外及激光制导系统构件。此外，以超细碳化硅颗粒增强的铝基复合材料还是一种理想的精密仪表用高尺寸稳定性材料和精密电子器件的封装材料。

2)颗粒增强型高温金属基复合材料

这是一种以高强、高模量陶瓷颗粒增强的钛基或金属间化合物基复合材料，典型材料是 TiC 颗粒增强的 Ti-6Al-4V(TC4)钛合金。这种材料一般采用粉末冶金法，由 10%~25%超硬 TiC 颗粒与钛合金粉末复合而成。

与基体合金相比，TiC/Ti-6Al-4V 复合材料的强度、模量及抗蠕变性能均明显提高，使用温度最高可达 500℃，可用于制造导弹壳体、导弹尾翼和发动机零部件。另一种典型材料是颗粒增强金属间化合物基复合材料，其使用温度可达 800℃以上。

3)金属陶瓷

由陶瓷颗粒与金属基体结合的颗粒增强金属称为金属陶瓷。这种金属陶瓷的特点是耐热性好，硬度高。但脆性大的陶瓷(金属氧化物、碳化物和氮化物)颗粒与韧性好的基体烧结黏合在一起后，产生既有陶瓷的高硬度和耐热性，又有金属的耐冲击性等复合效果。

工业上应用的金属陶瓷有碳化物增强金属即所谓的超硬合金。例如，WC-Co 已用于制造耐磨、耐冲击的工具或合金刀头。

4)弥散强化金属

将金属或氧化物颗粒均匀地分散到基体金属中去，使金属晶格固定，增加位错运动的阻力。金属经弥散强化后可使室温及高温强度提高。氧化铝弥散增强铝复合材料就是工业中应用的一例。

10.5.3　无机非金属基复合材料

1. 陶瓷基复合材料

1)纤维-陶瓷复合材料

纤维-陶瓷复合材料日益受到人们的重视。由碳纤维或石墨纤维与陶瓷组成的复合材料能大幅度地提高冲击韧性和防热、防振性，降低陶瓷的脆性，而陶瓷又能保持碳(或石墨)纤维在高温下不被氧化，因而具有很高的高温强度和弹性模量。例如，碳纤维-氮化硅复合材料可在 1400℃温度下长期使用，用于制造飞机发动机叶片；碳纤维-石英陶瓷复合材料的冲击韧性比烧结石英陶瓷大 40 倍，抗弯强度大 5～12 倍，比强度、比模量成倍提高，能承受 1200～1500℃高温气流冲击，是一种很有发展前途的新型复合材料。

2) 晶须和颗粒增强陶瓷基复合材料

由于晶须的尺寸很小，从客观上看与粉末一样，因此，在制备复合材料时只需将晶须分散后与基体粉末混合均匀，然后对混合好的粉末进行热压烧结，即可制得致密的晶须增韧陶瓷基复合材料。目前常用的是 SiC、Si_3N_4、Al_2O_3 晶须，常用的基体则为 Al_2O_3、ZrO_2、SiO_2、Si_3N_4 及莫来石。晶须增韧陶瓷基复合材料的性能与基体和晶须的选择、晶须的含量及分布因素有关。

由于晶须具有长径比，因此当其含量较高时，会引起密度的下降并导致性能的下降。为了克服这一弱点，可采用颗粒来代替晶须制成复合材料，这种复合材料在原料的混合均匀化及烧结致密化方面均比晶须增强陶瓷基复合材料要容易。当所用的颗粒为 SiC、TiC 时，基体材料采用最多的是 Al_2O_3、Si_3N_4。目前，这些复合材料已广泛用来制造刀具。

2. 碳/碳复合材料

碳/碳复合材料是由碳纤维增强体与碳基体组成的复合材料，简称碳/碳（C/C）复合材料。这种复合材料主要是以碳（石墨）纤维毡、布或三绝编织物与树脂、沥青等可碳化物质复合，经反复多次碳化与石墨化处理，达到所要求的密度；或者采用化学气相沉积法将碳沉积在碳纤维上，再经致密化和石墨化处理，制得复合材料。根据用途，碳/碳复合材料可分为烧蚀型碳/碳复合材料、热结构型碳/碳复合材料和多功能型碳/碳复合材料。

碳/碳复合材料具有卓越的高温性能、良好的耐烧蚀特性和较好的抗热冲击性能，同时还具有热膨胀系数低、抗化学腐蚀的特点，是目前可使用温度最高的复合材料（最高温度可达2000℃以上）。碳/碳复合材料首先在航空航天领域作为高温热结构材料、烧蚀型防热材料以及耐摩擦磨损等功能材料。

碳/碳复合材料用于航天飞机的鼻锥帽和机翼前缘，以抵御起飞载荷和再次进入大气层的高温作用。碳/碳复合材料已成功用于飞机刹车盘，这种刹车盘具有低密度、耐高温、寿命长和良好的耐摩擦性能。碳/碳复合材料也是发展新一代航空发动机热端部件的关键材料。

思　考　题

10.1　什么叫复合材料？按照增强相的性质和形态可分为哪几种？

10.2　如何区分复合材料与金属合金？

10.3　复合材料的增强机制是什么？

10.4　分析纤维增强复合材料的力学性能。

10.5　说明复合材料的比强度与比模量高的优越性。

10.6　碳/碳复合材料在航空航天工程中有哪些应用？

10.7　调研复合材料在飞机制造中的应用及发展。

第 11 章 材料与环境

材料的生产—使用—废弃的过程可以说是将一种大量资源提取出来，又将大量废弃物排回到自然环境中的循环过程。人类在创造社会文明的同时，也在不断地破坏人类赖以生存的环境空间。考虑材料及其产品的全寿命周期过程与环境的协调性对于人与自然和谐以及可持续发展具有重要意义。

11.1 材料与环境的相互作用

11.1.1 材料循环

人类采用技术手段从地球提取原料，原料经过合成与加工后成为工程材料，工程材料经过进一步制造过程成为产品供消费者应用，直到产品报废。报废的产品或被循环再利用或被处理后回归地球。如图 11-1 所示，这个过程构成了完整的物质转化的生命周期，称为材料循环。材料循环的各个阶段都要消耗资源和能量，并排放大量的废气、废水和废渣，造成环境污染。因此，材料循环过程涉及了材料、能源和环境之间的相互作用。以钢铁材料的生产和使用为例，经过采选、储运、炼铁等步骤，平均 8t 矿石可炼成 1t 钢。再经过轧制、车、钳、铣、铇等等一系列加工制造过程，最后能有效利用的金属不到 500kg。

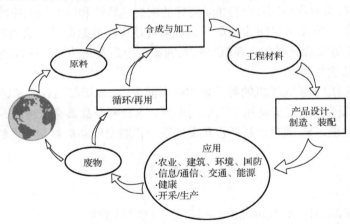

图 11-1 材料的循环过程

材料的循环过程必然对环境产生影响，影响的强度取决于原料与能量使用的强度。不同的材料加工工艺所消耗的能量与所产生的废物也存在很大的差异(图 11-2)，对环境所产生的影响也是不同的。

目前，人类正在以越来越快的速度消费材料。材料的大量使用必然消耗大量的能源，从而加剧能源的短缺。此外，能量的获取方式大都以高密度二氧化碳的排放为代价，而低碳能量的获取又需要材料的高消费。寻找这些相互冲突因素之间的平衡，是最大限度材料循环过程对环境负面影响的关键。

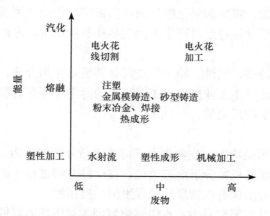

图 11-2　材料加工工艺与能量消耗及废物产生

11.1.2　污染物排放

在材料的生产和使用过程中，不可避免地要向环境排放大量的各种污染物。这些污染物主要包括废气、废水和固体污染物，它们对环境产生很大的影响。

1）工业废气

材料制造工业要消耗大量的热能，热能的产生与耗散形成工业废气（图 11-3）。例如，钢铁冶炼、轧制、焊接、热处理等工艺过程中都会产生大量的废气。其中，钢铁冶炼废气的排放量非常大，污染面广，所排放的多为氧化铁烟尘，其粒度小、吸附力强，加大了废气的治理难度。轧钢生产中的钢锭和钢坯在加热过程中，炉内燃烧时产生大量废气；钢坯热轧制、锻造过程中，产生大量氧化铁皮、铁屑及水蒸气；冷轧时冷却、润滑轧辊和轧件而产生乳化液废气；钢材酸洗过程中产生大量的酸雾。

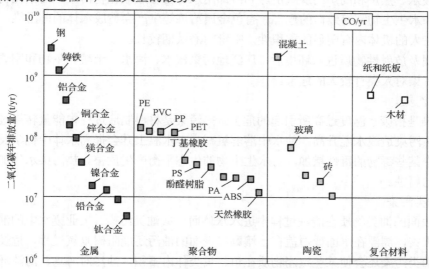

图 11-3　原材料生产所释放的二氧化碳（排放量/年）

　　金属制品成型过程中废气来源于钢材酸洗过程中产生大量的酸雾和水蒸气，普通金属制品有硫酸酸雾、盐酸酸雾，特殊金属制品有氰化氢、氟化氢气体及含碱、含磷等气体；钢材在热处理过程中产生铅烟、铅尘和氧化铅；钢丝热镀锌过程中产生氧化锌废气，电镀过程中产生酸雾及电镀气体；钢丝在拉丝时产生大量的热和石灰粉尘，涂油包中产生大量的油烟。

　　2) 工业废水

　　材料制造生产中的冷却、清洗、除尘等过程都需要水作为介质，水在使用过程中会进入污染物或水温升高，由此产生工业废水。工业废水的污染主要有有机污染物、无机污染物、有毒污染物、热污染、油类污染等。

　　(1) 有机污染物。

　　工业废水中的有机污染物在微生物作用下可被逐渐分解转化为二氧化碳、水、硝酸盐等简单的无机物质，从而使有机物分解而被消化。在这种分解过程中需要消耗大量的氧气，有机物分解的需氧量常作为水体有机物质污染程度的间接指标。

　　由于水体中有机物分解需氧量大，水中溶解氧因大量消耗而降低，当水中溶解氧补给不足时，水中有机物分解就会停止，引起有机物发酵，分解出甲烷、氢、硫化氢、硫醇、氨等腐臭气体，污染环境，并毒害水中生物。有机物发酵时气体会上浮，有机物就会被带到水面，使水面状况恶化，而且阻止空气进入水体，严重影响水质和周围环境。

　　(2) 无机污染物。

　　材料制造生产中对水体造成污染的无机物质主要有各种元素的氧化物、硫化物、卤化物、酸、碱和盐类等。各种含酸、碱和盐类的无机污染的工业废水排放，往往引起水质的恶化，产生所谓的"酸碱污染"。酸、碱污染水体，使 pH 值发生变化，破坏水体自净作用，对排水管道和水域中行驶的船舶有腐蚀作用。

　　(3) 有毒污染物。

　　工业废水中的有毒物质主要有氰化物、氟化物、酚、砷类，汞、镉、铜等重金属离子以及放射性物质。

　　电镀废水、焦炉和高炉的煤气洗涤和冷却用水都会形成氰化物污染，而氰化物是剧毒物质，对人和水生生物都有致命的危害。有色金属冶炼等生产会造成水体的砷污染，砷也是剧毒物质，在人的机体内有明显的蓄积性，中毒的潜伏期较长。

　　重金属及放射性物质进入环境后，广泛地污染淡水、海水、土壤、生物和空气。重金属及放射性污染对人类有较大的危害。

　　(4) 热污染。

　　热污染是指废水温度过高所引起的危害。热污染是材料制造过程中能量转换过程所产生的。水体热污染造成水温升高，使水中溶解氧减少；水温上升会提高水体中化学反应速率，会使水体中某些毒物的毒性增加，对水生生物的生态平衡产生危害。热污染水体加速排水管道和容器的腐蚀。

　　(5) 油类污染。

　　材料表面的油类物质在清洗过程中进入水体而形成油类污染。工业废水中的油类物质易引起水面火灾，漂浮在水面或覆盖在土壤颗粒表面的油污还能阻碍复氧过程，危及生物的生命过程。油类污染还会使某些致癌物质在鱼、贝类体内蓄积，油污对海鸟、海滩环境都会造成影响。

3) 固体废弃物

固体废弃物是材料生产过程中排放出来的固体物质，包括废渣和废料。

（1）冶金废渣。

冶金废渣是金属熔炼过程中的必然产物。冶金废渣主要来源于熔炼材料带入的污染物、造渣材料、被侵蚀的炉衬耐火材料、冶炼过程中的化学反应等。冶金废渣的生成量与熔炼材料、熔炼方法、造渣制度等因素有关。在焊条电弧焊与埋弧焊过程中，焊条药皮与焊剂在电弧的热作用下形成熔渣。

（2）燃料废渣。

燃料废渣主要是燃煤的加热炉排出的粉煤灰和煤渣。

（3）废料。

材料制造过程中所产生的废料主要包括废金属和非金属材料。金属熔炼或浇铸过程中要产生废金属、废件等，轧制及锻造过程中要产生切头、切边、氧化皮、废件等，切割过程中要产生的氧化、边角料等，焊接要产生焊条头、焊口加工等。高分子材料、陶瓷等非金属材料在加工过程中同样会产生废料。材料制造过程中所产生的多数废料除了形态和存在方式与原材料有所差别外，其组织结构与理化性能并无本质区别。因此，材料制造过程中产生的废料多可以再循环利用。

固体废弃物对水体、土壤、空气都会产生不同程度的影响。因此，必须对固体废弃物进行适当的处理和利用，化害为利，变废为宝。例如，采用物理的、化学的、生物化学的方法，对固体废弃物进行无害化、稳定化和安全化处理，减轻和消除其对环境的污染。开发综合利用固体废弃物的技术是加速资源再循环的重要途径，如将废渣用于路基铺设、建筑材料、农用肥料等。

4) 材料的腐蚀

材料在实际工况下都是要与周围环境相互作用的，如海洋工程结构、石油化工设备、航空发动机热端部件、核压力容器、反应堆元件等。许多环境介质与材料相互作用给结构造成损伤，影响结构的使用性能、寿命，同时也会影响环境。

腐蚀的危害是非常巨大的。据资料报道，全世界每年生产的钢铁约有 10% 因腐蚀而变为铁锈，大约 30% 的钢铁设备因此而损坏。世界航空业因腐蚀原因造成的民航飞机的破坏占总破坏量的 40%～60%，其中不乏因腐蚀失效造成的航空事故。腐蚀不仅浪费了材料，还往往会带来停产、人身安全和环境污染等事故。世界上几个主要工业发达国家的一些统计数字表明，这些国家由于金属的腐蚀造成的直接经济损失占国民生产总值的 2%～4%，可见数字是惊人的，损失是巨大的。

11.2 材料的环境协调性评价

环境友好的材料应是同时具有满意的使用性能和优良的环境协调性，或者是能够改善环境的材料。所谓环境协调性是指对资源和能源消耗少、对环境污染小和循环再生利用率高，要求从材料制造、使用、废弃直至再生利用的整个寿命周期中，都必须具有与环境的协调共存。由此产生材料的环境协调性评价，或称生命周期评价（life cycle assessment，LCA）。

11.2.1 LCA 概念

随着工业化的发展，进入自然生态环境的废物和污染物越来越多，超出了自然界自身的消化吸收能力，对环境和人类健康造成极大影响。同时工业化也将使自然资源的消耗超出其恢复能力，进而破坏全球生态环境的平衡。因此，人们越来越希望有一种方法对其所从事各类活动的资源消耗和环境影响有一个彻底、全面、综合的了解，以便寻求机会采取对策减轻人类对环境的影响。

LCA 的中文名称为"环境协调性评价"，也有的根据英文字面名称翻译为"生命周期评价"或"寿命周期评价"。LCA 的评估对象可以是一个产品、处理过程或活动，并且范围涵盖了评估对象的整个寿命周期，包括原材料的提取与加工、制造、运输和分发、使用、再使用、维持、循环回收，直到最终的废弃。目前，LCA 是国际上普遍认同的为达到上述目的的方法。它是一种用于评价产品或服务相关的环境因素及其整个生命周期环境影响的工具。

材料的环境协调性评估通常称为 MLCA(materials LCA)，而一般产品的生命周期评价称为 PLCA(products LCA)。什么样的材料才称得上是环境协调的呢？这涉及如何评价材料的环境表现和环境性能，即将 LCA 的基本概念、原则和方法应用到对材料寿命周期的评估中去。

MLCA 概念提出以后迅速得到了国际材料科学界的认同。MLCA 的研究范围不断扩大，从传统的包装材料、容器等产品领域转向各种金属、高分子、无机非金属和生物材料，从传统上侧重于结构材料的评价转向对功能材料的研究。

在很多 LCA 的研究中，单从评估的对象来看，有时难以区分材料和产品之间的区别。从材料生产者的角度看，生产出来的材料就是产品。例如，钢铁厂生产的钢材是一种典型的材料，但对钢铁厂而言是一种产品。此外，一些由单一材料构成的产品也与材料本身没有明显差别。例如，在研究塑料制品的环境表现时，也几乎就是在研究这种塑料材料的环境表现。

但这并不意味着 MLCA 等同于 PLCA。首先，从研究的范围来看，MLCA 侧重于产品寿命周期中与材料相关过程的研究，包括从自然资源中制备材料和材料加工成型过程，以及产品废弃后特定材料的处理过程，它与产品的制造、分发、使用和废弃过程共同构成产品的整个寿命周期。其次，从研究的目的来看，通过 MLCA 的研究希望能够改进材料的设计，这个过程通常比通过 PLCA 的研究改进产品设计要复杂得多。因为在产品设计中主要的改进方向是在满足性能要求的前提下，尽可能减少材料的使用(相应地也就能减少成本和环境负担)，这个准则相对而言是比较具体和明确的。而在材料设计中，材料的改进方向涉及在满足材料性能要求的前提下，改进材料的制备和加工技术，这是一个材料科学的问题，无法从 MLCA 中直接得到答案，相对来讲就要复杂得多了。可以看到 MLCA 研究与 PLCA 并不相同，它应该包括以下四个方面的内容。

(1)性能要求。要明确作为研究目标的材料所要求的特性及其允许的范围，还要明确为了达到上述性能指标，对加工、表面处理等技术操作的要求，以及使用状况对使用寿命的影响。

(2)技术系统。建立与材料对应的技术系统，包括材料的制备、加工成型和再生处理技术，以及相应的副产品、排放物基本情况。

(3)材料流向。着眼于分析资源的使用和流向，特别是作为微量添加元素的使用，因为这些元素很难再被循环使用。

(4)统计分析。对技术流程中各阶段的能源和资源的消耗、废弃物的产生和去向进行分析和跟踪。

为了建立包含上述四个要素的材料生命周期评价体系，需要建立相应的资料库，并研究相关的方法论，引入相应的指标体系。其中，资料库大致可以分为有关材料性能的材料特性资料库和有关材料环境表现的资料库两大类。

环境表现资料库应包含相关材料的资源储量、探测采掘、制造技术、循环利用、废弃排放等资料，并以计算机数据库的形式保存起来，便于数据的查询和获取。

传统的材料研究、开发与生产往往过多地追求良好的使用性能，而对材料的生产、使用和废弃过程中需消耗大量的能源和资源，并造成严重的环境污染，危害人类生存。为了人类生存环境及可持续发展，在研究、设计、制备材料以及使用、废弃材料产品时，一定要把材料及其产品整个寿命周期中对环境的协调性作为重要评价指标，改变只管设计生产，而不顾使用和废弃后资源再生利用及环境污染的观点。

11.2.2　材料的环境协调性评价过程

LCA 作为一项用于评价产品的环境因素与潜在影响的技术，由 4 个相互联系的要素组成，四者的关系如图 11-4 所示。

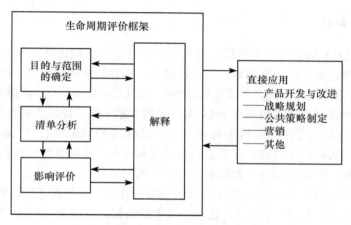

图 11-4　LCA 评价要素及相互关系

1.　确定目标和范围

在开始进行 LCA 评价之前，必须明确地表述评价的目标和范围。这是其后的评估过程所依赖的出发点和立足点。LCA 评价的目标包括实施 LCA 评估的原因和评估结果公布的范围。LCA 评价的范围包括产品系统功能的定义，产品系统功能单元的定义，产品系统的定义，产品系统边界的定义，系统输入、输出的分配方法，采用的环境影响评估方法及其相应的解释方法，数据要求，评估中使用的假设，评估中存在的局限性，原始数据的质量要求，采用的审核方法，评估报告的类型与格式。范围定义必须保证足够的评估广度和深度，以符合对评估目标的定义。评价过程中，范围的定义是一个反复的过程，必要时可以进行修改。

2.　清单分析

清单分析是一种定性描述系统内外物质流和能量流的方法。通过对产品生命周期每一过程负荷的种类和大小进行登记列表，从而对产品或服务的整个周期系统内资源、能源的投入和废物的排放进行定量分析,可以清楚地确定系统内外的输入和输出关系。清单分析的主要程序包括数据收集准备,数据收集,确认数据的有效性与完整性,连接系统边界,分配流入和排出量,最后提出清单分析的限制条件。清单分析是 LCA 中已得到较完善发展的部分,其后的环境影响评价过程就是建立在清单分析的数据基础上的。

3. 环境影响评价

环境影响评价是根据清单分析过程中列出的要素对环境影响进行定性和定量分析,主要包括以下几个步骤:对清单分析过程中列出的要素进行分类,运用环境知识对所列要素进行定性和定量分析,识别出系统各环节中的重大环境因素,对识别出的环境因素进行分析和判断。

环境影响的类型主要分成四大类:直接对生物、人类有害和有毒性,对生活环境的破坏,可再生资源循环体系的破坏,不可再生资源的大量消耗。环境影响评价把清单分析的结果归入到不同的环境影响类型,再根据不同环境影响类型的特征化系数加以量化,来进行分析和判断。

4. 评价结果解释

结果解释是 LCA 最后的一个阶段。它是将清单分析和影响评估的结果组合在一起,使清单分析结果与确定的目标和范围相一致,以便作出正确的结论和建议。结论和建议将提供给 LCA 研究委托方作为作出决定和采取行动的依据。LCA 完成后,应该撰写和提交 LCA 研究报告,还应组织评审,评审由独立于 LCA 研究的专家承担。评审主要包括以下一些要点:①LCA 研究采用的方法是否符合 ISO14040 标准;②LCA 研究采用的方法在科学和技术上是否合理;③所采用的数据就研究目标来说是否适宜和合理;④结果讨论是否反映了原定的限制范围和研究目标;⑤研究报告是否明晰和前后一致。

LCA 方法在产品的环境影响评估中发挥了重要的作用,并获得了广泛的应用。但是,作为一种环境管理工具,LCA 并不总是适合于所有的情况,在决策过程中也不可能完全依赖LCA 方法解决所有的问题。LCA 只考虑了生态环境、人体健康、资源消耗等方面的环境问题,不涉及技术、经济或社会效果方面,如质量、性能、成本、赢利、公众形象等因素,所以在材料的环境协调综合评价过程中还必须结合其他方面的信息。

11.3 工业生态学与循环经济

工业生态学是将生态学原理应用于工业生产过程,研究工业活动、工业产品与环境之间的关系,其目的是效仿自然生态系统的物质循环方式,建立不同工艺之间的联系,使一个过程产生的废物可以被另一个过程作为原料来使用;同时,通过资源的回收、再生和重新利用来实现物质的循环。在这种"资源—产品—再生资源—再生产品"的物质循环流动生产的基础上形成了循环经济发展模式。

11.3.1 工业生态系统的基本概念

1989 年 9 月,美国科普月刊《科学美国人》在以"地球的管理"为主题的专刊中,两位美国作者罗伯特·福罗什(Robert Frosch)和尼古拉·加劳布劳斯(Nicolas Gallopoulos)发表了题为《可持续工业发展战略》的文章。在该文章中，两位作者提出工业可以运用新的生产方式对环境的影响将大为减少的观点，这一命题引导他们提出了工业生态学的概念。他们在文章中指出："在传统的工业体系中，每一道制造工序都独立于其他工序，消耗原料，产出将销售的产品和将堆积起来的废料；我们完全可以运用一种更为一体化的生产方式来代替这种过于简单化的传统生产方式，那就是工业生态系统。"

一个工业生态系统，完全可以像一个生物生态系统那样循环运行：植物吸取养分，合成枝叶，供食草动物享用，食草动物本身又为食肉动物所捕食，而它们的排泄物和尸体又成为其他生物的食物。当然，也许人们永远也达不到一个完美的工业生态体系的境界，但是，企业家与消费者完全可以改变他们的习惯，如果他们愿意保持或提高生活水准而又不去破坏环境的话。

尽管有关工业生态学尚未有明确的定义，但至少在以下 3 个基本方面是被认同的。

（1）工业生态学是一种关于工业体系的所有组成部分及其同生物圈的关系问题的全面的、一体化的分析视角。

（2）工业体系的生物物理基础，亦即与人类活动相关的物质和能量流动与储存的总体，是工业生态学研究的范围。与目前常见的学说不同，工业生态学的观点主要运用非物质化的价值单位来考察经济。

（3）科技的动力，亦即关键技术种类的长期发展进化，是工业体系的一个决定性（但不是唯一的）因素，有利于从生物系统的循环中获得知识，把现有的工业体系转换为可持续发展的体系。

11.3.2　工业生态系统的进化

关于地球生命进化的知识为我们提供了思考未来工业体系的思想武器，同生物圈一样，工业体系也是一个漫长进化的结果。在生命的开始阶段，可用的资源无穷无尽，而有机生物的数量是那样地少，以至于它们的存在对可利用资源产生的影响几乎可以忽略不计。我们可以这样来描绘，把它看成是一个线性进化过程。在这个进化过程中，物质流动相互独立地进行，资源看起来是无限的，因而废料也可以无限地产生，生命因此可以长期保障其发展的条件。漫长时间内连续的"创造"，先是无氧发酵，接着是有氧发酵，然后是光合作用，我们工业社会可以从中获得启发。

1.　一级生态系统

地球生命的最初阶段与现代经济运行方式之间的类比给人以十分强烈的印象。事实上，目前的工业体系，与其说是一个真正的"体系"，倒不如说是一些相互不发生关系的线形物质流的叠加。其运行方式，简单地说，就是开采资源和抛弃废料，这是我们环境问题的根源。工业生态学理论的主要探索者之一——勃拉登·阿伦比（Braden Allenby）提出将这种运行方式命名为一级生态系统，可以用图 11-5 来描述。

图 11-5　一级生态系统示意图

2. 二级生态系统

在随后的进化过程中，资源变得有限了。在这种情况下，有生命的有机物随之变得相互依赖并组成了复杂的相互作用的网络系统，如今天我们在生物群落中所见到的那样。不同(种群)组成部分之间的，也就是说，二级生态系统内部的物质循环变得极为重要，资源和废料的进、出量则受到资源数量与环境能接受废料能力的制约(图11-6)。

图 11-6　二级生态系统示意图

与一级生态系统相比，二级生态系统对资源的利用虽然已经达到相当高的效率，但也仍然不能长期维持下去，因为物质、能量流都是单向的：资源减少，而废料不可避免地不断增加。

3. 三级生态系统

为了真正转变成为可持续的形态，生物生态系统进化成以完全循环的方式运行。在这种形态下，我们不可能区分资源与废料，因为，对一个有机体来说是废料，但对另一个有机体来说是资源。只有太阳能是来自外部的支援。运用勃拉登·阿伦比建议的术语，这可称作三级生态系统。在这样一个生态系统之内，众多的循环借助太阳能既以独立的方式，也以互联的方式进行物质交换。这种循环过程在时间长度方面和空间规模方面的差异性相当大。理想的工业社会(包括基础设施和农业)应尽可能接近三级生态系统(图11-7)。

图 11-7　三级生态系统示意图

总的说来，一个理想的工业生态系统(图11-8)包括四类主要行为者：开采者、物质处理者(制造商)、消费者和废料处理者。由于集约再循环，各系统内不同行为者之间的物质流远远大于出入生态系统的物质流。

人类活动，特别是工业革命以来的发展活动，在很大程度上属于一级生态系统的范畴。产品的使用寿命常常极短，往往仅使用几星期，甚至几天。大部分原材料的使用可以说是毫无价值的，它们仅使用一次以后便被扔掉，散落于周围环境之中。使用的许许多多产品是消耗性的，如润滑剂、溶剂、油漆、杀虫剂、肥料甚至轮胎。而且，消费后废弃物再利用的方式，往往其本身也是污染活动，是消耗性的，其对环境的真正效益远不是一目了然的。

目前的工业生产过程几乎唯一地使用矿物能源，而矿物能源是不能再生的。从采掘原材料开始，继之以物理的分选、提炼，而后还原或化合成初级的中间体。这样，人们可以得到构成工业社会第一基础的原料。基础金属或以纯净形态出现的其他元素，如纤维素、碳酸钠、氨水、甲烷、乙烷、丙烷、丁烷、苯、二甲苯、甲醇、乙醇、乙酰基、乙烯、丙烯等。这些初级材料的获得需要经过吸热反应，也就是说需要添加外来能量。

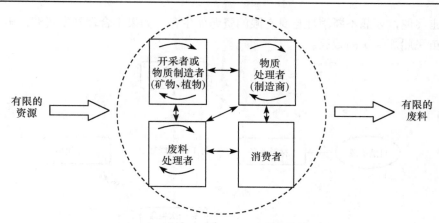

图 11-8 理想工业生态系统示意图

在近亿年的过程中，生物圈产生了一个三级生态系统运行所需的一切要素。而我们的工业体系正艰难地、部分地从一级生态系统向二级生态系统过渡，只是半循环的，而这还是由于一些资源（主要是一些可以更新的资源，如水、土地）稀少，由于各种各样的污染和立法的或经济的因素（比如贵金属的回收利用）所促成的。

工业生态学思想的主旨是促使现代工业体系向三级生态系统的转换。将生态学概念运用到工业体系最重要的贡献在于工业生态学所提倡的全面的、一体化的观念。而特别重要的是，从对生态运行与调节机制的认识中获得知识，即从近 50 年来由理论生态学发展起来的充满了控制论语汇的学问中获得知识。从长远来说，对生物和工业生态系统的调节机制的知识可能演化成一种像长期以来用于优化工业生产体系各个不同组成部分的科技知识一样的战略理论。

11.3.3 循环经济

1. 循环经济的提出

所谓循环经济，本质上是一种生态经济，它要求运用生态学规律而不是机械论规律来指导人类社会的经济活动。与传统经济相比，循环经济的不同之处在于：传统经济是一种由"资源—产品—污染排放"单向流动的线性经济，其特征是高开采、低利用、高排放。在这种经济中，人们高强度地把地球上的物质和能源提取出来，然后又把污染和废物大量地排放到水系、空气和土壤中，对资源的利用是粗放的和一次性的，通过把资源持续不断地变为废物来实现经济的数量型增长。与此不同，循环经济倡导的是一种与环境和谐的经济发展模式。图11-9 为循环经济中 5 种处理废品的方法：填埋、燃烧、回收利用、再工程化和再利用。它要求把经济活动组织成一个"资源—产品—再生资源"的反馈式流程，其特征是低开采、高利用、低排放。所有的物质和能源要能在这个不断进行的经济循环中得到合理和持久的利用，以把经济活动对自然环境的影响降低到尽可能小的程度。循环经济为工业化以来的传统经济转向可持续发展的经济提供了战略性的理论范式，从而从根本上消解长期以来环境与发展之间的尖锐冲突。

循环经济的思想萌芽可以追溯到环境保护兴起的 20 世纪 60 年代，其中，美国经济学家鲍尔丁提出的"宇宙飞船理论"可以作为循环经济的早期代表。他认为，地球就像在太空中飞行的宇宙飞船，要靠不断消耗自身有限的资源而生存，如果不合理开发资源，破坏环境，就会像宇宙飞船那样走向毁灭。

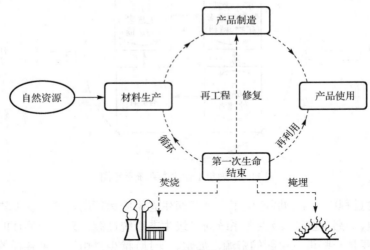

图 11-9　废品的处理方法

　　然而，在 20 世纪 70 年代，世界各国关心的问题仍然是污染物产生后如何治理以减少其危害，即环境保护的末端治理方式。20 世纪 80 年代，人们注意到采用资源化的方式处理废弃物，思想上和政策上都有所升华。人们的认识经历了从"排放废物"到"净化废物"再到"利用废物"的过程。但对于污染物的产生是否合理这个根本性问题，是否应该从生产和消费源头上防止污染产生，大多数国家仍然缺少思想上的洞见和政策上的举措。总的说来，1970～1980 年环境保护运动主要关注的是经济活动造成的生态后果，而经济运行机制本身始终落在他们的研究视野之外。

　　到了 20 世纪 90 年代，特别是可持续发展战略成为世界潮流的近几年，源头预防和全过程治理才替代末端治理成为国家环境与发展政策的真正主流。人们在不断探索和总结的基础上，提出以资源利用最大化和污染排放最小化为主线，逐渐将清洁生产、资源综合利用、生态设计和可持续消费融为一套系统的循环经济战略。

　　20 世纪 90 年代之后，发展知识经济和循环经济成为国际社会的两大趋势。知识经济要求加强经济运行过程中智力资源对物质资源的替代，实现经济活动的知识化转向；循环经济要求以环境友好的方式利用自然资源和环境容量，实现经济活动的生态化转向。自从 20 世纪90 年代可持续发展战略实施以来，发达国家正在把发展循环经济、建立循环型社会看作是实施可持续发展战略的重要途径和实现方式。

　　2. 循环经济的基本原则

　　循环经济主要有三大原则，即"减量化、再利用、资源化"原则。每一原则对循环经济的成功实施都是必不可少的。

　　减量化原则针对的是输入端，旨在减少进入生产和消费过程中物质和能源流量。换句话说，废弃物的产生是通过预防的方式而不是末端治理的方式来加以避免。在生产中，制造厂可以通过减少每个产品的原料使用量，通过重新设计制造工艺来节约资源和减少排放。例如，通过制造轻型汽车来替代重型汽车，既可节约金属资源，又可节省能源，仍可满足消费者乘车的安全标准和出行要求。在消费中，人们以选择包装物较少的物品、购买耐用的可循环使用的物品而不是一次性物品，以减少垃圾的产生。

再利用原则属于过程性方法，目的是延长产品和服务的时间强度。也就是说，尽可能多次或多种方式地使用物品，避免物品过早地成为垃圾。在生产中，制造商可以使用标准尺寸进行设计，如使用标准尺寸设计可以使计算机、电视和其他电子装置非常容易和便捷地升级换代，而不必更换整个产品。在生活中，人们可以将可维修的物品返回市场体系供别人使用或捐献自己不再需要的物品。

资源化原则是输出端方法，能把废弃物再次变成资源以减少最终处理量，也就是我们通常所说的废品的回收利用和废物的综合利用。资源化能够减少垃圾的产生，制成使用能源较少的新产品。资源化有两种：一是原级资源化，即将消费者遗弃的废弃物资源化后形成与原来相同的新产品，如将废纸生产出再生纸，废玻璃生产玻璃，废钢铁生产钢铁等；二是次级资源化，即废弃物变成与原来不同类型的新产品。原级资源化利用再生资源比例高，而次级资源化利用再生资源比例低。与资源化过程相适应，消费者应增强购买再生物品的意识，来促进整个循环经济的实现。

对废物问题的优先顺序是避免产生—循环使用—最终处置。其主要意义是：首先要减少经济源头的污染物的产生量，因此，工业界在生产阶段和消费者在使用阶段就要尽量避免各种废物的排放；其次是对于源头不能消减又可利用的废弃物和经过消费者使用的包装废物、旧货等要加以回收利用，使它们回到经济循环中去；最后，只有那些不能利用的废弃物，才允许作最终的无害化处置。以固体废弃物为例，循环经济要求的分层次目标是，通过预防减少废弃物的产生，尽可能多次使用各种物品，尽可能使废弃物资源化，对于无法减少、再使用、再循环的废弃物则焚烧或处理。

简言之，循环经济是按照生态规律利用自然资源和环境容量，实现经济活动的生态化转向。它是实施可持续战略必然的选择和重要保证。

综上所述，工业生态学是按照自然生态系统的模式，强调实现工业体系中物质的闭环循环，其中一个重要的方式是通过不同企业或工艺流程间的横向耦合及资源共享，为废物找到下游的"分解者"，建立工业生态系统的"食物链"和"食物网"，达到变污染负效益为资源正效益的目的。循环经济强调"减量、再用、循环"，其根本目标是要求在经济过程中系统地避免和减少废物，再用和循环都应建立在对经济过程进行了充分的源削减的基础之上。

11.4 绿色设计与清洁生产

11.4.1 产品的绿色设计

在实施绿色制造过程中，绿色设计是关键，它决定了产品生命周期的 $80\%\sim90\%$ 的消耗。绿色设计是指在产品及其生命周期全过程的设计中，充分考虑对资源和环境的影响，从产品的功能、质量、开发周期和成本出发，优化各有关设计因素，使产品及其制造过程对环境的总体影响减到最小。绿色设计又称为面向环境的设计（design for environment，DFE）。绿色产品设计包括以下主要内容。

1. 绿色材料及其选择

绿色材料是指在满足一般功能要求的前提下，具有良好的环境兼容性的材料。绿色材料在制备、使用以及用后处置等生命周期的各阶段，具有最大的资源利用率和最小的环境影响。绿色材料选择的 3 个原则是：①优先选用可再生材料，尽量选用回收材料，提高资源利用率，实现可持续发展；②尽量选用低能耗、少污染的材料；③尽量选择环境兼容性好的材料及零部件，避免选用有毒、有害和有辐射特性的材料，所用材料应易于再利用、回收、再制造或易于降解。不同材料的回收比例如图 11-10 所示。

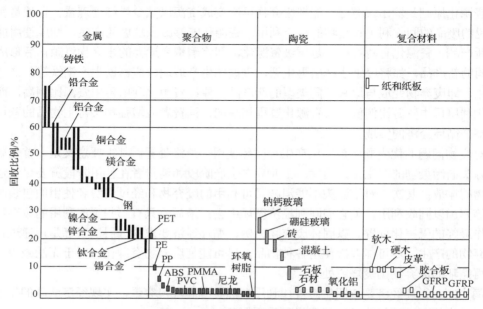

图 11-10　不同材料的回收比例

2. 产品可回收性设计

要求产品在初期设计时考虑其零件回收及再生的可能性，即在其他新产品中，可以利用使用过的或废弃产品中的零部件及材料。针对零部件的再使用和材料的再使用提出了几种设计策略：①可回收材料及其标志；②可回收工艺与方法；③可回收经济评估；④可回收性结构设计。

3. 产品的可拆卸性设计

面向可拆卸设计是一种使产品容易拆卸并能从材料回收和零件重新使用中获得最高利润的设计方法学。可拆卸性是绿色产品设计的主要内容之一，也是绿色产品设计中研究比较早而且比较系统的一种方法。它研究如何设计产品才能高效率、低成本地进行组件、零件的拆卸以及材料的分类拆卸，以便重新使用及回收。它要求在产品设计的初级阶段就将可拆卸性作为结构设计的一个评价准则，使所设计的结构易于拆卸，方便维护。它要产品在报废后对可重用部分充分有效地回收和重用，以达到节约资源和能源、保护环境的目的。可拆卸性设计的主要策略有：①减少拆卸的工作量；②可预测的产品构造；③易于拆卸；④易于分离；⑤减少零件的多样性。

目前 DFE 主要集中在以下 3 个阶段性研究上：①收集、分类和归纳 DFE 的有关知识；②拆卸可能性的量化评估；③创建新的 DFE 方法和工具，并且这些工具一般是与 CAD 设计集成的专家系统。

4. 绿色包装

绿色包装技术就是从环境保护的角度，优化产品包装方案，使得资源消耗和废弃物产生最少。目前这方面的研究很广泛，大致可以分为包装材料、包装结构和包装废弃物回收处理 3 个方面。当今世界主要工业国要求包装应做到 "3R1D" [reduce（减量化）、reuse（回收重用）、recycle（循环再生）和 degradable（可降解）] 原则。

产品的包装应摒弃求新、求异的消费理念，简化包装，这样既可减少资源的浪费，又可减少环境的污染和废弃物的处置费用。另外，产品包装应尽量选择无毒、无公害、可回收或易于降解的材料，如纸、可复用产品及可回收材料。

5. 绿色产品的成本分析

绿色产品的成本分析不同于传统的成本分析，在产品设计的初期，就必须考虑产品的回收、再利用等性能，因此成本分析时，就必须考虑污染物的替代、产品拆卸、重复利用成本、特殊产品相应的环境成本等。绿色产品成本分析应在每一设计选择时进行，以便使设计出的产品更具 "绿色" 且成本低。

11.4.2 清洁生产

1. 清洁生产及其作用

产品对环境的影响不仅在设计过程中要加以考虑，而且在产品制造过程中对环境的各种影响也要作相应的考虑，实施清洁生产是发展生态工业与循环经济的先决条件。清洁生产要求在提高生产效率的同时必须兼顾削减或消除危险废物及其他有毒化学品的用量，改善劳动条件，减少对操作者的健康威胁，并能生产出安全的、与环境兼容的产品。

清洁生产的概念最早大约可追溯到 1976 年。当年，欧共体在巴黎举行了 "无废工艺和无废生产国际研讨会"，会上提出 "消除造成污染的根源" 的思想。1979 年 4 月欧共体理事会宣布推行清洁生产政策，1984 年、1985 年、1987 年欧共体环境事务委员会三次拨款支持建立清洁生产示范工程。清洁生产审计起源于 20 世纪 80 年代美国化工行业的污染预防审计，并迅速风行全球。

1989 年联合国环境署工业与环境规划活动中心（UNEP/PAC）提出 "清洁生产" 定义为："清洁生产是指将综合预防污染的环境策略持续应用于生产过程和产品中，以减少对人类和环境的风险性。"

对生产过程而言，清洁生产包括节约原材料和能源，淘汰有毒原材料，在全部排放物和废物离开生产过程以前，减少它们的数量和毒性。

对产品而言，清洁生产策略旨在减少产品的整个生命周期过程中，从原料的提炼到产品的最终处置对人类和环境的影响。

对服务而言，要求将环境因素纳入设计和所提供的服务中。

清洁生产、生态工业和循环经济的共同特点之一，是提升环境保护对经济发展的指导作用。清洁生产是在企业层次上将环境保护延伸到企业的一切有关领域，生态工业是在企业群落层次上将环境保护延伸到企业群落的一切有关领域，循环经济将环境保护延伸到国民经济的一切有关领域。

实践表明，清洁生产是实现经济和环境协调发展的最佳选择。清洁生产对企业转变工业经济增长方式和污染防治方式，提高资源和能源利用效益，减少污染物排放总量，建立现代工业生产模式，实现可持续发展具有巨大的推动作用。

2. 清洁生产的主要内容和目标

1) 主要内容

(1) 清洁的能源。加强以节能为重点的技术进步和技术改造，提高能源利用效率；开发利用太阳能、风能、地热能、海洋能、生物能等可再生资源；现有能源的清洁利用。

(2) 清洁的原料。少用或不用有毒有害及稀缺原料。

(3) 清洁的生产过程。采用少废、无废的生产工艺和高效生产设备，尽量少用、不用有毒有害的原料，减少生产过程中的各种危险因素和有毒有害的中间产品，优化工艺操作参数，加强生产自动化控制，完善生产现场管理等。

(4) 清洁的产品。产品应具有合理的使用功能和使用寿命；产品本身及在使用过程中，对人体健康和生态环境不产生任何影响和危害；产品失去使用功能后，应易于回收、再生和回用。

2) 主要目标

(1) 通过资源的综合利用、短缺资源的代用、二次能源的利用以及节能、省料、节水，以实现合理利用资源，减缓资源的枯竭。

(2) 在生产过程中，减少甚至消除废物和污染物的产生和排放，促进工业产品生产和产品消费过程与环境兼容，减少在产品的整个生命周期内对人类和环境的危害。

11.5　修复与再制造

循环经济实际操作原则是"减量、再用、循环"。其中，减量原则属于输入端法，旨在减少进入生产和消费过程的物质量；再用原则属于过程性方法，目的是提高产品和服务的利用效率；循环原则是输出端方法，通过把废物再次变成资源以减少末端处理负荷。清洁生产强调的源削减就体现了循环经济的输入端法原则。在产品的全寿命周期管理过程中，对产品的损伤进行修复和再制造，具有节约资源和能源，减少报废产品对环境的污染等优异的环保功能，是循环经济实施的重要技术手段。

11.5.1　修复与再制造的作用

各种失效形式的损伤特征是构件材料出现缺陷而破坏了其使用性，对损伤进行修复是使构件保持或恢复到可用状态的重要手段，是产品维修工程的关键技术之一。产品修复与再制造的主要作用有如下几方面。

(1) 修复再制造使产品全寿命周期得以延续。产品修复再制造是延长其全寿命周期，实现全寿命周期费用最经济、最有效的手段。修复再制造能使产品的寿命成倍地延长，而且成本比新制造产品低得多。修复再制造的目标是要尽量加大废旧零部件的回用次数和回用率，尽量减少再循环和环保处理的比例，以便最大限度地利用废旧产品中可利用的资源，延长产品的生命周期，最大限度地减少对环境的污染。

(2)修复再制造能充分挖掘废旧产品可利用的价值。产品的报废是指其寿命的终结。产品的寿命可分为物质寿命、技术寿命和经济寿命。一些耗能高、排污大及性能和科技含量低的过时产品会被市场抛弃，或被企业或政府部门强制淘汰。这些产品一般都没有达到它的物质寿命，其相当部分的零部件可再使用或可通过再制造改造成为新型产品。

(3)修复再制造是对废旧产品的高新技术的产业化修复和改造。修复再制造产品既包括质量与性能不低于原装备的修复装备，也包括改造、升级的换代产品。通过修复再制造以最低成本和资源消耗对落后产品进行改造、升级，将是使产品符合使用要求的一条重要途径。

(4)修复再制造工程是对绿色设计和清洁生产的补充和发展。修复再制造工程以高新技术为先导，充分利用废旧产品的价值，节约资源和能源，减少对环境的污染，且生产过程不污染环境。

先进的绿色设计要求产品生命周期的各个阶段应一并考虑，并建立有效的反馈机制，实现闭路循环。废旧产品的修复再制造是构成产品闭路循环的决定性环节，因而在绿色设计中除搞好产品的共性设计外，也要搞好它的修复再制造性设计。修复再制造不仅丰富了绿色设计的内容，而且对其提出了更高的要求。

修复再制造工程在应用先进的设计和制造技术对废旧产品进行修复和改造的同时，又能促进先进设计和制造技术的发展，为新产品的设计和制造提供新观念、新理论、新技术和新方法，加快新产品的开发。

11.5.2　修复与再制造性分析

从产品整体来说，可达性、模块化等措施有利于改善产品的修复与再制造性。对于机械结构件而言，由于设计制造复杂、成本高，因此，必须注意提高成型件的可修复性。成型件的修复再制造性主要取决于结构设计与修复技术，面向修复再制造的设计应考虑到构件可能的损坏与修复方式，在设计中采取必要的措施，为以后的修复工作做准备；先进的修复技术可以恢复构件的性能，还可能对报废构件进行再制造，有效提高资源的利用率。

确定合理的修复工艺是保证修复质量的关键。修复工艺性评价就是针对构件的损伤形式，选择适用的修复方法，使修复后的构件满足实际工作要求所进行的活动。修复工艺性评价的主要工作有如下几方面。

1. 工艺可行性分析

修复工艺可行性分析是评价修复能否使修复对象保持、恢复新件规定的质量指标的过程，是确保装备整体可靠性的关键。确定修复工艺必须要进行工艺可行性分析，修复工艺可行性分析要以多学科理论为指导，针对不同的损伤机制建立修复工艺决策的科学方法。

选择修复工艺要考虑损伤构件的原始材料及状态，采用热工艺修复时，如果温度高，就会使金属构件退火，表面性能可能会受到不同程度的影响，局部的修复还会产生较大的应力与变形，从而导致构件力学性能的下降。对于特定构件和损伤情况，综合考虑可能产生的影响后，可以初选出适宜的修复工艺。

修复工艺还要满足待修构件的技术要求和特征，如构件尺寸、形状、加工精度及表面质量。同一构件不同的损伤部位所选用的修复工艺应尽可能少。修复工艺是否可行可以根据修复经验和一定的模拟试验确定，在缺乏以往经验的情况下需进行全面的工艺模拟试验，以确定所选修复工艺的可行性。

2. 经济性分析

在保证构件修复工艺合理的前提下，应进一步对修复工艺的经济性进行分析。单个零部件修复的经济性分析主要是用修复费用与更换新件的费用进行比较，选用费用较低的方案。经济性分析还要综合考虑修复后零部件的使用寿命，可用单位寿命费用来评价。

$$C_修/T_修 < C_新/T_新$$

式中，$C_修$为修复旧件的费用，元；$T_修$为旧件修复后的使用期，h 或 km；$C_新$为新件的制造费用，元；$T_新$为新件的使用期，h 或 km；

只要旧件修复后的单位使用寿命的修复费用低于新件的单位使用寿命的制造费用，原则上认为修复是经济的。但在实际情况下，还应该考虑到备件短缺而影响装备的性能等后果，这时即使是所采用的修复工艺费用不满足上述经济性要求，也必须及时进行修复。有时虽然修复工艺成本高，但修复后的构件性能显著优于新件，也可以认为是经济合理的修复。

3. 修复效率分析

在修复工艺可行和经济性满足要求的条件下，还要考虑修复所需的时间。修复中各道工序时间的总和称为修复效率，修复总时间越长，修复效率就越低。一项修复尽管能够满足使用性能要求，但修复效率低，不能在规定的时间内交付使用，这种修复工艺性也是不适用的。为保证机械装备的效能，维修中所选择的修复方案应能及时地得到所需的材料、技术力量、工艺方法、设备和检验手段，保证能以最短的时间完成修复并交付使用，是修复工艺方案制订的重要依据。

11.5.3 修复与再制造工艺

修复与再制造过程具有很大技术难度和特殊约束条件，加上由设计、制造、使用到再制造往往经历十几年以上时间，自然要求再制造必须而且必然采用比原始制造更为先进的高新技术，如各种先进表面工程技术、构件再成型技术、修复热处理技术、损伤快速修复技术等。

1. 修复焊接技术

修复焊接技术是指利用焊接工艺进行构件的修补或在构件表面制备抗磨、防蚀等涂覆层的一种修复技术。应当注意的是，修复焊接时仅对构件进行局部的加热，不可避免地会产生内应力、变形、裂纹、气孔等缺陷。构件在焊后进行机械加工时，内应力的释放还会影响加工精度。

2. 热喷涂技术

热喷涂技术在零件或结构的修复中具有以下特点。

　　(1)喷涂材料范围异常广泛，几乎包括所有固体材料，如金属及其合金、塑料、陶瓷、金属陶瓷及复合材料等。因此，可修复在各种工作条件下工作具有不同要求的零件。

　　(2)选择合适的工艺，几乎能在任何材料零件上进行喷涂。

　　(3)涂层厚度可在较大范围内变化，从几十微米到几毫米。

　　(4)喷涂过程中零件温度可小于 300℃，零件不会发生变形和组织变化。

　　(5)热喷涂工艺灵活，适应性强，不受工件尺寸的限制。一些喷涂方法也不受施工场所限制，可在野外现场施工。

　　(6)热喷涂生产效率较高，零件修复时间短，且修复效果好，不仅可以恢复零件的尺寸和性能，而且可以改善其性能，延长其使用寿命。

　　3. 电镀修复技术

　　电镀修复是利用电解的方法使电解液中的金属离子在零件表面上还原成金属原子并沉积在零件表面上形成具有一定结合力和厚度镀层的一种修复方法。利用这种修复技术可获得满足工程上许多特殊要求的表面修复层，常用于修复磨损失效的零件并赋予工件表面一定的耐磨性、防腐性及一些其他的性能。

　　由于电镀修复过程是在低温(一般都远低于 100℃)条件下进行的，基体金属的性质几乎不受影响，原来的热处理状况不会改变，零件也不会受热变形，镀层的结合强度高，这是常规热喷涂(焊)、焊接维修所不能比拟的。其缺点是镀层的力学性能随厚度的增加而变化，镀层沉积速度慢。但随着许多电镀修复新技术的出现，这些缺点都在逐步被克服，因此，电镀修复技术在维修中的应用显示出日益强大的生命力。

　　4. 粘补与粘接

　　把被损坏或磨损的零件表面用黏合的方法进行修复的工艺称为粘补或粘接，这种工艺可部分代替焊修与铆接，用于密封和恢复尺寸。

　　常见的粘接方法有热熔粘接法、溶剂粘接法和胶粘接法。前两种方法主要用于塑料、而胶粘接法可以粘接各种材料，如金属与金属粘接、非金属与非金属粘接、金属与非金属粘接等。

　　5. 废金属件改制

　　将报废产品的金属板材、型材、零部件切割或拆卸后，经分析确认其组织性能与原材料相比无显著变化后，可加工改制另用。例如，拆船业就被称为"无烟的钢铁工业"，船板切拆后可直接利用或用其轧制钢材。

　　6. 废金属重熔再生

　　可重熔性是废金属最主要的特征之一，它使废金属重熔再生成为金属制品资源循环利用中最主要的途径。例如，使用废钢铁炼钢简便、经济，比起矿石炼钢能省去开矿、选矿、烧结、炼铁等多道生产环节；利用废合金钢炼钢，可以节约大量的合金元素；废有色金属的重熔再生更具有节能、环保、效益高等优点。

思 考 题

11.1　调研材料对环境的影响。

11.2　材料生产过程中排放的固体废弃物主要有哪几种？

11.3　何谓生态工业？它对可持续发展有何作用？

11.4　分析三级生态系统的意义。

11.5　为什么要发展循环经济？

11.6　何谓清洁生产？

11.7　分析再制造技术及其应用。

参 考 文 献

蔡珣, 2017. 材料科学与工程基础[M]. 2 版. 上海: 上海交通大学出版社.

陈敬中, 2010. 纳米材料科学导论[M]. 2 版. 北京: 高等教育出版社.

堵永国, 2015. 工程材料学[M]. 北京: 高等教育出版社.

关长斌, 郭英奎, 赵玉成, 2005. 陶瓷材料导论[M]. 哈尔滨: 哈尔滨工业大学出版社.

李成功, 傅恒志, 于翘, 2002. 航空航天材料[M]. 北京: 国防工业出版社.

李贺军, 齐乐华, 张守阳, 2016. 先进复合材料学[M]. 西安: 西北工业大学出版社.

沙桂英, 2015. 材料的力学性能[M]. 北京: 北京理工大学出版社.

翁端, 冉锐, 王蕾, 2011. 环境材料学[M]. 2 版. 北京: 清华大学出版社.

徐跃, 张新平, 2016. 工程材料与成型技术[M]. 北京: 国防工业出版社.

张留成, 瞿雄伟, 丁会利, 2011. 高分子材料基础[M]. 3 版. 北京: 化学工业出版社.

张彦华, 2015. 工程材料与成型技术[M]. 2 版. 北京: 北京航空航天大学出版社.

赵忠魁, 2012. 金属学及热处理技术[M]. 北京: 国防工业出版社.

朱张校, 姚可夫, 2012. 工程材料学[M]. 北京: 清华大学出版社.

ASHBY M F, 2005. Material Selection in Mechanical Design[M]. 3rd ed. Oxford: Butterworth-Heinemann.

ASHBY M F, 2013. Materials and the Environment: Eco-Informed Material Choice[M]. 2nd ed. Amsterdam: Elsevier Inc.

ASHBY M F, JONES D R H, 2006. Engineering materials 2: An Introduction to Microstructures, Processing and Design[M]. 3rd ed. Oxford: Butterworth-Heinemann.

ASHBY M F, JONES D R H, 2011. Engineering Materials 1: An Introduction to Properties, Applications and Design[M]. 4th ed. Oxford: Butterworth-Heinemann.

BUDINSKI K G, BUDINSKI M K, 2013. Engineering materials: properties and selection[M]. 7th ed. New Jersey: Pearson Education Limited.

CALLISTER W D, 2013. Materials Science and Engineering: An introduction[M]. 9th ed. New jersey: John Willey & Sons, Inc.

DOWLING N E, 2013. Mechanical Behavior of Materials[M]. 4th ed. New Jersey: Pearson Education Limited.

MARTIN J W, 2006. Materials for engineering[M]. 3rd ed. [S.l.]: Woodhead Publishing Limited.